T0240091

Schnelleinstieg Differentialgleichungen

Albert Fässler

Schnelleinstieg Differentialgleichungen

anwendungsorientiert –
verständlich – kompakt

2. Auflage

 Springer Spektrum

Albert Fässler
Evilard, Schweiz

ISBN 978-3-662-62145-5   ISBN 978-3-662-62146-2   (eBook)
https://doi.org/10.1007/978-3-662-62146-2

Die Deutsche Nationalbibliothek verzeichnet diese Publikation in der Deutschen Nationalbibliografie;
detaillierte bibliografische Daten sind im Internet über http://dnb.d-nb.de abrufbar.

© Springer-Verlag GmbH Deutschland, ein Teil von Springer Nature 2018, 2020
Das Werk einschließlich aller seiner Teile ist urheberrechtlich geschützt. Jede Verwertung, die nicht
ausdrücklich vom Urheberrechtsgesetz zugelassen ist, bedarf der vorherigen Zustimmung des Verlags.
Das gilt insbesondere für Vervielfältigungen, Bearbeitungen, Übersetzungen, Mikroverfilmungen und
die Einspeicherung und Verarbeitung in elektronischen Systemen.
Die Wiedergabe von allgemein beschreibenden Bezeichnungen, Marken, Unternehmensnamen etc. in
diesem Werk bedeutet nicht, dass diese frei durch jedermann benutzt werden dürfen. Die Berechtigung
zur Benutzung unterliegt, auch ohne gesonderten Hinweis hierzu, den Regeln des Markenrechts. Die
Rechte des jeweiligen Zeicheninhabers sind zu beachten.
Der Verlag, die Autoren und die Herausgeber gehen davon aus, dass die Angaben und Informationen in
diesem Werk zum Zeitpunkt der Veröffentlichung vollständig und korrekt sind. Weder der Verlag, noch
die Autoren oder die Herausgeber übernehmen, ausdrücklich oder implizit, Gewähr für den Inhalt des
Werkes, etwaige Fehler oder Äußerungen. Der Verlag bleibt im Hinblick auf geografische Zuordnungen
und Gebietsbezeichnungen in veröffentlichten Karten und Institutionsadressen neutral.

Planung/Lektorat: Annika Denkert
Springer Spektrum ist ein Imprint der eingetragenen Gesellschaft Springer-Verlag GmbH, DE und ist ein
Teil von Springer Nature.
Die Anschrift der Gesellschaft ist: Heidelberger Platz 3, 14197 Berlin, Germany

Vorwort

Ein dickes Buch ist
ein großes Übel.

Gotthold Ephraim Lessing

Mit diesem Buch möchte ich Herrn Dr. Dr. h. c. mult. Eduard Stiefel, ehemaliger Professor für Mathematik an der ETH Zürich posthum ehren. Er hat mein mathematisches Denken nachhaltig geprägt und mich als Assistenten und danach als seinen wissenschaftlichen Mitarbeiter und Lehrbeauftragten gefördert. Prof. Stiefel hatte einen hervorragenden internationalen Ruf in der Fachwelt. Er war außerdem Computer-Pionier und ein hochgeschätzter Lehrer.

Üblicherweise besteht der Inhalt über Differentialgleichungen zum größten Teil aus dem Berechnen von Lösungen mit besonderen technischen Kenntnissen, wie beispielsweise komplexe Zahlen oder Partialbruchzerlegungen. Für viele Studierende, die nicht gerade Mathematik als Hauptfach betreiben, ist das in einer Zeit, in dem schon Taschenrechner symbolisch integrieren können, ein unnötig gewordenes Ärgernis, das den Zugang zum Thema entscheidend erschweren kann.
Hier wird hingegen bei aufwendigeren Problemen mit Nachdruck Wert darauf gelegt, die Richtigkeit von vorgegebenen Lösungen durch Differenzieren und Einsetzen nachzuweisen.

Das beinhaltet mehrere Vorteile:

(a) Verifizieren der Richtigkeit fördert ein vertieftes Verständnis[1].

(b) Differenzieren lernt man schon am Gymnasium.

(c) Der zeitliche Aufwand dafür ist wesentlich geringer.

(d) Der damit gewonnene Zeitgewinn wird für das mathematische Modellieren (das heißt für das Aufstellen von Differentialgleichungen zu einem vorgegebenen Problem) und Interpretieren von Lösungen eingesetzt, oft auch mit dem Generieren ihrer Graphen.

---

[1] Diese These vertritt auch der ungarische Mathematiker George Polya (1887–1985) mit Nachdruck in [31].

Auf längere und oft mühsame technische Beweise von Existenzsätzen, die bei Bedarf in der Literatur und dem Internet verfügbar sind, wurde zugunsten einer abwechslungsreichen Palette von Anwendungen aus verschiedenen Gebieten bewusst verzichtet. Hingegen habe ich Wert auf Gegenbeispiele gelegt und natürlich auf die Kenntnis des Inhalts solcher Theoreme.

Wir beschränken uns vorerst auf ein erstes Verständnis auf einfache Beispiele von Differentialgleichungen, welche von Hand mit elementaren Integralen gelöst werden können oder auf Fälle, bei denen die anfallenden Integrale mit einem Taschenrechner oder Computer gelöst werden können.

Für aufwendigere Probleme werden nicht zuletzt deshalb Lösungen vorgegeben, weil Computeralgebrasysteme, implementiert in Computern oder sogar Taschenrechnern, oft Differentialgleichungen lösen können.

Dabei kommen natürlich numerische Methoden zum Zug, wenn Integrale nicht mehr geschlossen elementar lösbar sind, was bei anspruchsvolleren Problemen oft der Fall ist. Grafiken sind in diesen Fällen oft besonders nützlich.

Im Inhalt werden exemplarisch einzelne Befehle und instruktive Kurzprogramme (mit Erklärungen) des Computeralgebrasystems „Mathematica" mit den entsprechenden Outputs gegeben.
Als bessere und bequemere Alternative zum Taschenrechner können einzelne Befehle für Rechnungen und Grafiken im Internet direkt unter „Wolfram Alpha" ausgeführt werden.

Das Buch richtet sich an ein breites Spektrum von Interessierten:

- angefangen bei mathematisch-naturwissenschaftlich motivierten Schülern gegen Ende der Sekundarstufe II (Gymnasien, Kantonsschulen)
- über Studierende an Fachhochschulen und Universitäten mit den Ausrichtungen Ingenieur- und Naturwissenschaften, Informatik und Ökonomie.
- und Dozierende an Pädagogischen Hochschulen als Beitrag zur Fachdidaktik
- bis hin zu Studierenden von Mathematik und Physik in den ersten Semestern, welche ohne Umschweife das Thema anwendungsbezogen angehen wollen.

Bei der Auswahl an Fragestellungen wurde Wert darauf gelegt, neben naturwissenschaftlichen auch spielerische Fälle zu analysieren.[2] Überhaupt ist es ja so, dass Spielerisches und auch Ästhetik über die Geometrie in der Mathematik gepflegt werden können. Beiden Aspekten habe ich Raum gegeben. Sie sind es auch, zusammen mit originellen, herausfordernden Denkaufgaben, welche mich zusätzlich zu meiner beruflichen Absicht dazu motiviert haben, Mathematik zu studieren.
Es ist wohl kein Zufall, dass ein Kurs in diesem Sinne auch an der Pädagogischen Hochschule der Fachhochschule Nordwestschweiz, den ich erst vor wenigen Jahren erteilt habe, von den Studierenden geschätzt wurde.

---

[2] Friedrich Schiller: „Der Mensch ist nur Mensch, wenn er spielt."

Selbstverständlich wird die Mathematik auch auf breiter Basis als Werkzeug für das Modellieren und Lösen naturwissenschaftlicher Probleme eingesetzt. Dazu sind meine langjährigen Erfahrungen als Dozent am Departement für Technik und Informatik der Berner Fachhochschule BFH eingeflossen.

Kapitel 1 bietet eine Repetition von benötigten analytischen Vorkenntnissen mit vielen anwendungsbezogenen Beispielen und Aufgaben an. Dabei habe ich auf die mühselige und langweilige Einführung der Exponentialfunktion über gebrochenen Exponenten zugunsten eines Einstiegs über die Potenzreihe mittels Richtungsfeld verzichtet. Damit ist bereits eine sanfter Einstieg in die spezielle Differentialgleichung $y' = y$ mit einem Ansatz für die Fortsetzung gemacht!

Ich habe mich bemüht, auch Problemstellungen einzustreuen, welche Spaß machen. Als weiterführende Literatur eignet sich etwa [4].

Dankesworte an verschiedene Persönlichkeiten

Ein ganz besonderes großes Dankeschön geht an meine Studienkollegin, Frau Dr. Baoswan Dzung Wong. Sie hat sowohl inhaltlich wie redaktionell zu einer erheblichen Verbesserung des Buches beigetragen. Mit ihr hatte ich das Vergnügen, das Mathematikstudium an der ETH Zürich gemeinsam zu bestreiten. Ihr verdanke ich viele interessante fachliche und fachdidaktische Diskussionen und Anregungen in all den vergangenen Jahrzehnten.

Mein geschätzter Berufskollege Dr. Walter Businger am Departement Technik und Informatik der BFH hat zu den Grafiken beigetragen und sich immer Zeit genommen, um meine LaTeX- Probleme zu lösen. Gemeinsame mathematische Aktivitäten und fachliche Gespräche verbinden mich mit ihm seit vielen Jahren.

Der Hinweis auf [21] von Prof. Dr. Daniel Farinotti, Glaziologe an der ETHZ inspirierte meinen Beitrag *Globale Erwärmung*.

Für die angenehme Zusammenarbeit mit Dr. Annika Denkert (Lektorat), Anja Groth und Barbara Lühker (Projektmanagement) vom Springer Verlag und Tatjana Strasser (Copy-Editing) ein Merci nach Heidelberg.

Ein Dank geht an die Damen der Bibliothek des Departements Technik und Informatik der BFH in Biel/Bienne für ihre Hilfe.

Schließlich bedanke ich mich bei Olivier Fässler für das Lösen von Computer-Problemen und *last but not least* bei meiner Gattin Carmen Fässler für das Schaffen einer ruhigen und bequemen Arbeitsatmosphäre und ihr Verständnis, dass ich viele Stunden am Computer verbracht habe.

Zu Ihrem Schnelleinstieg wünsche ich Ihnen viel Vergnügen.

CH-2533 Evilard im September 2017
Albert Fässler

Vorwort zur 2. Auflage

Das gesamte Kapitel 6 mit den folgenden Abschnitten ist neu:

6.1 Klimawandel.
Es geht dabei um ein einfaches mathematisches Modell zur Analyse des zukünftigen Temperaturverlaufs der Erdoberfläche im Zusammenhang mit der CO_2-Problematik.

6.2 Epidemiologie.
Analyse des SIR- und das SEIR-Modells unter Berücksichtigung der Corona-Pandemie.

6.3 Brownsche Bewegung und Langevin-Gleichung.

6.4 Kalman-Filter.

Herrn Professor Dr. Nicolas Gruber, Professor für Umweltphysik am Departement Umweltsystemwissenschaften der ETH Zürich, danke ich für seine äußerst wertvolle aktive Mitarbeit zum Thema Klimawandel.

Die Abschnitte 6.3 und 6.4 wurden von Dr. sc. techn. ETH Dacfey Dzung verfasst. Ihm vedanke ich auch Unterstützung im Abschnitt 6.2 sowie Mithilfe bei einigen Aufgaben.

Neu sind folgende Aufgaben mit ihren Nummern:

22 Geometrie für Bahngeleise, Straßen und Sprungschanzen,

29 Fahrrad,

31 Denkaufgabe: Das Regen-Problem,

65 Baumwachstum nach Chapman-Richards,

96 Klimawandel,

97 SIR-Modell für Epidemien,

98 Impfaktion,

99 SEIR-Modell für Epidemien,

100 Zweite Welle,

101 Ricattische Differentialgleichung.

Frau Dr. Baoswan Dzung Wong verdanke ich mit ihrem präzisen Arbeitsstil und ihren exzellenten professionellen Fähigkeiten erhebliche fachliche wie redaktionelle Verbesserungen, inspirierende Interaktionen und Korrekturen von Fehlern. Mit ihr hatte ich das Vergnügen, das Mathematikstudium zeitgleich an der ETH Zürich zu absolvieren. Danach setzte sie ihre Studien an der University of California in Berkeley fort und beendete sie mit einer Doktorarbeit im Bereich der Funktionalanalysis unter Führung von Professor Tosio Kato.

Für die erneute angenehme Zusammenarbeit mit Frau Dr. Annika Denkert (Lektorat) und Frau Anja Groth sowie Frau Tatjana Strasser vom Springer Verlag ein Merci beaucoup aus der Westschweiz nach Heidelberg.

Abschließend noch eine Aussage von Dr. Alessio Figalli, Professor an der ETH Zürich und Träger der Fields-Medaille[3] 2018:

„Ich bin froh, ein solches Buch zu sehen. Es wird vielen Studenten, Professoren und Lehrkräften als Unterstützung dienen. "

CH-2533 Evilard im Juli 2020
Albert Fässler

---

[3] Die Fields-Medaille wird wegen ihres langjährigen höchsten Prestiges oft als Ersatz für einen Nobelpreis für Mathematik angesehen.

Inhaltsverzeichnis

Kapitel 1
Benötigte analytische Vorkenntnisse

1.1 Exponential- und Logarithmusfunktion

1.1.1 Exponentialfunktion exp(x) als Potenzreihe

Wir versuchen, eine Funktion mit folgenden beiden Eigenschaften für alle $x \in \mathbf{R}$ zu berechnen:

$$f'(x) = f(x) \tag{1.1}$$
$$f(0) = C \tag{1.2}$$

(a) Mit einem sogenannten **Richtungsfeld** kann das Problem vorerst geometrisch angegangen werden. Es geht darum, an vielen Stellen „Kompassnadeln" mit der Steigung zu möglichen y-Werten zu zeichnen, wobei $y = f(x)$. Die horizontalen Geraden sind sogenannte **Isoklinen**, das heißt Geraden, auf deren Punkten die Steigung $f'(x)$ von $f(x)$ konstant wäre.

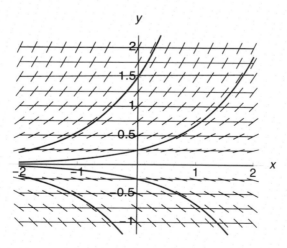

© Springer-Verlag GmbH Deutschland, ein Teil von Springer Nature 2020
A. Fässler, *Schnelleinstieg Differentialgleichungen*,
https://doi.org/10.1007/978-3-662-62146-2_1

(b) Offenbar existiert für das Problem (1.1), (1.2) eine Lösung für jeden Wert C.
(c) Für den Spezialfall $C = 0$ lautet sie $f(x) = 0$ für alle $x \in \mathbf{R}$.

Polynome kommen als Lösungen nicht in Frage, da ein Polynom n-ten Grades beim Ableiten ein Polynom $(n-1)$-ten Grades ergibt.
Wir versuchen es formal mit einem sogenannten **Potenzreihen-Ansatz:**

$$f(x) = a_0 + a_1 x + a_2 x^2 + a_3 x^3 + \ldots = \sum_{i=0}^{\infty} a_i x^i. \tag{1.3}$$

Die Ableitung lautet dann[1]

$$f'(x) = a_1 + 2a_2 x + 3a_3 x^2 + \ldots = \sum_{i=1}^{\infty} i a_i x^{i-1}. \tag{1.4}$$

Der Koeffizientenvergleich zwischen (1.3) und (1.4) liefert die Bedingungen

$$a_1 = a_0 \qquad a_2 = \frac{1}{2} a_1 \qquad a_3 = \frac{1}{3} a_2 \qquad \ldots$$

und allgemein

$$a_{k+1} = \frac{1}{k+1} a_k.$$

Mit der Anfangsbedingung (1.2) erhalten wir $f(0) = a_0 = C$.
Daraus ergeben sich alle Koeffizienten a_k rekursiv

$$a_0 = a_1 = C \qquad a_2 = \frac{C}{2} \qquad a_3 = \frac{C}{2 \cdot 3} \qquad \ldots$$

und allgemein

$$a_k = \frac{C}{k!}$$

Somit resultiert die folgende Lösung:

$$f(x) = C \cdot \left(1 + x + \frac{1}{2!} x^2 + \frac{1}{3!} x^3 + \frac{1}{4!} x^4 \ldots \right).$$

Definition 1. *Mit der* **Exponentialfunktion**

$$\exp(x) = 1 + x + \frac{1}{2!} x^2 + \frac{1}{3!} x^3 + \frac{1}{4!} x^4 \ldots = \sum_{k=0}^{\infty} \frac{x^k}{k!}$$

können wir unsere Lösung auch folgendermaßen schreiben:

$$f(x) = C \cdot \exp(x)$$

---

[1] Es ist keineswegs selbstverständlich, dass bei einer unendlichen Reihe gliedweise differenziert werden kann. Eine genauere Analyse besagt, dass wir zu Recht davon Gebrauch gemacht haben, weil $\exp(x)$ für alle $x \in \mathbf{R}$ konvergiert (Konvergenzradius $= \infty$) und damit auch die gliedweise abgeleitete Funktion für alle $x \in \mathbf{R}$ konvergiert.

Allerdings müssen wir die **Konvergenz** unserer Potenzreihe beweisen.

Beweis. Wir tun dies vorerst nur für alle $x \geq 0$. Es sei nun x beliebig, aber fest gewählt. Wir wählen ein m so groß, dass gilt: $q = x/m < 1$.
Lassen wir die ersten m Summanden der Exponentialfunktion weg, so können wir mit dem Rest folgende Abschätzung machen:

$$\frac{x^m}{m!} + \frac{x^{m+1}}{(m+1)!} + \ldots = \frac{x^m}{m!}\left(1 + \frac{x}{m+1} + \frac{x^2}{(m+1)(m+2)} + \ldots\right) \leq \frac{x^m}{m!}(1 + q + q^2 + \ldots)$$

Für die geometrische Reihe $1 + q + q^2 + q^3 + \ldots$ gilt bekanntlich, dass sie für $|q| < 1$ gegen $\frac{1}{1-q}$ konvergiert. Damit ist aber auch die streng monoton zunehmende Potenzreihe für $x \geq 0$ von $\exp(x)$ beschränkt und daher konvergent.

Die Konvergenz für $x < 0$ folgt aus der Tatsache, dass jede alternierende Reihe mit $\lim_{k \to \infty} a_k = 0$ konvergiert.   q.e.d.

Wir fassen zusammen und präzisieren unser Hauptresultat im folgenden

Satz 2. *Es gibt genau eine Funktion f für alle $x \in \mathbf{R}$ mit den beiden Eigenschaften*

$$\left.\begin{array}{r} f'(x) = f(x) \\ f(0) = C \end{array}\right\}$$

nämlich $f(x) = C\exp(x)$.
Es verbleibt nur noch der Nachweis der Eindeutigkeit.

Beweis. Nehmen wir an, dass nebst der Funktion $f(x) = C\exp(x)$ auch $g(x)$ die beiden Eigenschaften erfüllt. Nun betrachten wir die Ableitung der Funktion $\frac{g}{f}$. Wegen $f' = f$ und $g' = g$ gilt unter Verwendung der Quotientenregel

$$\left(\frac{g}{f}\right)' = \frac{g'f - gf'}{f^2} = 0.$$

Somit ist $\frac{g}{f} = k = \text{const} \Rightarrow g = k \cdot f.$ Wegen $f(0) = g(0) \Rightarrow f = g.$ q.e.d.

Das folgende Beispiel soll zeigen, dass die Frage der Eindeutigkeit keinesfalls anschaulich mit dem Richtungsfeld entschieden werden kann:

Beispiel 1.1 Das Problem

$$\left.\begin{array}{r} f'(x) = \sqrt{f(x)} \\ f(0) = 0 \end{array}\right\}$$

hat unendlich viele Lösungen (C ist eine beliebige Konstante):

$$f_1(x) = 0 \quad \text{und} \quad f_2(x) = \begin{cases} 0 & \text{falls } x \leq C \\ \frac{1}{4}(x - C)^2 & \text{falls } x > C \end{cases} \qquad \diamond$$

Definition 3. *Der Funktionswert*

$$e = \exp(1) = 1 + 1 + \frac{1}{2!} + \frac{1}{3!} + \ldots = \sum_{i=0}^{\infty} \frac{1}{i!} = 2.718281828459045235\ldots \notin \mathbf{Q}$$

*heißt **Eulersche Zahl**. Sie ist irrational.*

1.1.2 Eigenschaften von exp(x)

$$\exp'(x) = \exp(x), \qquad \exp(0) = 1, \qquad \exp(x) \geq 1 \quad \forall x \geq 0.$$

Das wichtige **Additionstheorem der Exponentialfunktion**, aus dem weitere Eigenschaften folgen, lautet

$$\exp(a) \cdot \exp(b) = \exp(a+b). \tag{1.5}$$

Beweis. Durch Ausmultiplizieren der beiden Reihen und Ordnen nach Potenzen $a^k b^{n-k}$ mit allen möglichen k-Werten zu festem n:

$$\exp a \cdot \exp b = \left(1 + a + \frac{a^2}{2!} + \ldots + \frac{a^n}{n!} + \ldots\right) \cdot \left(1 + b + \frac{b^2}{2!} + \ldots + \frac{b^n}{n!} + \ldots\right)$$

$$= 1 + (a+b) + \left(\frac{a^2}{2!} + \frac{b^2}{2!} + ab\right) + \left(\frac{a^3}{3!} + \frac{b^3}{3!} + \frac{ab^2}{2!} + \frac{a^2 b}{2!}\right) + \ldots$$

Die zweite Klammer ist gleich $\frac{(a+b)^2}{2!}$ und die dritte $\frac{a^3 + 3a^2 b + 3ab^2 + b^3}{3!} = \frac{(a+b)^3}{3!}$.

Für den allgemeinen Term ordnen wir nach Potenzen mit $k + \ell = n$ bei festem n und erhalten

$$\frac{a^n}{n!} + \frac{n}{n!}a^{n-1}b + \frac{n(n-1)}{n! \cdot 2!}a^{n-2}b^2 + \frac{n(n-1)(n-2)}{n! \cdot 3!} \cdot a^{n-3}b^3 + \ldots + \frac{b^n}{n!} = \frac{(a+b)^n}{n!}.$$

Somit folgt

$$\exp a \cdot \exp b = 1 + \frac{a+b}{1!} + \frac{(a+b)^2}{2!} + \ldots + \frac{(a+b)^n}{n!} + \ldots = \exp(a+b).$$

q.e.d.

Insbesondere gilt

$$\exp(x) \cdot \exp(-x) = 1 \quad \Longleftrightarrow \quad \exp(-x) = \frac{1}{\exp(x)}, \tag{1.6}$$

und damit $\qquad 0 < \exp(x) < 1 \,\forall x < 0 \quad$ und $\quad \lim_{x \to -\infty} \exp(x) = 0.$ $\qquad$ (1.7)

Betrachten wir das Richtungsfeld von $\exp(x)$, so folgt unmittelbar die verblüffende Aussage, dass die Graphen der Funktionen $C \cdot \exp(x)$ alle zueinander kongruent sind. Sie gehen durch horizontale Parallelverschiebung ineinander über.

Mehrfache Anwendung des Additionstheorems ergibt

$$\exp(n) = \exp(\underbrace{1 + 1 + \ldots + 1}_{n \text{ Summanden}}) = [\exp(1)]^n.$$

Also können wir mit $\mathrm{e} = \exp(1)$ auch schreiben $\exp(n) = \mathrm{e}^n$ mit $n \in \mathbf{N}$.

Ebenso gilt für $m \in \mathbf{N}$:

$$\mathrm{e} = \exp(1) = \exp(\underbrace{1/m + 1/m + \ldots + 1/m}_{m \text{ Summanden}}) = \left[\exp(\tfrac{1}{m})\right]^m.$$

Also können wir auch schreiben $\exp\left(\frac{1}{m}\right) = e^{\frac{1}{m}}$ mit $m \in \mathbf{N}$.

Weiter gilt für $p, q \in \mathbf{N}$

$$\exp(\frac{p}{q}) = \exp(\underbrace{1/q + 1/q + \ldots + 1/q}_{p \text{ Summanden}}) = \left[\exp(\frac{1}{q})\right]^p = \left[e^{1/q}\right]^p = e^{p/q}.$$

Mit $r = \frac{p}{q} > 0$ gilt also

$$\exp(r) = e^r \text{ mit } r \in \mathbf{Q},$$

somit auch

$$\exp(-r) = \frac{1}{\exp(r)} = e^{-r}.$$

Da die rationalen Zahlen auf der Zahlengeraden dicht liegen (das heißt in jedem beliebig kleinen Intervall existieren unendlich viele rationale Zahlen), geraten wir mit nichts Bekanntem oder schon Definiertem in Widerspruch, wenn wir für **alle reellen Zahlen** x schreiben

$$e^x = \exp(x). \tag{1.8}$$

In der Literatur werden beide Schreibweisen verwendet. Somit können wir das Additionstheorem auch folgendermaßen schreiben:

$$e^a \cdot e^b = e^{a+b}.$$

1.1.3 Exponentialfunktion

Wegen $(e^{kx})' = k \cdot e^{kx}$ können wir Satz 2 verallgemeinern:

Satz 4.

$$\left.\begin{array}{r} f'(x) = k \cdot f(x) \\ f(0) = C \end{array}\right\} \iff f(x) = C \cdot e^{kx}$$

In der folgenden Figur sind die Graphen für $e^{\pm 1x}, e^{\pm 1x/2}$ dargestellt.

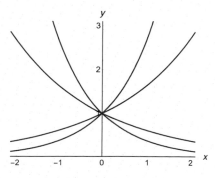

Für $k > 0$ ist e^{kx} streng monoton steigend, für $k < 0$ streng monoton fallend.

Die Graphen sind zueinander **affin**, das heißt, sie gehen durch lineare Streckung oder Stauchung in x-Richtung ineinander über. Falls die k-Werte verschiedenes Vorzeichen aufweisen, wird noch eine Spiegelung an der y-Achse benötigt.

Gegeben sei die allgemeine Exponentialfunktion $f(x) = Ce^{kx}$. Wir betrachten das Wachstumsverhalten der folgenden Folge der Funktionswerte mit äquidistanter Schrittweite $h > 0$:

$$f(x_n) \quad \text{mit} \quad x_n = x_0 + k \cdot h \quad \text{und} \quad k \in \mathbf{Z}.$$

Der Vergleich zweier benachbarter Funktionswerte mit $x_{n+1} = x_n + h$ unter Verwendung des Additionstheorems liefert

$$f(x_{n+1}) = C \cdot e^{k(x_n+h)} = C \cdot e^{kh}e^{kx_n} = e^{kh} \cdot f(x_n).$$

Der Faktor $= e^{kh}$ ist unabhängig von x_0.

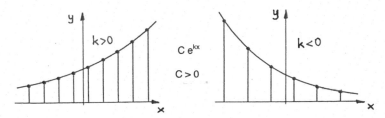

Exponentielles Wachstum oder exponentielle Abnahme bedeutet also multiplikatives Verhalten mit Faktor $\exp(kh)$ für jede diskrete Folge von Funktionswerten mit äquidistanter Schrittweite $h > 0$ (vgl. Figuren). Es handelt sich um geometrische Folgen.

1.1.4 Basiswechsel und hyperbolische Funktionen

Die Funktion a^x (mit $a > 0$) kann immer umgeschrieben werden auf die Basis e, denn es gilt $a = e^{\ln a}$ und somit ist

$$a^x = (e^{\ln a})^x = e^{(\ln a) \cdot x} = e^{kx} \text{ mit } k = \ln a.$$

Deshalb nennt man e^{kx} die **allgemeine Exponentialfunktion**. Die Graphen der Funktionen $y = a^x$ mit $a > 1$ und $y = e^x$ sind also zueinander affin. Für $0 < a < 1$ muss noch an der y-Achse gespiegelt werden.
In der Figur sind drei Fälle dargestellt:

$$e^x, \quad 2^x = e^{(\ln 2) \cdot x} \text{ und } 10^x = e^{(\ln 10) \cdot x}.$$

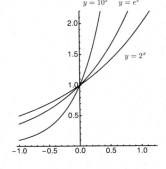

Definition 5.

$$\cosh x = \frac{e^x + e^{-x}}{2} \qquad \sinh x = \frac{e^x - e^{-x}}{2}$$

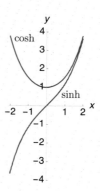

heißen Cosinus hyperbolicus und Sinus hyperbolicus.

Hyperbolische Identitäten haben bis auf Vorzeichen dieselbe Gestalt wie trigonometrische.

Beispiel 1.2 Wie leicht nachzurechnen ist, gelten etwa

$$(\cosh x)' = \sinh x, \qquad (\sinh x)' = \cosh x,$$

$$\cosh^2 x - \sinh^2 x = \left(\frac{e^x + e^{-x}}{2}\right)^2 - \left(\frac{e^x - e^{-x}}{2}\right)^2 = 1. \qquad \Diamond$$

1.1.5 Logarithmusfunktion

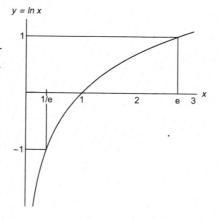

Definition 6. *Die Umkehrfunktion der Exponentialfunktion e^x heißt $\ln x$ (natürlicher Logarithmus).*

Somit gilt
$$y = e^x \iff x = \ln y$$
Achtung: Der Logarithmus ist nur für positive Variablen definiert!

Es gilt natürlich

$$e^{\ln(a)} = a \text{ für alle } a > 0 \qquad \text{und} \quad \ln(e^b) = b \text{ für alle } b \in \mathbf{R}.$$

Entsprechend den Exponentialfunktionen können wir auch bei den Logarithmusfunktionen einen **Basiswechsel** vollziehen:

Definition 7.
$$y = b^x \iff x = \log_b y \qquad (b > 0).$$

Aus $y = b^x = e^{\ln b \cdot x}$ lässt sich direkt ablesen, dass $\log_b y = x$ und $\ln y = \ln b \cdot x$.
Einsetzen von x aus der Gleichung rechts in die Gleichung links ergibt die einfache
Beziehung
$$\log_b y = \frac{1}{\ln b} \cdot \ln y \qquad \text{oder} \qquad \log_b x = \frac{1}{\ln b} \cdot \ln x.$$

Die verschiedenen Logarithmusfunktionen unterscheiden sich also nur um eine multiplikative Konstante: Ihre Graphen sind zueinander affin mit Streckungs- bzw. Stauchungsfaktor in vertikaler Richtung. Das verwundert nicht, entspricht diese Tatsache doch der Affinität der verschiedenen Exponentialfunktionen b^x in horizontaler Richtung.

Praktische Konsequenz: Für das Berechnen eines $\log_b$ genügt der natürliche Logarithmus ln auf dem Taschenrechner.

Zu den Bezeichnungen:

- Oft verwendet man für den Logarithmus zur Basis 10 einfach die Bezeichnung log.
- In der Informatik ist es gebräuchlich, anstelle von $\log_2$ etwa lb oder ld zu verwenden.
- Warnung: In englisch geschriebenen Büchern wird oft log für den natürlichen Logarithmus ln verwendet, in Taschenrechnern ist möglicherweise $\log = \log_{10}$.

1.2 Integralrechnung

1.2.1 Integral

Gegeben ist eine stückweise stetige [2] und positive Funktion $f(x) \geq 0$ sowie zwei Werte a, b mit $a < b$.

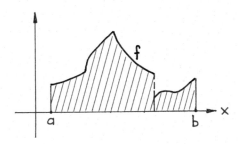

Der Flächeninhalt des schraffierten Flächenstücks entspricht geometrisch dem bestimmten Integral der Funktion $f(x)$ zwischen den Grenzen a und b.

---

[2] Eine stückweise stetige Funktion ist stetig bis auf mögliche isolierte Sprungstellen. Eine stetige Funktion ist also auch stückweise stetig.

Bezeichnung:

$$\int_a^b f(x) \cdot dx.$$

Allgemeiner: Das bestimmte Integral für negative Funktionswerte entspricht dem negativen Flächeninhalt. Vorausgesetzt ist dabei wie schon zu Beginn, dass für die Grenzen $a < b$ gilt, also von links nach rechts integriert wird:

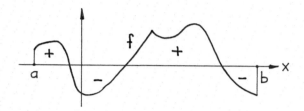

Wird von rechts nach links integriert, so wechselt das Vorzeichen.

Beispiel 1.3

$$\int_0^{2\pi} \sin x \cdot dx = 0.$$

$\diamond$

Der **Mittelwertsatz der Integralrechnung** besagt, dass für eine stetige Funktion f mindestens ein Funktionswert $f(z)$ an einer Zwischenstelle z existiert mit

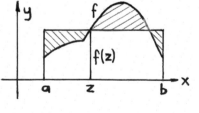

$$\int_a^b f(x) \cdot dx = f(z) \cdot (b - a).$$

Das ist intuitiv einleuchtend: Die Rechtecksfläche ist gleich groß wie das bestimmte Integral. Da f stetig ist, schneidet sich der Graph mit der Höhe des Rechtecks.

An dieser Stelle sei bereits betont, dass es sich bei **Anwendungen oft um dimensionsbezogene Größen handelt, welche eigentlich nichts mit einem effektiven Flächeninhalt zu tun haben**.

So ergibt etwa eine physikalische Leistung $P(t)$ integriert über die Zeit t von a nach b die entsprechende physikalische Arbeit. Die Arbeit entspricht aber dem Flächeninhalt unter der Leistungskurve.

1.2.2 Hauptsatz der Integralrechnung

Wir betrachten das **unbestimmte Integral mit variabler oberer Grenze**:

$$F(x) = \int\limits_a^x f(u) \cdot du.$$

Das bedeutet also, dass mit der Integrationsvariablen u von der unteren festen Größe a bis zur oberen variablen Grenze x integriert wird.
Beachte: Der Name der Integrationsvariablen ist unwesentlich, sie darf nur nicht so heißen wie die Integrationsgrenzen.[3]

Satz 8.   *Sei $f(x)$ stetig und es sei*
$$F(x) = \int\limits_a^x f(u) \cdot du.$$

Dann existiert die Ableitung $F'(x)$ von $F(x)$ und es gilt: $F'(x) = f(x)$.
In Worten: Ableitung des unbestimmten Integrals nach der oberen Grenze =
Integrand an der oberen Grenze.

Beweis.   Wir vergleichen vorerst drei Flächeninhalte auf dem Intervall $[x, x+h]$, wobei wir x als **fest** betrachten.

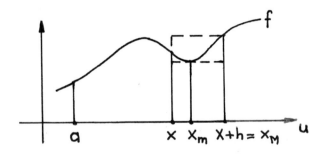

Sei $f(x_M)$ das globale Maximum und $f(x_m)$ das globale Minimum auf dem Intervall. Dann gilt offenbar die „Sandwich-Beziehung":

$$h \cdot f(x_m) \leq F(x+h) - F(x) \leq h \cdot f(x_M) \qquad \text{falls } h > 0.$$

Division dieser beiden Ungleichungen durch h ergibt

$$f(x_m) \leq \frac{F(x+h) - F(x)}{h} \leq f(x_M).$$

Nun vollziehen wir die Grenzwerte für $h \to 0$. Wegen der Stetigkeit von $f(x)$ gilt

$$f(x_m) \to f(x), \qquad f(x_M) \to f(x).$$

---

[3] Sogar in Büchern findet man gelegentlich Unsinniges wie $\int_a^x f(x)dx$.

Der Grenzwert des mittleren Terms des Sandwichs ist nichts anderes als der Differentialquotient $F'(x)$. Damit folgt der Hauptsatz:

$$F' = f.$$ q.e.d.

Es ist bemerkenswert, dass F differenzierbar ist, sobald f stetig ist. Das heißt, dass der Graph von F in allen Punkten eine eindeutige Tangente aufweist. Wir drücken dies kurz so aus: Der Graph von F hat ausschließlich **glatte Stellen**. So gehen also mögliche Knickstellen (das sind stetige Stellen, welche verschiedene links- und rechtsseitige Tangenten aufweisen) von f beim unbestimmten Integral in lauter glatte Stellen über.

Verschiedene Stammfunktionen unterscheiden sich lediglich um additive Konstanten. Deswegen kann für die folgende Berechnung des bestimmten Integrals eine **beliebig gewählte Stammfunktion** F verwendet werden:

$$\int_a^b f(x) \cdot \mathrm{d}x = F(b) - F(a).$$

Die **Menge aller** Stammfunktionen von f bezeichnet man oft mit

$$\int f(x) \cdot \mathrm{d}x \qquad \text{oder vorsichtiger mit} \qquad \int f(x) \cdot \mathrm{d}x + C.$$

Interessant und wichtig für Anwendungen ist der Umstand, dass die Integralrechnung auf stückweise stetige Funktionen f verallgemeinert werden kann. Einzig bei den Sprungstellen gibt es für das unbestimmte Integral F einen Knick mit verschiedenen links- und rechtsseitigen Ableitungen. F ist dort noch stetig, aber nicht mehr eindeutig differenzierbar: Der Graph von F weist dort einen Knick auf.

Beispiel 1.4 Für die gegebenen Funktionen f sind jeweils die unbestimmten Integrale $F(x) = \int_0^x f(u)\mathrm{d}u$ qualitativ skizziert:

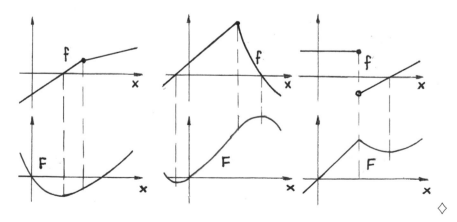

$\Diamond$

Zusammengefasst:

- **Integrieren ist ein glättender Prozess:** Sprungstellen gehen über in Knicke, Knicke gehen über in glatte Stellen.
- **Differenzieren ist ein aufrauhender Prozess:** Knicke gehen über in Sprungstellen und es ist möglich, dass gewisse glatte Stellen in Knicke übergehen!

Beispiel 1.5

$$f(x) = \begin{cases} ax^2 & \text{falls } x \geq 0 \\ 0 & \text{falls } x < 0 \end{cases} \quad f'(x) = \begin{cases} 2ax & \text{falls } x \geq 0 \\ 0 & \text{falls } x < 0 \end{cases} \quad f''(x) = \begin{cases} 2a & \text{falls } x \geq 0 \\ 0 & \text{falls } x < 0 \end{cases}$$

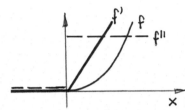

An der Stelle $x = 0$ ist f glatt, f' weist einen Knick auf und f'' eine Sprungstelle. Die Funktionen f und f' sind überall stetig, f'' ist stückweise stetig (und nur im Punkt $x = 0$ unstetig).   ◇

Beispiel 1.6 Schienen-Geometrie für die Bahn

Für den Übergang von einem geraden Stück in eine Kurve wird kein Kreisbogen verwendet, weil die 2. Ableitung von

$$f(x) = \begin{cases} 0 & \text{falls } x \leq 0 \\ r - \sqrt{r^2 - x^2} & \text{falls } x > 0 \end{cases} \quad \text{mit r = Radius}$$

wie auch im letzten Beispiel der Parabel an der Übergangsstelle unstetig ist, was bei der Beschleunigung zu einem Schlag führen würde!

Mehr dazu finden Sie in Aufgabe 22.   ◇

1.2.3 Zur Berechnung von Integralen

Wegen des Hauptsatzes der Integralrechnung ist klar, dass Integrieren der Umkehrprozess des Differenzierens ist: Gesucht ist von einer gegebenen Funktion f eine Funktion F mit der Eigenschaft $F'(x) = f(x)$ für alle x. Es zeigt sich aber, dass die Integration im Allgemeinen bedeutend schwieriger ist als das Differenzieren.
Längst nicht alle unbestimmten Integrale sind geschlossen elementar ausdrückbar (das ist in der Praxis sogar die Regel, nicht die Ausnahme), allenfalls aber durch Reihen oder Tabellen.

Ein Beispiel dazu ist etwa das für die Statistik bedeutende Integral der sogenannten Gauß-Verteilung $\int_0^x e^{-u^2} du$. [4]

Schon Taschenrechner, ausgerüstet mit einem symbolischen Rechner, sind in der Lage Integrale zu berechnen, die geschlossen ausdrückbar sind, sogar mit Parametern und möglichen Fallunterscheidungen.
Davon wollen wir Gebrauch machen! Viele früher aktuelle Integrationstechniken für das mühsame Rechnen von Hand können wir uns zu einem großen Teil ersparen.
Deshalb beschränken wir uns bei Rechnungen ohne Taschenrechner oder Computer nebst der Kenntnis der **Linearität der Integralrechnung**

$$\int \{c \cdot f(x) + d \cdot g(x)\} \cdot dx = c \cdot \int f(x) \cdot dx + d \cdot \int g(x) \cdot dx$$

auf folgende Punkte A, B und C:

A Grundintegrale

$$\int x^r dx = \frac{1}{r+1} x^{r+1} + C, \; r \in \mathbf{R} \setminus \{-1\} \quad \int \frac{1}{x} dx = \ln|x| + C \quad \int e^{kx} dx = \frac{1}{k} e^{kx} + C$$

$$\int \sin(\omega t) dt = -\frac{1}{\omega} \cos(\omega t) + C \qquad \qquad \int \cos(\omega t) dt = \frac{1}{\omega} \sin(\omega t) + C$$

$$\int \sinh(ax) dx = \frac{1}{a} \cosh(ax) + C \qquad \qquad \int \cosh(ax) dt = \frac{1}{a} \sinh(ax) + C$$

B Falls der **Integrand ein Produkt von Funktionen ist, gilt die partielle Integration**

$$\int f(x) g'(x) \cdot dx = f(x) g(x) - \int f'(x) g(x) \cdot dx + C.$$

Beweis: Durch Integration der Produktregel $(fg)' = f'g + fg'$.

C Für Integrale, deren **Integranden die innere Ableitung als Faktor enthalten,** gilt

$$\int g(f(x)) \cdot f'(x) \cdot dx = G(f(x)) + C.$$

Dabei ist G eine beliebig gewählte Stammfunktion von g. Der Beweis folgt durch Differenzieren unter Verwendung der Kettenregel:

$$[G(f(x))]' = g(f(x)) \cdot f'(x).$$

Oft ist es notwendig, mit einem noch zu bestimmenden konstanten Faktor zu korrigieren, indem abgeleitet wird, wie etwa im folgenden Beispiel (c).

---

[4] Carl Friedrich Gauß(1777–1855) war deutscher Mathematiker und Physiker. Universalgenie mit überragenden wissenschaftlichen Arbeiten in Zahlentheorie, Statistik, Geodäsie und Astronomie. Von 1816–1855 war die Königliche Sternwarte in Göttingen, deren Leitung er inne hatte, seine Wohn-und Arbeitsstätte.

Beispiel 1.7

(a) $\int x\sin(ax)\mathrm{d}x = -\dfrac{1}{a}x\cos(ax) + \dfrac{1}{a}\int \cos(ax)\mathrm{d}x = \dfrac{1}{a^2}[\sin(ax) - ax\cos(ax)] + C$

(b) $\int xe^{ax}\cdot \mathrm{d}x = \dfrac{1}{a}xe^{ax} - \dfrac{1}{a}\int e^{ax}\cdot \mathrm{d}x = \dfrac{1}{a^2}(ax - 1)e^{ax} + C$

(c) $\int \sqrt{ax^2 - x}\cdot(2ax - 1)\cdot \mathrm{d}x = k\cdot(ax^2 - x)^{3/2} + C$

   Wegen $[(ax^2 - x)^{3/2}]' = \frac{3}{2}\cdot(ax^2 - x)^{1/2}\cdot(2ax - 1)$ muss $k = 2/3$ sein.

(d) $\int (a + x)^n\cdot \mathrm{d}x = \dfrac{1}{n + 1}(a + x)^{n+1} + C$

(e) für $f(x) > 0$ ist $\quad \int \dfrac{f'(x)}{f(x)}\cdot \mathrm{d}x = \ln f(x) + C$ $\qquad\qquad\qquad\qquad \diamond$

1.3 Anwendungen der Integral- und Differentialrechnung

1.3.1 Fluchtgeschwindigkeit

Auf einen Körper der Masse m im Abstand r vom Erdmittelpunkt ($r \geq$ Erdradius) wirkt durch die Erdmasse $M = 5{,}98\cdot 10^{24}$ kg die Anziehungskraft

$$F(r) = G\cdot \frac{mM}{r^2}.$$

Sie nimmt also umgekehrt proportional zum Quadrat das Abstandes ab. Dabei ist $G = 6{,}67\cdot 10^{-11}$ m$^3\cdot$s$^{-2}\cdot$kg^{-1} die universelle Gravitationskonstante.
Auf der Erdoberfläche mit dem Erdradius $R = 6'370$ km spricht man vom Gewicht $G = mg$, wobei die Erdbeschleunigung $g = \frac{GM}{R^2} \approx 9{,}81$ m/s^2 beträgt.
Für die Arbeit bzw. Energie W, welche mindestens geleistet werden muss, um die Masse m mit einem Raketenabschuss aus dem Anziehungsbereich der Erde zu katapultieren, gilt

$$W = GmM\int_R^\infty \frac{\mathrm{d}r}{r^2} = GmM\left[-\frac{1}{r}\right]_R^\infty = \frac{GmM}{R}.$$

Die kinetische Energie $\frac{m}{2}v^2$ für einen Abschuss mit der Geschwindigkeit v muss also mindestens so groß sein wie W.

$$\frac{m}{2}v^2 = \frac{GmM}{R} \qquad \Longrightarrow \qquad v = \sqrt{\frac{2MG}{R}} \approx 11{,}2 \text{ km/s}.$$

Der effektive Wert muss größer sein, da wir den Luftwiderstand nicht berücksichtigt haben.

1.3.2 Elastizität in der Ökonomie

Die Elastizität ist eine aussagekräftige Beschreibung über den Zusammenhang der Änderungen zwischen den Größen x und $y = f(x)$. Der Vergleich zwischen absoluten Änderungen Δf und Δx ist manchmal etwas unbefriedigend.

Wenn beispielsweise bei einer Preisreduktion eines Produktes um 10 Euro der Absatz um 12000 Exemplare zunimmt, so hat man kaum eine Information darüber, ob die Preisreduktion im Vergleich zum Preis klein oder groß ist.

Diesen Mangel behebt die Elastizitätsfunktion, welche die **relativen** Änderungen $\Delta x/x$ und $\Delta f/f$ miteinander vergleicht:

$$\frac{\Delta f/f}{\Delta x/x} = \frac{\Delta f}{\Delta x} \cdot \frac{x}{f}.$$

Mit dem Grenzübergang $\Delta x \to 0$ erhalten wir die dimensionslose **Elastizitätsfunktion von f bezüglich x** als

$$\varepsilon_{f,x} = \frac{f'(x)}{f(x)} \cdot x. \tag{1.9}$$

Ihr Wert gibt an, um wieviel Prozent sich f an der Stelle x ändert, wenn sich x um 1% ändert.

Beispiel 1.8 Gegeben sei folgende Preisfunktion für den Preis P in Abhängigkeit der Nachfrage x:

$$P(x) = 1200 - x.$$

Daraus erhalten wir

$$\varepsilon_{P,x} = \frac{-x}{1200 - x}.$$

Bei einer Nachfrage von $x = 1000$ ist $\varepsilon_{P,1000} = \frac{-1000}{200} = -5$. Wenn sich also die Nachfrage bei $x = 1000$ um 1% vergrößert, senkt sich der Preis um 5%. Bei einer Nachfrage von $x = 200$ senkt sich der Preis hingegen lediglich um 0,2%. ◇

1.3.3 Harmonische Summe und Reihe

Wir wollen für die harmonische Summe

$$H_n = 1 + \frac{1}{2} + \frac{1}{3} + \ldots + \frac{1}{n},$$

für welche keine geschlossene Formel existiert, eine Abschätzung mit der Integralrechnung durch Vergleich der Flächeninhalte in der Figur[5] vornehmen:

---

[5] aus [37].

Einerseits ist es die Summe von Rechtecksflächeninhalten und andererseits der Flächeninhalt unterhalb des Graphen von $y = 1/x$.

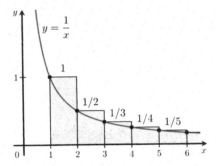

$$H_5 > \int_1^6 \frac{1}{x}\,\mathrm{d}x = \ln 6 \quad\Longrightarrow\quad H_6 - \frac{1}{6} > \ln 6 \quad\Longrightarrow\quad H_6 > \frac{1}{6} + \ln 6$$

Schieben wir andererseits die sechs Rechtecke (also mit dem Rechteck der Höhe $1/6$) um 1 nach links, so folgt

$$H_6 - 1 < \ln 6 \quad\Longrightarrow\quad H_6 < 1 + \ln 6.$$

Allgemein gilt also für H_n die „Sandwich-Beziehung"

$$\frac{1}{n} + \ln(n) \;<\; H_n \;<\; 1 + \ln(n). \tag{1.10}$$

Daraus folgt, dass die harmonische Reihe $\sum_{k=0}^{\infty} \frac{1}{k} = \infty$ divergiert.

Betrachtet man die überstehenden Dreiecke (mit einer gekrümmten Seite nach unten) und schiebt sie alle nach links in das Rechteck mit $1 \leq x \leq 2$ so stellt man unwillkürlich fest, dass gilt

$$H_n - \ln n < 1,$$

denn die Summe aller n Dreiecksflächen beträgt nur ein Teil von der Rechtecksfläche = 1.

Eine genauere Analyse kommt zum Schluss, dass gilt

$$\lim_{n\to\infty} (H_n - \ln n) = \gamma,$$

wobei $\gamma \approx 0{,}5772156649$ die Eulersche Konstante[6] ist.

Es ist geometrisch klar, dass der Flächeninhalt aller unendlich vielen Dreiecke etwas größer ist als derjenige des halben größten Rechtecks auf $1 \leq x \leq 2$ mit Flächeninhalt 1.

---

[6] Leonhard Euler (1707–1783) war einer der bedeutendsten Mathematiker überhaupt. Er schuf epochale Arbeiten in Analysis, Zahlentheorie und Physik.

1.3.4 Optimales Stoppen

Eine Touristin, die eine Rheinschifffahrt genießt, weiß nur, dass entlang der Reiseroute insgesamt 20 Schlösser mit Übernachtungsmöglichkeiten vom Schiff angefahren werden. Ihr Wunsch ist es, möglichst im schönsten Schloss zu logieren. Sie weiß aber nicht, an welcher Anlegestelle es liegt und wie es heißt. Beim Anblick eines Schlosses muss sie jeweils sofort entscheiden, ob sie dort übernachten will oder nicht. Es gibt für sie kein Zurück zu schon passierten Schlössern.
Frage: Welche Strategie soll sie befolgen, damit die Erfolgswahrscheinlichkeit möglichst groß ist?

Wir betrachten folgende Strategie:
Sie lässt die ersten $s-1$ Schlösser vorbeiziehen und merkt sich dabei das Beste unter ihnen, das wir mit B bezeichnen. Dann wählt sie von den verbleibenden Schlössern das erstmögliche, das schöner ist als B (falls das nie zutrifft, hat sie Pech gehabt und wird im letzten Schloss übernachten).
Die Wahrscheinlichkeit, dass sie das schönste Schloss A von allen 20 auswählt, hängt von der Wahl von s ab. Wir bezeichnen sie mit $P(s)$. Wir gehen nun der Frage nach, für welchen s-Wert $P(s)$ maximal ist.

- Die Wahrscheinlichkeit, dass das beste Schloss unter den ersten $k-1$ Schlössern ($k > s$) immer noch B ist, beträgt wegen der Anzahl günstiger durch die Anzahl möglicher Fälle $(s-1)/(k-1)$.
- Die Wahrscheinlichkeit, dass das k. Schloss A ist beträgt $1/20$.

Die Wahrscheinlichkeit p_k, dass die Touristin erfolgreich A als k. Schloss auswählt, ist demzufolge das Produkt der beiden Wahrscheinlichkeiten, da die Ereignisse unabhängig voneinander sind:

$$p_k = \frac{1}{20} \cdot \frac{s-1}{k-1}.$$

Somit ist

$$P(s) = p_s + p_{s+1} + p_{s+2} + \ldots p_{20} = \frac{s-1}{20} \cdot \left(\frac{1}{s-1} + \frac{1}{s} + \frac{1}{s+1} + \frac{1}{s+2} + \ldots \frac{1}{19} \right).$$

Nun verallgemeinern wir auf n Schlösser. Dann muss in obiger Formel 20 durch n und 19 durch $n-1$ ersetzt werden.
Für größere s und n können wir die Summe in der Klammer durch den natürlichen Logarithmus ln approximieren:

$$P(s) = \frac{s-1}{n} \cdot (H_{n-1} - H_{s-2}) \approx \frac{s-1}{n} \cdot [\ln(n-1) - \ln(s-2)] = \frac{s-1}{n} \cdot \ln \frac{n-1}{s-2}.$$

Für einen größeren n-Wert gilt also näherungsweise

$$P(s) \approx \frac{s}{n} \cdot \ln \frac{n}{s}.$$

Mit der Verhältniszahl $x = \frac{s}{n}$ geht es also um die Bestimmung des Maximums der Funktion

$$f(x) = x \cdot \ln \frac{1}{x}.$$

Ableiten und 0 setzen:

$$(x \cdot \ln \frac{1}{x})' = \ln \frac{1}{x} - x \cdot \frac{1}{x} = 0 \quad \Longrightarrow \quad \frac{1}{x} = e \quad \Longrightarrow \quad x_{\text{opt}} = e^{-1}.$$

Somit ist $f(x_{\text{opt}}) = f(e^{-1}) = e^{-1}$.

Die folgende Grafik der Funktion $f(x)$ bestätigt das Resultat:

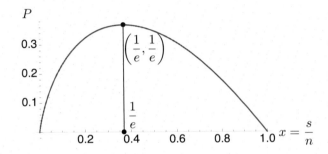

Interpretation und Ausblick:
Schon für $n > 9$ ist dieses Resultat gut brauchbar.

Die optimale Strategie lautet also: Warte $1/e \approx 37\%$ aller Schlösser ab und wähle dann das erste, welches schöner ist als das Schönste unter den ersten 37%. Dann ist die Chance für den Erfolg immerhin ca. 37%.

Besonders interessant ist die Tatsache, dass die Erfolgswahrscheinlichkeit praktisch unabhängig von der Größe von n ist. Also auch bei 100 Schlössern wäre die Chance ebenfalls 37%, was doch eigentlich etwas überraschend ist. Eine plausible Erklärung dazu ist die Tatsache, dass man bei größerem n auch ein größeres s hat und damit mehr Information.

Ein weiteres Anwendungsbeispiel für „optimales Stoppen" ist das sogenannte Sekretärinnenproblem[7]. Dabei geht es darum, unter n Bewerberinnen für eine Stelle möglichst die Beste anzustellen, wenn die Interviews zeitlich gestaffelt verlaufen und jeweils sofort entschieden werden muss, ob abzulehnen oder einzustellen ist. Dabei ist anzufügen, dass es in der Praxis wohl so sein wird, dass zuvor unter vielen Bewerbungen wegen den eingereichten Unterlagen eine Vorselektion auf n Personen getroffen worden ist.

---

[7] Wird auch in [8] analysiert.

1.3.5 Fermatsches Prinzip, Snelliussches Brechungsgesetz

1   Das Prinzip von Fermat[8] besagt, dass ein Lichtstrahl in einem optisch isotropen Medium (isotrop heißt: die physikalischen Eigenschaften sind richtungsunabhängig) denjenigen Weg von einem Punkt P zu einem Punkt Q durchläuft, der in minimaler Zeit zurückgelegt wird.

In einem optischen Medium mit dem Brechungsindex $n \geq 1$ gilt für die Lichtgeschwindigkeit $c = c_0/n$. Dabei ist $c_0 \approx 300000$ km/h diejenige im Vakuum. Einige Werte:

Luft: $n = 1$ Wasser: $n = 1.33$ Gläser: $n = 1.5 - 1.62$

Wir wollen das Fermatsche Prinzip an folgendem Fall analysieren: Der Lichtstrahl geht von einem optisch dünnen Medium mit (n_1, c_1) in ein optisch dichteres Medium mit (n_2, c_2), beispielsweise von Luft in Wasser oder in Glas. Dann folgt aus dem Gesagten, dass sich die Geschwindigkeiten umgekehrt proportional zu den Brechungsindizes verhalten:

$$\frac{c_1}{c_2} = \frac{n_2}{n_1}.$$

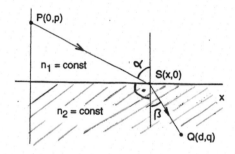

In der Figur bildet die Horizontale die Grenzschicht zwischen den beiden Medien (zum Beispiel Luft/Wasser oder Luft/Glas). Die Positionen der Punkte P und Q sind gegeben. Nun geht es darum, unter allen gebrochenen Streckenzügen mit unbekanntem Punkt S denjenigen zu berechnen, der die minimale Laufzeit des Lichtstrahls aufweist. Wir haben es mit einem **Optimierungsproblem** zu tun:

Die Laufzeit Weg/Geschwindigkeit des Lichtstrahls für die Strecke von P nach S beträgt $T_1 = \frac{\sqrt{p^2 + x^2}}{c_1}$, diejenige von S nach Q beträgt $T_2 = \frac{\sqrt{(d-x)^2 + q^2}}{c_2}$.

Somit beträgt die totale Laufzeit von P nach Q

$$T(x) = \frac{\sqrt{p^2 + x^2}}{c_1} + \frac{\sqrt{(d-x)^2 + q^2}}{c_2}.$$

---

[8] Pierre Fermat (1601-1665) war hauptamtlich Jurist. Er hat aber in der Zahlentheorie, seiner Leidenschaft, Großartiges geleistet. Mit seiner berühmten Vermutung, dass sämtliche ganzzahlige Gleichungen $a^n + b^n = c^n$ für $n \geq 3$ keine Lösung besitzen, hat er ganze Generationen von Mathematikern beschäftigt. Andrew Wiles gelang es, die Jahrhundert-Vermutung in den Jahren um 1993 zu beweisen. In [33] wird die faszinierende Geschichte dahinter auf wunderbare Weise erzählt.

Die Ableitung nach x muss verschwinden (Kettenregel benutzen):

$$\frac{dT}{dx} = \frac{x}{c_1 \cdot \sqrt{p^2 + x^2}} - \frac{d-x}{c_2 \cdot \sqrt{(d-x)^2 + q^2}} = 0.$$

Ausgedrückt mit den beiden Winkeln erhalten wir für den schnellsten Lichtstrahl das **Snelliussche Brechungsgesetz**:

$$\frac{\sin\alpha}{c_1} - \frac{\sin\beta}{c_2} = 0 \quad \Longrightarrow \quad \frac{\sin\alpha}{\sin\beta} = \frac{c_1}{c_2} = \frac{n_2}{n_1}.$$

Der Lichtstrahl wird im optisch dichteren Medium gegen das Lot hin gebrochen.

1.4 Parametrisierte Kurven oder vektorwertige Funktionen

Die Begriffe „**parametrisierte Kurve**" und „**vektorwertige Funktion**" sind gleichbedeutend, also austauschbar.

1.4.1 Definition und Beispiele

Wir betrachten eine **vektorwertige Funktion im Raum, welche vom Parameter t abhängt:**

$$\vec{r}(t) = \begin{pmatrix} x(t) \\ y(t) \\ z(t) \end{pmatrix}, \quad t \in \text{Intervall}.$$

Dabei sei $\vec{r}(t)$ der von t abhängige Ortsvektor mit den von t abhängigen kartesischen Koordinaten $x(t), y(t), z(t)$.

Das Symbol für den Parameter kann selbstverständlich, wie immer bei Funktionen, beliebig gewählt werden. Hat er die physikalische Bedeutung der Zeit, so wird üblicherweise t verwendet.

Falls t die Zeit ist, kann also durch die vektorwertige Funktion die Position eines Objektes im Raum (beispielsweise eines Satelliten) zu jedem Zeitpunkt t beschrieben werden.

Der Begriff „vektorwertige Funktion" ist gerechtfertigt durch den Umstand, dass $\vec{r}(t)$ als Funktion $t \mapsto \vec{r}(t)$ aufgefasst werden kann.

Der Definitionsbereich ist ein Intervall, die Bildmenge besteht aus Ortsvektoren.

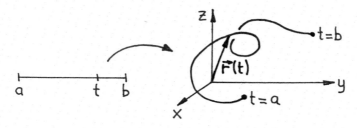

Zwei Bemerkungen:

- Ist t die Zeit, so beinhaltet die Kurvenbeschreibung $\vec{r}(t)$ **nicht nur die Geometrie der Bahn, auch Orbit genannt, sondern zudem den zeitlichen Ablauf einer Bewegung.**

- Oft ist es nur möglich, eine Kurve in Parameterform zu beschreiben, etwa bei räumlichen Kurven. Aber auch bei einer ebenen Kurve kann es einfacher sein, die Geometrie der Kurve in Parameterform zu beschreiben. Sie ist allgemeiner und flexibler als etwa Beschreibungen durch $y = f(x)$. Man betrachte etwa folgende Beispiele mit t als Zeit.

Beispiel 1.9 Gerade

im Raum durch den Punkt A mit dem Richtungsvektor $\vec{b}$. Sei also $\overrightarrow{OA} = \vec{a}$.

$$\vec{r}(t) = \vec{a} + t \cdot \vec{b} = \begin{pmatrix} x(t) \\ y(t) \\ z(t) \end{pmatrix} = \begin{pmatrix} a_1 + tb_1 \\ a_2 + tb_2 \\ a_3 + tb_3 \end{pmatrix}.$$

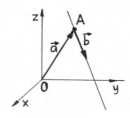

Der Vektor $\vec{b}$ hat die Bedeutung der konstanten Geschwindigkeit der beschriebenen Bewegung.

◇

Beispiel 1.10 Kreis

Kreis mit Radius R.

$$\vec{r}(t) = \begin{pmatrix} x(t) \\ y(t) \end{pmatrix} = R \cdot \begin{pmatrix} \cos t \\ \sin t \end{pmatrix}.$$

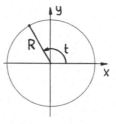

Hier hat der Parameter auch noch die geometrische Bedeutung des Winkels.

◇

Beispiel 1.11 Ellipse

$$\vec{r}(t) = \begin{pmatrix} x(t) \\ y(t) \end{pmatrix} = \begin{pmatrix} a\cos t \\ b\sin t \end{pmatrix}.$$

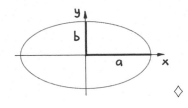

Halbachsen a, b. Hier hat der Parameter eine kompliziertere Bedeutung als die des Winkels wie beim Kreis. (vgl. Aufgabe 25: Fähnchenkonstruktion).

$\diamond$

Beispiel 1.12 Archimedische Spirale
Der Radius zum Ursprung wächst linear mit dem Winkel t.

$$\vec{r}(t) = at \begin{pmatrix} \cos t \\ \sin t \end{pmatrix}.$$

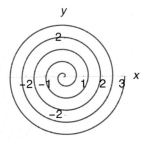

$\diamond$

Beispiel 1.13 Logarithmische Spirale

$$\vec{r}(t) = e^{at} \begin{pmatrix} \cos t \\ \sin t \end{pmatrix}.$$

Der Radius zum Ursprung wächst exponentiell mit dem Winkel t.

Mathematica-Befehl für die Figur links, welcher auch frei im Internet unter **Wolfram Alpha** eingegeben werden kann:
```
ParametricPlot[Exp[-0.05 t]{Cos[t],Sin[t]},{t.0,50}]
```

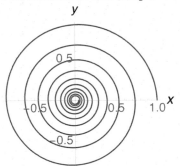

In der Natur tritt häufig logarithmisches Wachstum auf. Ein besonders schönes Beispiel liefert der Nautilus [9]. Sein aufgeschnittenes Gehäuse zeigt zudem auch eine diskrete logarithmische Größenabhängigkeit der einzelnen Zellen. $\diamond$

---

[9] Mit freundlicher Genehmigung von Pixabay: Das Bild unterliegt keinem Copyright.
  Link https://pixabay.com

Beispiel 1.14 Zykloide
Es handelt sich um diejenige Kurve, welche von einem Punkt P auf dem Umfang eines abrollenden Rades mit Radius a auf einer Geraden beschrieben wird. Dabei sei t der Rollwinkel.
Aus der folgenden Figur erhalten wir die Parametrisierung.

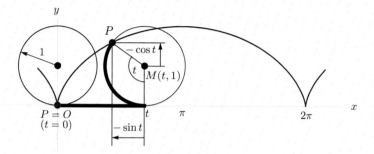

$$\overrightarrow{OP} = \overrightarrow{OM} + \overrightarrow{MP} = a \begin{pmatrix} t \\ 1 \end{pmatrix} + a \begin{pmatrix} -\sin t \\ -\cos t \end{pmatrix}. \tag{1.11}$$

zusammengefasst also

$$\vec{r}(t) = a \begin{pmatrix} t - \sin t \\ 1 - \cos t \end{pmatrix}. \tag{1.12}$$

In 1.4.3 wird gezeigt, dass die Zykloide in den Punkten mit $y = 0$ „Superspitzen" aufweist, das heißt vertikale Tangenten. $\diamond$

Beispiel 1.15 Schraubenlinie
Sie ist bestimmt durch Radius r und Ganghöhe h pro Umlauf, wobei die Höhe linear mit dem Winkel t zunimmt:
$$\vec{r}(t) = \begin{pmatrix} r\cos t \\ r\sin t \\ \frac{h}{2\pi}t \end{pmatrix}.$$

Die Figur ergibt sich aus dem Mathematica-Befehl

```
ParametricPlot3D[{Cos[t] ,Sin[t], 0.05t},{t.0,8Pi}]
```

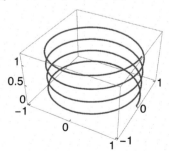

$\diamond$

Für ebene Kurven gibt es auch die Möglichkeit, sie in **Polarform** darzustellen. Dabei geht es um die Beschreibung des Abstandes $r(\varphi) \geq 0$ in Abhängigkeit vom Winkel φ. Befehl: `PolarPlot[...]`.

Beispiel 1.16 Maurer-Rosen
Die Polarform

$$R(\varphi) = |\sin(n\varphi)| \text{ mit } n \in \mathbb{N} \tag{1.13}$$

beschreibt eine $2n$-blättrige Rose, falls n gerade ist und eine n-blättrige Rose, falls n ungerade ist. Die folgende Figur zeigt den Fall für $n = 4$.

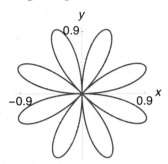

Wir betrachten die 360 diskreten Punkte auf der Kurve (1.13) zu den Winkeln $\varphi = 0°, 1°, \ldots, 359°$. Peter M. Maurer entdeckte, dass hübsche Bilder generiert werden können, wenn Punkte, deren Winkel sich um jeweils $d°$ unterscheiden, fortlaufend geradlinig verbunden werden.[10]

Wählen wir eine teilerfremde Zahl d zu 360, so werden alle 360 Punkte erreicht. Eine weitere Möglichkeit bietet die Wahl einer nicht teilerfremden Zahl d. Dann wird jeweils nur eine Teilmenge durchlaufen. In diesem Fall wiederholt man das Verbinden mit einem Startpunkt, der noch nicht berücksichtigt wurde. Das wird so oft wiederholt, bis alle Punkte „abgefahren" sind.

Hier sind zwei Beispiele aus [40]:

$n = 5, \ d = 120$ $\qquad\qquad\qquad$ $n = 6, \ d = 72$

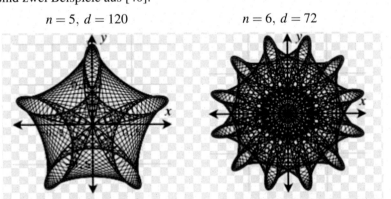

Weitere Figuren, welche die Schönheit der Geometrie zeigen, finden Sie in [28].

---

[10] Publikation [26].

1.4.2 Ellipse

Definition 9. *Die Kurve beschrieben durch die kartesische Gleichung*

$$\frac{x^2}{a^2} + \frac{y^2}{b^2} = 1 \qquad mit \quad a \geq b > 0$$

heißt Ellipse mit Halbachsen a und b.

Wegen $y = \pm\frac{b}{a}\sqrt{a^2 - x^2}$ ist die Ellipse ein affiner Kreis, also ein Kreis, der in Richtung y-Achse um den Faktor $\frac{b}{a} \leq 1$ gestaucht wird. Denn die Wurzel beschreibt einen Kreis mit Radius a.

Die Brennpunkte F_1, F_2 der Ellipse sind gemäß der folgenden Figur definiert als Punkte mit Abstand $e = CF_1 = CF_2 = \sqrt{a^2 - b^2}$ vom Mittelpunkt C.

Die Größe e heißt **lineare Exzentrizität** der Ellipse. Der physikalische Begriff des Brennpunktes beruht auf der Tatsache, dass jeder Lichtstrahl ausgehend von einem Brennpunkt durch Reflektieren an der Ellipse (Einfallswinkel = Ausfallswinkel) durch den andern Brennpunkt geht.

Ein Kreis vom Radius r ist ein Spezialfall einer Ellipse: $a = b = r$ (beide Halbachsen sind gleich groß).

Nun geht es nach der folgenden Figur um das Herleiten der Polargleichung, welche etwa zur Lösung des Zweikörperproblems im Abschn. 4.13 benötigt wird.

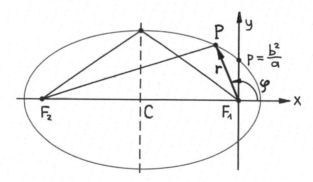

Gesucht ist also $r(\varphi)$. Die Ellipsengleichung mit Mittelpunktskoordinaten $(-e, 0)$ lautet:

$$\frac{(x+e)^2}{a^2} + \frac{y^2}{b^2} = 1.$$

Durch Einsetzen von $x = r\cos\varphi, y = r\sin\varphi$ in Polarkoordinaten ergibt sich

$$\frac{(r\cos\varphi + e)^2}{a^2} + \frac{(r\sin\varphi)^2}{b^2} = 1.$$

Multiplikation mit den beiden Nennern liefert

$$b^2(r^2\cos^2\varphi + 2er\cos\varphi + e^2) + a^2(r^2\sin^2\varphi) = a^2b^2.$$

Ordnen nach Potenzen in r ergibt folgende quadratische Gleichung:

$$r^2(b^2\cos^2\varphi + a^2\sin^2\varphi) + r(2eb^2\cos\varphi) + (e^2b^2 - a^2b^2) = 0.$$

Für die letzte Klammer gilt $(a^2 - b^2)b^2 - a^2b^2 = -b^4$ und für die erste Klammer $(a^2 - e^2)\cos^2\varphi + a^2\sin^2\varphi = a^2 - e^2\cos^2\varphi$.

Normierung der quadratischen Gleichung für r ergibt

$$r^2 + 2\frac{eb^2\cos\varphi}{a^2 - e^2\cos^2\varphi}r - \frac{b^4}{a^2 - e^2\cos^2\varphi} = 0.$$

Mit $N = a^2 - e^2\cos^2\varphi$ lauten die Lösungen

$$r(\varphi) = -\frac{eb^2\cos\varphi}{N} \pm \sqrt{\frac{e^2b^4\cos^2\varphi}{N^2} + \frac{b^4}{N}}.$$

Da $r > 0$, gilt nur das Vorzeichen $+$. Die Wurzel lässt sich vereinfachen zu

$$\frac{1}{N}\sqrt{e^2b^4\cos^2\varphi + b^4(a^2 - e^2\cos^2\varphi)} = \frac{ab^2}{N}.$$

Also gilt
$$r(\varphi) = \frac{1}{N}(-eb^2\cos\varphi + ab^2) = \frac{b^2(a - e\cos\varphi)}{(a + e\cos\varphi)(a - e\cos\varphi)}$$
$$= \frac{b^2}{(a + e\cos\varphi)} = \frac{b^2/a}{(1 + e/a\cos\varphi)}.$$

Mit dem Einführen der beiden neuen Parameter $p = b^2/a$ und $\varepsilon = e/a$ resultiert schließlich die endgültige Gestalt in **Polarform**:

$$r(\varphi) = \frac{p}{1 + \varepsilon\cos\varphi}.$$

Die Größe ε heißt **numerische Exzentrizität** der Ellipse. Ähnliche Ellipsen habe also dieselbe numerische Exzentrizität.

Es gilt offensichtlich $0 \le \varepsilon < 1$, wobei der Grenzfall $\varepsilon = 0$ den Kreis beschreibt.

Bemerkung: Interessanterweise hat jeder Kegelschnitt die obige Polarform. Für die Hyperbel ist $\varepsilon > 1$ und für den Grenzfall der Parabel zwischen Ellipse und Hyperbel gilt $\varepsilon = 1$.

Zum Schluss wollen wir die Polarform kontrollieren durch

$$r(0) + r(\pi) = \frac{p}{1 + \varepsilon} + \frac{p}{1 - \varepsilon} = \frac{2p}{1 - \varepsilon^2} = \frac{2b^2/a}{1 - (a^2 - b^2)/a^2} = \frac{2b^2/a}{b^2/a^2} = 2a.$$

1.4.3 Kurventangenten, Geschwindigkeitsvektoren

Gegeben ist die Bewegung eines Objektes im Raum oder in der Ebene durch $\vec{r}(t)$ in Abhängigkeit der Zeit t. Wir wollen **Geschwindigkeit** $\vec{v}(t)$ **und Schnelligkeit** $v = |\vec{v}|$ berechnen. Die Geschwindigkeit ist eine vektorielle Größe, die Schnelligkeit ist ihr Betrag, also eine skalare Größe.

Wir betrachten ein kleines Zeitintervall Δt, während dem sich das Objekt von P nach Q bewegt. Dann ist die mittlere Geschwindigkeit auf dem geraden Weg

$$\vec{v}_m = \frac{\Delta \vec{r}}{\Delta t} = \frac{\vec{r}(t + \Delta t) - \vec{r}(t)}{\Delta t}.$$

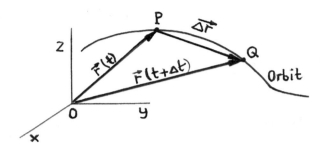

Beim Grenzübergang für $\Delta t \to 0$ erhalten wir die **Momentangeschwindigkeit** $\vec{v}(t)$ zum Zeitpunkt t.

Der Geschwindigkeitsvektor $\vec{v}(t)$ hat offensichtlich die Richtung der **Tangente** zur Bahn im Punkt $\vec{r}(t)$.
Durchführung der Berechnung ergibt

$$\vec{v}(t) = \lim_{\Delta t \to 0} \frac{1}{\Delta t} \begin{pmatrix} x(t + \Delta t) - x(t) \\ y(t + \Delta t) - y(t) \\ z(t + \Delta t) - z(t) \end{pmatrix} = \lim_{\Delta t \to 0} \begin{pmatrix} \frac{x(t+\Delta t)-x(t)}{\Delta t} \\ \frac{y(t+\Delta t)-y(t)}{\Delta t} \\ \frac{z(t+\Delta t)-z(t)}{\Delta t} \end{pmatrix} = \begin{pmatrix} \dot{x}(t) \\ \dot{y}(t) \\ \dot{z}(t) \end{pmatrix}.$$

Es ist üblich, Ableitungen nach der Zeit mit einem Punkt anstelle eines Striches zu bezeichnen. Die Geschwindigkeit erhalten wir also durch koordinatenweises Differenzieren des Ortsvektors. In der Kurznotation gilt

$$\vec{v}(t) = \dot{\vec{r}}(t).$$

Die Schnelligkeit ist der Betrag der Geschwindigkeit: $v(t) = \sqrt{\dot{x}(t)^2 + \dot{y}(t)^2 + \dot{z}(t)^2}$.
In jedem Fall, selbst wenn der Parameter nicht die Bedeutung der Zeit hat, **zeigt der differenzierte Ortsvektor immer in Richtung der Tangente** an die Kurve!

Bei einem ebenen Problem entfällt natürlich die z-Koordinate.

Beispiel 1.17
Wir betrachten folgende zwei Bewegungen eines Objektes in Abhängigkeit der Zeit $t \geq 0$:
$$\vec{r}_1(t) = \begin{pmatrix} a\cos t \\ b\sin t \end{pmatrix} \qquad \vec{r}_2(t) = \begin{pmatrix} \cos(t^2) \\ \sin(t^2) \end{pmatrix}.$$

Es handelt sich bei den Bahnen (auch Orbit genannt) um eine Ellipse und einen Kreis.
Ihre Geschwindigkeiten und Schnelligkeiten sind also

$$\vec{v}_1(t) = \begin{pmatrix} -a\sin t \\ +b\cos t \end{pmatrix}, \qquad |\vec{v}_1(t)| = \sqrt{a^2\sin^2 t + b^2\cos^2 t}.$$

$$\vec{v}_2(t) = 2t \cdot \begin{pmatrix} -\sin(t^2) \\ +\cos(t^2) \end{pmatrix}, \qquad |\vec{v}_2(t)| = 2t.$$

Während im Falle der Ellipse die Bewegung auch bezüglich der Geschwindigkeit periodisch verläuft, wird sie im Falle des Kreises immer schneller.

Das Skalarprodukt $\vec{r}_2(t) \cdot \vec{v}_2(t) = 0$ bestätigt, dass Ortsvektor und Geschwindigkeitsvektor beim Kreis immer orthogonal zueinander sind.
Für den zurückgelegten Winkel im Fall des Kreises gilt $\varphi(t) = t^2$. $\diamondsuit$

Beispiel 1.18 Fortsetzung der Zykloide.
Wir gehen aus von der früher parametrisierten Zykloide mit Radius $a = 1$, wobei der Rollwinkel t auch die Zeit sei, mit der sich der Punkt P auf dem Radumfang bewegt:

$$\vec{r}(t) = \begin{pmatrix} t - \sin t \\ 1 - \cos t \end{pmatrix} = \begin{pmatrix} t \\ 1 \end{pmatrix} + \begin{pmatrix} -\sin t \\ -\cos t \end{pmatrix}.$$

Der Radmittelpunkt bewegt sich also mit konstanter Geschwindigkeit nach rechts. Durch koordinatenweises zeitliches Ableiten erhalten wir den Geschwindigkeitsverlauf des Punktes P

$$\vec{v}(t) = \dot{\vec{r}}(t) = \begin{pmatrix} 1 - \cos t \\ \sin t \end{pmatrix}$$

und die Schnelligkeit

$$v(t) = \sqrt{(1 - \cos t)^2 + \sin^2 t} = \sqrt{2(1 - \cos t)}.$$

Offenbar ist $v(0) = 0$. Die Zykloidenspitze ist das momentane Drehzentrum. Die maximale Schnelligkeit ist $v(\pi) = 2$, also doppelt so groß wie die Schnelligkeit des Radmittelpunktes.

Kontrolle: Natürlich ist $\vec{v}(\pi) = \begin{pmatrix} 2 \\ 0 \end{pmatrix}$ horizontal gerichtet.

Nun wollen wir analytisch zeigen, dass die Zykloide **Superspitzen** aufweist, das heißt Spitzen mit vertikaler Tangente:
Die Geschwindigkeitsvektoren sind tangential zur Kurve. Für ihre Winkel α gegenüber der x-Achse gilt

$$\tan\alpha = \frac{\dot{y}(t)}{\dot{x}(t)} = \frac{\sin t}{1 - \cos t}.$$

Weil aber der Geschwindigkeitsvektor für $t = 0$ verschwindet, müssen wir den Grenzwert für $t \to 0$ betrachten. Mit der Regel von Bernoulli-L'Hôpital ergibt sich wegen $\lim\limits_{t \to 0} \dfrac{\cos t}{\sin t} = \infty$. eine vertikale Tangente.

Betrachten wir die Geschwindigkeit in der Form

$$\vec{v}(t) = \dot{\vec{r}}(t) = \begin{pmatrix} 1 \\ 0 \end{pmatrix} + \begin{pmatrix} -\cos t \\ \sin t \end{pmatrix},$$

so ist gut ersichtlich, dass sie eine Überlagerung einer Translationsbewegung nach rechts mit einer reinen Rotationsbewegung um den Radmittelpunkt ist.
Visualisierung (Das Bild rechts zeigt resultierende Geschwindigkeiten $\vec{v}$):

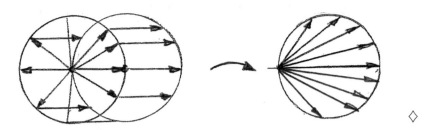

$\diamondsuit$

Beispiel 1.19 Selbstähnlichkeit der logarithmischen Spirale
Die um einen Faktor k multiplizierte logarithmische Spirale $r = e^{a\varphi}$ geht durch Drehung um einen bestimmten Winkel α in sich über, denn es gilt

$$k \cdot e^{a\varphi} = e^{\ln k + a\varphi} = e^{a(\varphi + \frac{\ln k}{a})} \qquad \text{mit } \alpha = \frac{\ln k}{a}.$$

Daraus ergibt sich insbesondere, dass der Winkel zwischen Orts- und Tangential-vektor konstant ist, da eine Streckung winkeltreu ist. $\diamondsuit$

1.5 Übungen Kapitel 1

1. Exponentialfunktionen. Beweisen Sie durch Umschreiben auf die Basis e, dass folgende Rechenregeln für beliebige Werte $a, b > 0$ gelten:
(a) $a^x \cdot b^x = ?$ (b) $a^x \cdot a^y = ?$ (c) $(b^x)' = \ln b \cdot b^x$.

2. Exponentialfunktion durch einen Punkt. Gesucht ist die Funktion $f(x) = Ce^{0.4x}$, deren Graph durch den Punkt $P(1, 1/2)$ geht.

3. Uran. Bei der Zerfallskette von Uran bis schließlich zu Blei besteht ein Schritt aus dem Zerfall des Radiumisotopen Ra226 in das für Menschen problematische Radongas Rn222, welches durch das Erdreich in Häuser diffundieren kann. Unter der Voraussetzung, dass zum Zeitpunkt $t = 0$ eine Menge m_0 an Radium vorhanden ist, beträgt die Menge des Radongases nach t Jahren etwa

$$m(t) = m_0 \frac{\lambda_1}{\lambda_2 - \lambda_1} \{e^{-\lambda_1 t} - e^{-\lambda_2 t}\} \text{ mit den bekannten Zerfallskonstanten}$$

$\lambda_1 = \ln 2/1602$ pro Jahr für Ra226 und $\lambda_2 = \ln 2/0.01048$ pro Jahr für Rn222.

(a) Welches sind die Halbwertszeiten von Radium und Radon?
(b) Bestimmen Sie die Radonmenge für $t = 0$ und $t \to \infty$.
(c) Wann ist die Radonmenge am größten?

4. Denkaufgabe: Läufer und Schildkröte. Ein Läufer und eine Schildkröte absolvieren ein Rennen. Ihre als konstant angenommenen Schnelligkeiten seien 10 m/s
bzw. 1 m/s.
Behauptung: Hat die Schildkröte beim Start einen Vorsprung von 10 m, so wird sie
vom Läufer nie eingeholt!
Beweis: Hat der Läufer 10 m zurückgelegt, so ist die Schildkröte 1 m voran, hat der
Läufer einen weiteren Meter zurückgelegt, so hat die Schildkröte 10 cm Vorsprung,
hat der Läufer die 10 cm zurückgelegt, so ist sie 1 cm voran, ...
Wo liegt der Fehler der gemachten Überlegungen? Wann und wo wird die Schildkröte überholt?

5. Gaußsche Glockenkurve. Diskutieren Sie die in der Statistik wichtige Gaußsche
Glockenkurve beschrieben durch

$$y = e^{-kx^2} \text{ mit } k > 0.$$

Skizzieren Sie ihren Graphen und berechnen Sie die Wendepunktkoordinaten.

6. Hyperbolische Funktionen. Zeigen Sie, dass es für

$$\cosh(2x) \text{ und } \sinh(2x)$$

bis auf Vorzeichen analoge Formeln gibt wie bei trigonometrischen Formeln.

7. Logarithmen.
  (a) Berechnen Sie exakt und numerisch den Umrechnungsfaktor a für den Über-
      gang von $\ln x$ zu $\log_{10} x = a \cdot \ln x$ und vergleichen Sie die beiden Graphen.
  (b) Leiten Sie die beiden Logarithmengesetze $\log_b(u \cdot v) = ?$ und $\log_b(u^r) = ?$ her.

8. Wachstumsmodell für kleine Kinder. Eine empirische Formel besagt, dass für
die statistisch gemittelte Körpergröße h in cm in Abhängigkeit des Alters t in Jahren
für die Zeitspanne $\frac{1}{4} \leq t \leq 6$ gilt:

$$h(t) = 70.23 + 5.104 \cdot t + 9.22 \cdot \ln t.$$

  (a) Berechnen Sie die Größe und momentane Wachstumsrate in cm/Jahr eines
      zweijährigen Kindes.
  (b) Wann ist die Wachstumsrate in cm/Jahr am größten?

9. Quotientenregel. Seien f und g gegebene Funktionen. Leiten Sie unter Verwendung von Produkt- und Kettenregel die Quotientenregel für das Ableiten her:

$$\left[\frac{f}{g}\right]' = \frac{f'g - fg'}{g^2}.$$

10. Minimale Fehlerquadratsumme. Es seien $x_1, x_2, \ldots, x_n$ die Messwerte einer
physikalischen Größe. Messungen sind bekanntlich fehlerbehaftet. Berechnen Sie
aus diesen Daten einen Wert x derart, dass die Summe der Fehlerquadrate $(x - x_i)^2$
minimal ist. Interpretieren Sie das Resultat.

11. Verblüffende Froschperspektive. Wir betrachten die Erdoberfläche mit Radius $R = 6370$ km als vollkommen glatte Kugeloberfläche. Wie weit kann ein Mensch oder ein Tier schauen, wenn sich die Augen auf einer Höhe h über der Erdoberfläche befinden?

Hinweis: Nehmen Sie an, die Augen seien im Punkt P oberhalb eines Kreises mit dem riesigen Radius R. Die Länge der beiden Tangenten von P an den Kreis sei D, was wir als maximale Sehdistanz betrachten. Benutzen Sie den Sehnen-Tangenten-Satz $D^2 = h(2R + h)$ und berechnen Sie numerisch $D(h)$ für verschiedene Größenordnungen.

12. Maximale Verbraucherleistung. Es soll ein batteriebetriebenes Gerät gebaut werden. Die Batterie mit Spannung U habe einen gegebenen Innenwiderstand R_i. Wie soll der Verbraucherwiderstand R dimensioniert werden, damit eine maximale Verbraucherleistung P aus dem Gerät herausgeholt werden kann?

Physikalische Fakten: Die beiden Widerstände sind in einem Kreis in Serie geschaltet. Also ist der Strom $I = \frac{U}{R_i + R}$ und somit gilt für die Verbraucherleistung

$$P(R) = U \cdot I = R \cdot I^2 = \frac{U^2 R}{(R_i + R)^2}.$$

13. Optimale Verpackung. Bestimmen Sie die Geometrie zur Herstellung von zylindrischen Konservenbüchsen mit 1 l Inhalt für eine minimale Materialmenge. Annahme: Boden, Deckel und Zylindermantel werden aus demselben Blech hergestellt.

Wie verhält sich der Durchmesser d zur Höhe h?

Vergleichen Sie mit der Praxis, wo man etwa Durchmesser : Höhe = 1 : 1.18 findet und suchen Sie nach möglichen Gründen.

14. Lachse schwimmen mit minimaler Energie. Um ihren Laichplatz s km stromaufwärts zu erreichen, schwimmen Lachse gegen den Strom mit der Relativgeschwindigkeit r bezüglich dem Wasser. Der Fluss habe eine konstante Geschwindigkeit v. Die Schwimmleistung P ist bestimmt durch die zu überwindende Reibung gegenüber dem Wasser. Biologen kamen durch Messungen zum Schluss, dass P proportional zu r^λ mit einer Konstanten $\lambda > 2$ ist. Für welche Relativgeschwindigkeit $r > v$ ist die aufzuwendende Energie W für die Reise zum Laichplatz minimal?

15. Elastizität einer Funktion. Gegeben ist die Nachfragefunktion $N(p) = (p - 20)^2$ in Abhängigkeit des Preises p.

(a) Skizzieren Sie die Funktion $N(p)$.

(b) Berechnen Sie die Elastizitätsfunktion $\varepsilon_{N,p} = \frac{N'(p)}{N(p)} \cdot p$.

(c) Berechnen Sie die Elastizität an den Stellen $p = 5$ und $p = 19$ und interpretieren Sie die Resultate.

16. Integrieren. Berechnen Sie von Hand und kontrollieren Sie durch Ableiten:

(a) $\int (ax^3 + b\sqrt{x}) \cdot \mathrm{d}x$ (b) $\int x\cos(kx) \cdot \mathrm{d}x$

(c) $\int x\mathrm{e}^{(x^2)} \cdot \mathrm{d}x$ (d) $\int \frac{\cos x}{1 + \sin x} \cdot \mathrm{d}x$

17. Denkaufgabe: Schneepflug. Eines Tages schneit es mit konstanter Intensität. Ein Schneepflug startet um 08.00 h. Um 09.00 h hat er 2,0 km zurückgelegt, um 10.00 h sind es 3,0 km. Wann begann es zu schneien (vorausgesetzt, der Schneepflug schafft pro Zeiteinheit immer dieselbe Menge Schnee weg)?

18. Denkaufgabe: Spinne Kunigunde. [11] Ein elastischer Faden der Länge 1000 km sei im Punkt A der Figur fest eingespannt. Kunigunde startet auf dem Faden in A und bewegt sich mit konstanter Geschwindigkeit von $v = 1\,\text{mm/s}$ vorwärts. Nach jeder vollen Sekunde wird der Faden schlagartig (dabei verstreicht also keine Zeit) durch Ziehen am Ende E um 1000 km verlängert.

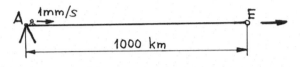

(a) Beweisen Sie, dass Kunigunde das Ende E des Fadens erreicht.
(b) Bestimmen Sie ihr ungefähres Alter bei ihrer Ankunft in E.

19. Mühsame Integrale. Überzeugen Sie sich mit einem Taschenrechner oder Computer davon, dass

$$\int \frac{\sin x}{x} \cdot \mathrm{d}x$$

nicht durch einen geschlossenen elementaren Ausdruck beschrieben werden kann. Suchen Sie weitere solche sogar einfach aussehende Integrale durch Testen.

20. Keplersche Fassregel. Zeigen Sie, dass für jedes Polynom ≤ 3. Grades

$$q(x) = ax^3 + bx^2 + cx + d$$

erstaunlicherweise gilt:

$$\int_0^h q(x)\mathrm{d}x = h \cdot \left[\frac{1}{6}q(0) + \frac{2}{3}q(h/2) + \frac{1}{6}q(h)\right].$$

Es müssen also bis auf den Faktor h lediglich 3 Funktionswerte an den Stellen $x = 0$, $\frac{h}{2}$, h mit den Gewichten $\frac{1}{6}$, $\frac{2}{3}$, $\frac{1}{6}$ summiert werden.

Historisches:

Kepler wurde nach dem Kauf von einem Fass Wein der Höhe h misstrauisch, weil der Verkäufer mit einer einzigen Längenmessung mit einem Stab durch das Loch den Inhalt des Fasses bestimmte. Daraufhin entwickelte er obige Näherungsformel, bei der er mit drei Messungen am Boden, Deckel und in der Mitte das Volumen genauer bestimmen konnte. Dabei entsprechen den drei q-Werten jeweils die Flächeninhalte der drei kreisförmigen Querschnitte.

---

[11] Diese persönlich ausformulierte Denkaufgabe basiert auf einer mündlichen Überlieferung meines Freundes Dr. ing. ETH Daniel Rufer, der 2016 wegen eines fatalen Fahrradunfalles sein Leben verlor. Ihm ist die Aufgabe posthum gewidmet.

21. Kontrolle Integral. Ein Taschenrechner oder Computer liefert das Resultat

$$\int e^{-kt}\cos(\omega t)\mathrm{d}t = \frac{1}{k^2+\omega^2}e^{-kt}\{\omega\sin(\omega t)-k\cos(\omega t)\}+C.$$

Kontrollieren Sie durch Ableiten von Hand oder mit dem Computer auf Richtigkeit und plotten Sie den Integranden für $k = 0,1$ und $k = 0,01$.

22. Geometrie für Bahngeleise, Straßen und Sprungschanzen. Gesucht ist eine geeignete Übergangskurve, welche zwei gerade Streckenabschnitte, zwei Kreisbogen oder einen Kreisbogen mit einem geraden Streckenabschnitt verbindet.

(a) Zeigen Sie, dass eine kubische Verbindung zu einem geraden Abschnitt eine stetige zweite Ableitung am Übergangspunkt aufweist. Ein Vehikel könnte deshalb den Übergangspunkt ohne Schlag passieren.

(b) Im Straßen- und Geleisebau und auch beim Bau von Sprungschanzen wird üblicherweise von der sogenannte **Klothoide**[12] Gebrauch gemacht. Sie ist charakterisiert durch die Eigenschaft, dass ihre Krümmung $K = 1/R$ (wobei R der Radius des Berührungskreises an den Kurvenpunkt ist) proportional zur Bogenlänge L der Kurve ist.
Die Parametergleichung in kartesischen Koordinaten lautet (der Parameter ℓ ist nicht die Bogenlänge!)

$$x(\ell) = A \cdot \sqrt{\pi} \int_0^\ell \cos(\frac{\pi}{2}u^2)\mathrm{d}u$$

$$y(\ell) = A \cdot \sqrt{\pi} \int_0^\ell \sin(\frac{\pi}{2}u^2)\mathrm{d}u$$

Klothoiden sind ähnlich zueinander über den Faktor A.

Hier ist der Graph für $A = 1$:

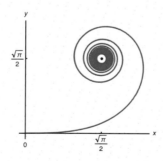

(i) Verifizieren Sie, dass die Krümmung

$$K = \frac{\dot{x}\ddot{y}-\ddot{x}\dot{y}}{(\dot{x}^2+\dot{y}^2)^{\frac{3}{2}}} \quad \text{mit} \quad \dot{} = \frac{\mathrm{d}}{\mathrm{d}\ell}$$

linear von ℓ abhängt.

---

[12] Ich verdanke den Hinweis auf die Klothoide und den Beitrag [39] zum Thema Sprungschanzen Dipl. Math. Peter Fässler.

(ii) Euler berechnete die Klothoide als Erster im Jahre 1743. Es gelang ihm erst 1781 zu zeigen, dass für die uneigentlichen Integrale gilt

$$\int_0^\infty \cos(\frac{\pi}{2}u^2)\mathrm{d}u = \int_0^\infty \sin(\frac{\pi}{2}u^2)\mathrm{d}u = \frac{1}{2}.$$

Verifizieren Sie, dass die Kurve gegen den Grenzpunkt $(A\frac{\sqrt{\pi}}{2}, A\frac{\sqrt{\pi}}{2})$ strebt.

Machen Sie sich außerdem unter Verwendung von (i) klar, dass eine Übergangskurve mit beliebig vorgegebenen Krümmungen an den beiden zu verbindenden Endpunkten in Form eines geeignet gewählten Klothoidenbogens konstruiert werden kann, weil mit ℓ auch K das Intervall $[0, \infty)$ durchläuft.

(iii) Berechnen Sie die Geschwindigkeit $v(\ell)$ eines Vehikels, das sich längs einer Klothoide bewegt, falls der Parameter ℓ die Bedeutung der Zeit hat. Ebenso das Produkt $L(\ell) \cdot R(\ell)$, wobei $L(\ell)$ die Länge der Kurve zwischen den Punkten $(0,0)$ und $(x(\ell), y(\ell))$ ist.

(iv) Die Anlaufbahn einer Sprungschanze besteht gemäß [39] aus 3 Abschnitten:

Einer geneigten geraden Strecke, gefolgt von einem Klothoidenbogen mit wachsender Krümmung (wobei die Anfangskrümmung natürlich 0 ist, um einen glatten Übergangspunkt zu realisieren) und schliesslich dem Schanzentisch, einer kurzen geraden und etwas nach unten geneigten Strecke, tangenial an den Endpunkt der Kurve.

Der Übergang vom Klothoidenbogen auf den Schanzentisch ergibt eine schlagartige Abnahme der maximalen Zentrifugalkraft auf 0. Dieser Effekt ist willkommen, damit der Springer gut abheben kann.

Die maximale Zentrifugalkraft soll 70 % des Gewichtes eines Springers nicht überschreiten. Auf einer Großschanze sei die Absprunggeschwindigkeit 100 km/h. Wie groß soll der Endradius des Klothoidenbogens sein?

23. Stückweise lineare Funktionen. Berechnen und skizzieren Sie

(a) $G(x) = \int\limits_{-1}^{x} g(u)du$ für die gezeichnete Funktion g.

(b) f' für die gezeichnete Funktion f.

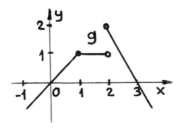
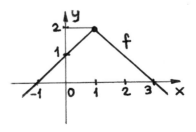

24. Denkaufgabe: Schnellzug zum Thema Stetigkeit. Ein Schnellzug durchfährt die 200 km lange Strecke zwischen zwei Städten A und B in genau 2 h, wobei er zeitweise die Fahrt wegen Baustellen, Brücken und engen Kurven verlangsamen muss. Aber bei geradlinige Strecken kann er auch zeitenweise mit weit über 100 km/h fahren. Der Geschwindigkeitsverlauf ist also zeitlich variabel.

Zu zeigen: Unabhängig vom Geschwindigkeitsverlauf des Zuges existiert immer mindestens eine genau 100 km lange Teilstrecke, welche genau in 1 h durchfahren wird.

25. Fähnchenkonstruktion der Ellipse und Hyperbelparametrisierung.

(a) Zeigen Sie, dass Punkte P, wie in der Figur gezeichnet, auf der Ellipse mit Halbachsen a, b liegen und überzeugen Sie sich von der Figur, dass der Parameter t nicht der Winkel zum Punkt P ist.

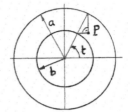

(b) Zeigen Sie, dass die parametrisierte Kurve

$$\begin{pmatrix} x(t) \\ y(t) \end{pmatrix} = \begin{pmatrix} a\cosh t \\ b\sinh t \end{pmatrix}$$

die Gleichung $\qquad \dfrac{x^2}{a^2} - \dfrac{y^2}{b^2} = 1$

erfüllt und somit eine Hyperbel beschreibt.

26. Lissajous-Figur. Gegeben sei die vektorwertige Funktion

$$\vec{r}(t) = \begin{pmatrix} \sin(2t) \\ \sin t \end{pmatrix}.$$

(a) Skizzieren Sie ihren Graphen und markieren Sie zu einigen speziellen Punkten jeweils ihren t-Wert.

(b) Berechnen Sie den Schnittwinkel.

(c) Kontrollieren Sie, ob die Tangente im obersten Punkt horizontal ist.

27. Steuerung eines Fräsers.

Eine Fräsmaschine soll einen Parabelbogen $y = ax^2$ mit einem Fräser mit Radius R gemäß Figur realisieren. Gesucht ist die parametrisierte Bahn $\vec{r}_F$ des Fräsermittelpunktes.

Hinweis: Starten Sie vorerst mit einer Parametrisierung der Parabel.

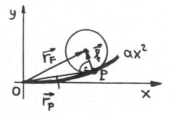

28. Nochmals Selbstähnlichkeit der logarithmischen Spirale. Bestätigen Sie die frühere Erkenntnis mit dem Skalarprodukt, dass der Winkel zwischen Ortsvektor und Tangente konstant ist.

29. Fahrrad.

(a) **Verkürzte und verlängerte Zykloide**

    (i) Berechnen Sie die Parametergleichung der Kurve, welche durch einen Punkt mit Abstand r vom Zentrum eines auf einer horizontalen Geraden abrollenden Rades mit Radius 1 beschrieben wird, wobei Rollwinkel = Zeit $= t$.

    Anwendungen: Ein an den Speichen angehefteter Leuchtkörper beschreibt eine verkürzte Zykloide ($r < 1$), eine schlangenförmige Kurve. Ein Punkt auf einem Radkranz der Eisenbahn beschreibt eine verlängerte Zykloide ($r > 1$) mit Schleifen.

    (ii) Berechnen Sie die Geschwindigkeiten am höchsten und tiefsten Punkt der Kurve.

    Überzeugen Sie sich davon, dass im Fall $r > 1$ die Geschwindigkeit am tiefsten Punkt nach links gerichtet ist, das heißt entgegengesetzt zur Bewegung des Rades, im Einklang mit der Schleifenbewegung.

(b) **Bewegung einer Fahrradpedale**

    (i) Wir betrachten ein Fahrrad mit Rädern vom Radius 1 und eine Pedale im Abstand $\frac{1}{2}$ von ihrer Rotationsachse (welche auf derselben Höhe liegt wie die Radachsen).

    Berechnen Sie die Parametergleichung der Pedalbewegung in Abhängigkeit des Rollwinkels = Zeit $= t$. Nehmen Sie ein gegebenes Übersetzungsverhältnis an.

    Benutzen Sie den tiefsten Punkt der Pedale als Ursprung des Koordinatensystems. Bezeichnen Sie mit ωt den Drehwinkel der Pedale. Die Größe ω beschreibt also die Übersetzung.

    (ii) Berechnen Sie die Geschwindigkeiten des höchsten und tiefsten Punktes. Für welche ω weist die Pedalbewegung Schleifen auf, für welche keine ?

    (iii) Zeigen Sie, dass für eine bestimmte Übersetzung ω die Pedalkurve affin ist zur Zykloide mit Radius $\frac{1}{2}$, also Superspitzen aufweist.

30. Epizykloide.

Parametrisieren Sie die Kurve eines Punktes, der sich am Umfang eines abrollenden Rades mit Radius $r = 1$ auf einem Kreis mit Radius $R = 3$ bewegt (vgl. Figur).
Sie heißt Epizykloide.

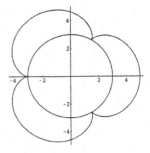

31. Denkaufgabe: Das Regen-Problem. Es geht um die Frage, wie man ohne Schirm durch den Regen laufen soll, um möglichst wenig nass zu werden. Sie taucht immer wieder auf und sorgt für kontroverse Diskussionen.

Das Problem sei so vereinfacht, dass eine Person eine ebene Vorder- und Hinterseite mit einem bestimmten Flächeninhalt aufweist und sich aufrecht auf einer ebenen, geraden Strecke der gegebenen Länge s mit konstanter Geschwindigkeit v bewegt. Außerdem habe der Regen überall dieselbe Geschwindigkeit r und Intensität. Man stelle sich ein Blech mit den menschlichen Umrissen mit Kopf, Körper und Beinen vor.

(a) Bestimmen Sie die optimale Geschwindigkeit v für die beiden Spezialfälle, bei denen der Regen horizontal von vorne oder von hinten auf die Person prasselt.

(b) Dasselbe für eine beliebige Richtung der Geschwindigkeit des Regens von vorne oder hinten.

(c) Begründen Sie, dass das Resultat in (b) auch für einen menschlichen Körper brauchbar ist, wenn für die ebene Fläche die Projektion des Körpers senkrecht zur Laufrichtung gewählt wird. Was wurde dabei allerdings nicht berücksichtigt?

32. Springbrunnen. Ein rotationssymmetrisches Springbrunnenspiel besteht aus einer großen Zahl kleiner Wasserstrahlen. In einer vertikalen Schnittebene durch die Symmetrieachse beobachten wir gemäß Figur die vom Zentrum ausgehenden Strahlen unter verschiedenen Neigungswinkeln α.
Alle austretenden Wasserteilchen haben dieselbe Startgeschwindigkeit v_0.

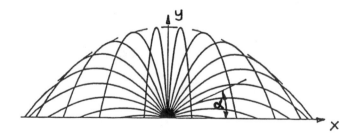

(a) Beschreiben Sie die Bahn der Wasserteilchen in der Form $\vec{r}(t) = \begin{pmatrix} x(t) \\ y(t) \end{pmatrix}$ in Abhängigkeit des Parameters α unter Vernachlässigung der Luftreibung. Dabei sei t die Zeit.

(b) Beschreiben Sie die Bahn in der Form $y = f(x)$ durch Elimination von t.

(c) Bestimmen Sie die beiden Koordinaten (x_m, y_m) des obersten Kurvenpunktes in Abhängigkeit von α.

(d) Haben Sie basierend auf der Grafik eine Vermutung, auf welcher Kurve sich die höchsten Punkte der einzelnen Wasserstrahlen befinden? Beweisen Sie Ihre Vermutung analytisch.

(e) In welcher Art beeinflusst der Parameter v_0 die in (d) berechnete Kurve? Diskutieren Sie das analytische Resultat.

(f) Bestimmen Sie v_0 für einen Springbrunnen mit einem Radius von 2 m in der Wohnung von Familie Neureich.

Kapitel 2
Differentialgleichungen 1. Ordnung

2.1 Begriffliches

Differentialgleichungen spielen eine wichtige Rolle in praktisch allen Gebieten von Naturwissenschaften und Technik, zunehmend auch in der Ökonomie und Ökologie. Sie beschreiben deterministische Prozesse bzw. Modelle davon. Es handelt sich um Gleichungen für **gesuchte Funktionen** von einer oder mehreren Variablen, in der sowohl die Funktion als auch ihre Ableitungen auftreten können.

Wir werden uns in diesem Buch ausschließlich auf **gewöhnliche Differentialgleichungen** beschränken, in welcher die unbekannten Funktionen nur von einer einzigen Variablen abhängen.

Diese Einschränkung ist schmerzhaft: Beispielsweise Wellenvorgänge, Diffusionsprozesse und die Maxwellschen Gleichungen (welche die gesamte Theorie der Elektrophysik beschreiben) werden durch partielle Differentialgleichungen[1] beschrieben.

Das Thema ist aber schon für gewöhnliche Differentialgleichungen recht anspruchsvoll. In praktischen Fällen ist es oft nicht möglich, Lösungen analytisch exakt zu berechnen. Hingegen bieten sich numerische Näherungsmethoden an.

Beispiel 2.1 Wir wollen zeigen, dass die Differentialgleichung

$$y(t)^2 \cdot y'(t) = t^2$$

die Lösungen $y(t) = \sqrt[3]{t^3 + C}$ mit einer beliebig wählbaren Konstanten C aufweist:
$$y'(t) = [(t^3 + C)^{1/3}]' = \frac{1}{3}(t^3 + C)^{-2/3} \cdot 3t^2 \quad \text{und} \quad y(t)^2 = (t^3 + C)^{2/3}.$$

Das Produkt der beiden Ausdrücke ergibt in der Tat t^2.   ◇

---

[1] Das sind Differentialgleichungen von Funktionen mit mehreren Variablen. So lautet etwa die eindimensionale Wellengleichung für eine gesuchte Funktion $u(x,t)$ mit x = Ort und t = Zeit $\frac{\partial^2 u}{\partial t^2} = c^2 \frac{\partial^2 u}{\partial x^2}$.

© Springer-Verlag GmbH Deutschland, ein Teil von Springer Nature 2020
A. Fässler, *Schnelleinstieg Differentialgleichungen*,
https://doi.org/10.1007/978-3-662-62146-2_2

2.2 Geometrisches, Richtungsfeld, Isoklinen

Die allgemeine Differentialgleichung 1. Ordnung hat folgende Gestalt:

$$y' = f(t, y).$$

Dabei hängt die gegebene Funktion $f(t, y)$ von den beiden unabhängigen Variablen t und y ab.

Eine Lösung $y = y(t)$ hat die Eigenschaft, dass sie die Gleichung $y'(t) = f[t, y(t)]$ **für alle t-Werte auf einem Intervall** identisch erfüllt.

Wir können die Differentialgleichung durch ein **Richtungsfeld** veranschaulichen, denn die gegebene Funktion $f(t, y)$ ergibt in jedem Punkt (t, y) die Steigung, welche eine allfällige Lösung der Differentialgleichung durch den betreffenden Punkt aufweisen müsste. Das Richtungsfeld kann bereits einen qualitativen Eindruck von Lösungen vermitteln.

Die Lösungen weisen überall die Richtung des Richtungsfeldes auf. Die Graphen verschiedener Lösungen können sich nicht schneiden, da ja in jedem Punkt die Steigung eindeutig ist.

Bei geometrischen Problemen ist es oft üblich, anstelle von t die unabhängige Variable x zu verwenden:

$$y' = f(x, y).$$

Wenn wir das geometrische Verhalten diskutieren, so ist es zweckmäßig, zuerst die sogenannten **Isoklinen** zu bestimmen. Das sind Kurven, auf denen die Steigung konstant ist. Sie erfüllen also die Gleichung

$$f(x, y) = m$$

für verschiedene m-Werte, wobei m die Steigung auf der betreffenden Isokline ist.

Beispiel 2.2

Wir analysieren die Lösungen der Differentialgleichung $\quad y' = -\dfrac{x}{y}$.

Die Isoklinen werden beschrieben durch

$$f(x, y) = -\frac{x}{y} = m \quad \Rightarrow \quad y = -\frac{1}{m} \cdot x.$$

Es handelt sich also um Geraden mit der Steigung $m^* = -\frac{1}{m}$ durch den Ursprung, welche senkrecht zu den Tangenten der Lösungen mit Steigung m sind.

Somit besteht die Lösungsmenge aus konzentrischen Kreisen um den Ursprung.

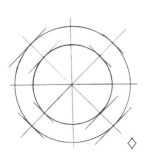

$\Diamond$

Beispiel 2.3

Wir wollen die Lösungen folgender Differentialgleichung diskutieren:

$$y' = 1 + x - y.$$

Isoklinen zur konstanten Steigung m werden somit beschrieben durch

$$1 + x - y = m \quad \Rightarrow \quad y = x + (1 - m).$$

Es handelt sich um parallele Geraden mit Steigung 1 und y-Achsabschnitten $1 - m$.

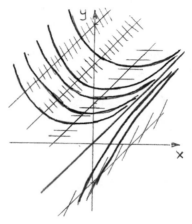

m	$1 - m$
0	1
1	0
2	-1
3	-2
-1	2
-2	3

Lösungsverhalten gemäß Figur.
Eine spezielle Lösung ist offenbar $y = x$.

$\diamond$

Beispiel 2.4 Für den Spezialfall einer **autonomen Differentialgleichung**

$$y' = f(y),$$

bei der die rechte Seite nur von y abhängt, sind die Isoklinen $f(y) = m$ horizontale Geraden. Das Richtungsfeld und damit auch die Graphen der Lösungen sind translationsinvariant gegenüber Horizontalverschiebungen.

$\diamond$

Beispiel 2.5 Logistische Differentialgleichung[2]

$$y' = 4y(1 - y).$$

Für einen konstanten y-Wert ergibt sich also die Steigung $m = 4y(1 - y)$.

Für $y = 1$ und $y = 0$ sind die Steigungen $= 0$. Somit sind sie auch Lösungen.

Für $y = \frac{1}{2}$ ist die Steigung 1.

Außerdem ist für $y = a$ und $y = 1 - a$ die Steigung gleich groß, da ja $f(y)$ eine quadratische Funktion mit Symmetrieachse $y = \frac{1}{2}$ ist.

---

[2] Eine allgemeine Betrachtung folgt in Aufgabe 66, Kapitel 3.

Aus der folgenden Figur ist die typische S-Form der translationsinvarianten und bezüglich $y = 1/2$ punktsymmetrischen Graphen der Lösungen im Bereich $0 < y(t) < 1$ gut ersichtlich.

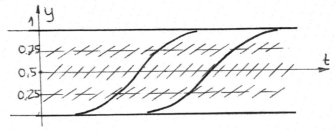

$\diamond$

Eine weitere Möglichkeit zur Visualisierung von Lösungen der Differentialgleichung $y' = f(x,y)$. ist das Anheften der Vektoren $\begin{pmatrix} 1 \\ f(x,y) \end{pmatrix}$ in verschiedenen Punkten (x,y), welche die Steigung $f(x,y)$ aufweisen. Der Mathematica-Befehl StreamPlot$[\ldots]$ stellt sowohl Vektoren als auch Lösungen grafisch dar.

Beispiel 2.6

$$y' = -\frac{1}{x} \cdot y + x. \tag{2.1}$$

StreamPlot$[\{1, \mathtt{x}-\mathtt{y}/\mathtt{x}\}, \{\mathtt{x}, -2-2\}, \{\mathtt{y}, -2, 4\}]$ liefert

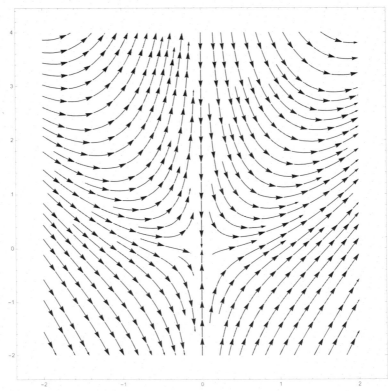

$\diamond$

2.3 Lineare Differentialgleichungen 1. Ordnung

Hier ist $f(t,y)$ eine lineare Funktion in der Unbekannten y, die wir in folgender standardisierter Form schreiben:

$$y' + a(t) \cdot y = b(t). \tag{2.2}$$

Dabei sind $a(t)$ und $b(t)$ „beliebig" komplizierte gegebene Funktionen.
Diesem Problem können wir uns aber erst widmen, wenn wir den homogenen Fall $b(t) = 0$ gelöst haben.

2.3.1 Homogener Fall

$$y' + a(t) \cdot y = 0. \tag{2.3}$$

Herleitung der Lösungsmenge:

$$\frac{y'}{y} = -a(t) \implies \int \frac{y'}{y} \cdot dt = -\int a(t)dt \implies \ln|y(t)| = -A(t) + C,$$

wobei A eine beliebig gewählte Stammfunktion von a ist.
Wir erheben beide Seiten zum Exponenten von e und erhalten

$$|y(t)| = e^{C-A(t)} = e^C \cdot e^{-A(t)} = k \cdot e^{-A(t)} \text{ mit } k > 0.$$

Die gesamte Lösungsmenge lautet somit

$$y(t) = k \cdot e^{-A(t)} \text{ mit } k \in \mathbf{R}.$$

wobei auch $y = 0$ zur Lösungsmenge gehört.

Die Lösungen $\neq 0$ unterscheiden sich also nur durch eine multiplikative Konstante. Für die **gesamte Lösungsmenge** wird auch der Begriff der **allgemeinen Lösung** verwendet.

Kontrolle durch Ableiten mit der Kettenregel:

$$y' = [k \cdot e^{-A(t)}]' = k \cdot e^{-A(t)} \cdot (-a(t)) = -a(t) \cdot y(t).$$

Für das sogenannte **Anfangswertproblem (AWP)**

$$\left. \begin{array}{r} y' + a(t) \cdot y = 0 \\ y(t_0) = y_0 \end{array} \right\}$$

lautet die eindeutige Lösung für einen beliebig gewählten Anfangswert y_0

$$y(t) = y_0 \cdot e^{-\int_{t_0}^{t} a(\tau)d\tau} = y_0 \cdot e^{-[A(t)-A(t_0)]}.$$

Beispiel 2.7 Das AWP $\quad y' - 2ty = 0, \qquad y(0) = y_0$

hat wegen $A(t) = -t^2$ die Lösung $y(t) = y_0 \cdot e^{t^2}$.   ◇

Beispiel 2.8 Wir lösen die homogene lineare Differentialgleichung

$$y' + \frac{2t}{1+t^2}y = 0.$$

$$a(t) = \frac{2t}{1+t^2} \Rightarrow A(t) = \ln(1+t^2) \Rightarrow e^{-\ln(1+t^2)} = [e^{\ln(1+t^2)}]^{-1} = (1+t^2)^{-1}.$$

Somit lautet die allgemeine Lösung

$$y(t) = \frac{C}{1+t^2}. \tag{2.4}$$

Die folgende Grafik zeigt einige Lösungen, welche eine „Zwiebel" bilden.

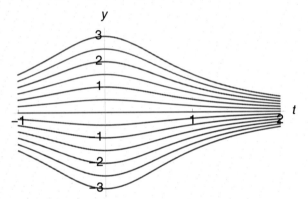

Eine grundsätzliche Feststellung: Es ist eine Illusion zu glauben, dass Lösungen von Differentialgleichungen immer in geschlossen elementarer Form darstellbar sind. Meistens ist das nicht der Fall. Der Grund dafür liegt in der Integration. Vgl. Sie dazu 1.2.3.

In solchen Fällen kommen numerische Lösungsmethoden zum Einsatz, auf die später eingegangen wird. Allerdings bezahlt man einen Preis: Parameter dürfen nicht vorkommen! Dann bleibt allenfalls der Einsatz von ganzen Mengen von Grafiken, bei denen jeweils Parameterwerte numerisch festgelegt werden.

Beispiel 2.9 Das AWP

$$y' + \sqrt{1+t^2} \cdot e^{-t}y = 0, \qquad y(2) = 4$$

hat die Lösung

$$y(t) = 4 \cdot \exp\left(-\int_2^t \sqrt{1+s^2} \cdot e^{-s} \cdot ds\right).$$

Das Integral ist nicht geschlossen elementar ausdrückbar.   ◇

2.3.2 Inhomogener Fall

Die **Methode des** sogenannten **integrierenden Faktors** ermöglicht das Lösen der Differentialgleichung (2.2):
Wir multiplizieren mit einer vorerst unbekannten Funktion $\mu(t)$, die später geeignet gewählt wird:

$$\mu(t) \cdot y' + \mu(t) \cdot a(t) \cdot y = \mu(t) \cdot b(t). \tag{2.5}$$

Falls wir $\mu(t)$ so wählen können, dass $[\mu \cdot y]' = $ linke Seite von (2.5) ist, dann sind wir in der Lage, die Differentialgleichung zu integrieren!

Nach der Produktregel gilt

$$[\mu \cdot y]' = \mu y' + \mu' y.$$

Es muss also gelten:

$$\mu(t)y' + \mu(t)'y = \mu(t)y' + \mu(t)a(t)y.$$

Nach dem Wegstreichen des Terms $\mu(t)y'$ resultiert daraus

$$\mu' = a(t)\mu.$$

Diese Bedingung ist eine homogene lineare Differentialgleichung für $\mu(t)$. Es genügt, irgendeine Lösung zu nehmen, also

$$\mu(t) = e^{A(t)}, \tag{2.6}$$

wobei $A(t)$ eine beliebig gewählte Stammfunktion von $a(t)$ ist.

Mit (2.6) lautet nun die zu (2.2) äquivalente Differentialgleichung (2.5)

$$[\mu(t) \cdot y]' = \mu(t) \cdot b(t).$$

Integration auf beiden Seiten liefert

$$\mu \cdot y = \int \mu(t) \cdot b(t) \cdot dt + C.$$

Division durch $\mu(t) = e^{A(t)}$ ergibt die Menge aller Lösungen, auch **allgemeine Lösung der inhomogenen Differentialgleichung 1. Ordnung** genannt:

$$y(t) = e^{-A(t)} \cdot \int e^{A(t)} \cdot b(t) \cdot dt + C \cdot e^{-A(t)}.$$

Wählen wir speziell die Konstante $C = 0$, so stellen wir fest, dass der erste Term eine spezielle Lösung der inhomogenen Differentialgleichung ist, eine sogenannte **partikuläre Lösung** $y_p(t)$. Offensichtlich gilt

Satz 10.

(a) *Die Menge aller Lösungen der inhomogenen linearen Differentialgleichung*

$$y' + a(t)y = b(t)$$

ist die Summe einer partikulären Lösung und der Menge aller Lösungen des homogenen Falles $y' + a(t)y = 0$:

$$y(t) = y_p(t) + C \cdot e^{-A(t)}.$$

Dabei ist $y_p(t)$ *irgendeine Lösung und* $A(t)$ *irgendeine Stammfunktion von* $a(t)$.

(b) *Zu jedem AWP einer linearen Differentialgleichung existiert genau eine stetige Lösung* y, *falls die gegebenen Funktionen* a *und* b *in Abhängigkeit von* t *wenigstens stückweise stetig sind. Dabei weist* y *an den isolierten Sprungstellen* a *und* b *Knicke auf.*

Bemerkung:
Stückweise stetige Funktionen spielen bei Ein- und Ausschaltvorgängen eine Rolle.

Beispiel 2.10
Wir lösen die Differentialgleichung $y' + \dfrac{2t}{1+t^2} \cdot y = \dfrac{1}{1+t^2}$.

$$e^{A(t)} = e^{\ln(1+t^2)} = 1 + t^2.$$

$$y(t) = \frac{1}{1+t^2} \cdot \int (1+t^2) \cdot \frac{1}{1+t^2} \cdot \mathrm{d}t + \frac{C}{1+t^2} = \frac{t}{1+t^2} + \frac{C}{1+t^2}.$$

Die partikuläre Lösung $y_p(t) = \dfrac{t}{1+t^2}$ geht durch den Ursprung.

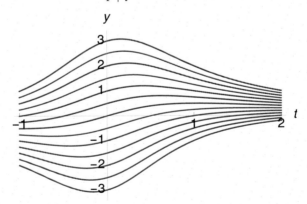

Die additive Überlagerung der partikulären Lösung y_p mit der früheren „Zwiebel" von homogenen Lösungen (2.4) wird in der Figur demonstriert.   ◇

2.4 Existenz und Eindeutigkeit von Lösungen

Der folgende Satz gilt ganz allgemein auch für nicht-lineare Differentialgleichungen 1. Ordnung (ohne Beweis):

Satz 11. *Ist in einer (kleinen) Umgebung des Punktes (t_0, y_0) die Funktion $f(t, y)$ der Differentialgleichung $y' = f(t, y)$*

- *stetig bezüglich beider Variablen und*
- *existiert auch ihre ebenfalls stetige partielle Ableitung $\frac{\partial f(t,y)}{\partial y}$,*

dann existiert in der Umgebung des Punktes eine eindeutige Lösung durch (t_0, y_0).

Bemerkung: Die partielle Ableitung $\frac{\partial f(t,y)}{\partial y}$ ist die Ableitung nach der Variablen y bei konstantem t. Beispielsweise für $f(t, y) = \sin t \cdot y^2$ gilt $\frac{\partial f(t,y)}{\partial y} = 2y \sin t$.

Beispiel 2.11 Wir betrachten die Differentialgleichung

$$y' = \sqrt{y}.$$

In jedem Punkt $(C, 0)$ verzweigen sich die beiden Lösungen $y_1(t) = 0$ und $y_2(t) = \frac{1}{4}(t - C)^2$. Das ist kein Widerspruch zum Existenz- und Eindeutigkeitssatz, denn die Funktion

$$\frac{\mathrm{d}}{\mathrm{d}y} \sqrt{y} = \frac{1}{2\sqrt{y}}$$

ist für alle Punkte $y = 0$ unstetig, sie hat dort eine Singularität.
Durch alle Punkte $y > 0$ gibt es aber lokal eine eindeutige Lösung der Differentialgleichung (ohne Anfangsbedingung), nämlich das entsprechende kleine Parabelstück. $\diamond$

Beispiel 2.12 Die Differentialgleichung

$$y' = y^2$$

hat die Lösungen

$$y(t) = \frac{1}{C - t} \quad \text{und } y = 0.$$

Der Existenz- und Eindeutigkeitssatz wird damit bestätigt: Durch jeden Punkt (t_0, y_0) mit $y_0 \neq 0$ gibt es die eindeutige Lösung mit $C = \frac{1 + t_0 \cdot y_0}{y_0}$ und für $y_0 = 0$ lautet sie $y = 0$. $\diamond$

Beispiel 2.13 Die Differentialgleichung

$$y' + \tan t \cdot y = \sin t \cos t$$

hat die Lösungen

$$y(t) = C \cdot \cos t - \cos^2 t,$$

welche etwa generiert werden durch den Mathematica-Befehl

```
DSolve[y'[t]+Tan[t] y[t]==Cos[t] Sin[t],y[t],t]
```

Hier sind drei davon mit $C = -1, 0, 1$ (von unten nach oben) geplottet:

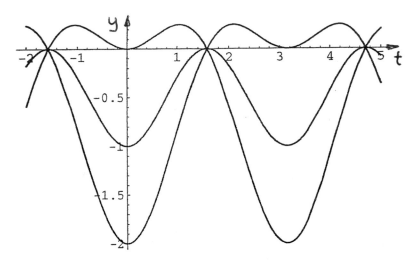

Wegen

$$\frac{\partial f}{\partial y} = -\tan t \quad \text{für} \quad f(t,y) = -\tan t \cdot y + \sin t \cos t$$

treten genau bei $t = \pm \pi/2, \pm 3\pi/2, \dots$ Singularitäten (also Unstetigkeitsstellen) auf. Dort verzweigen sich jeweils unendlich viele Lösungen.   ◇

Beispiel 2.14
Die Differentialgleichung

$$y' + \frac{1}{t}y = \frac{1}{t^2}$$

hat die Lösungen

$$y(t) = \frac{\ln t}{t} + \frac{C}{t}.$$

Differentialgleichung und Lösungen sind an der Stelle $t = 0$ singulär.   ◇

Beispiel 2.15

Die Differentialgleichung

$$y' + \frac{1}{\sqrt{t}}y = e^{\sqrt{t}/2}$$

hat die Lösungen

$$y(t) = \frac{4}{25}(5\sqrt{t} - 2)e^{\sqrt{t}/2} + \frac{C}{e^{2\sqrt{t}}}.$$

Die Differentialgleichung ist bei $t = 0$ singulär, die Lösungen sind aber regulär. Hier ist ein Plot für $C = -1,\ 0,\ 1$:

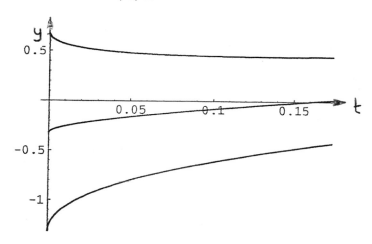

Das ist kein Widerspruch zum Existenz- und Eindeutigkeitssatz, da die Voraussetzungen hinreichend, aber nicht notwendig sind, wie dieses Beispiel zeigt.   ◇

2.5 Separable Differentialgleichungen

Die Differentialgleichung

$$y' = f(t, y)$$

ist **separierbar oder trennbar**, wenn f speziell als Produkt oder Quotient einer Funktion in t und einer Funktion in y ausgedrückt werden kann, das heißt wenn sie folgende Gestalt hat:

$$y' = \frac{g(t)}{h(y)}.$$

Beispiel 2.16

$$y' = \frac{a(b + y^3)}{\sin(2t)} \quad \text{ist separabel,} \qquad y' = t - y^2 \quad \text{ist nicht separabel.} \qquad ◇$$

Separable Differentialgleichungen sind integrierbar:

$$h(y) \cdot y' = g(t) \implies \int h(y) \cdot y' \cdot dt = \int g(t) \cdot dt + C.$$

Ist H irgendeine Stammfunktion von h und G irgendeine Stammfunktion von g, so folgt

$$H(y(t)) = G(t) + C$$

wegen der Kettenregel $\quad \dfrac{dH(y(t))}{dt} = h(y(t)) \cdot y'(t).$

Unsere Integration rechtfertigt im Nachhinein folgendes **formales Vorgehen:**

$$\frac{dy}{dt} = \frac{g(t)}{h(y)} \quad \Longleftrightarrow \quad \int h(y)dy = \int g(t)dt + C.$$

Die einzelnen Schritte sind

(a) für die Ableitung die Schreibweise dy/dt verwenden,
(b) Separation der Variablen (links keine t, rechts keine y),
(c) links Integration nach y, rechts nach t.

Obwohl nach verschiedenen Variablen integriert wird (!), ist dieses praktische Vorgehen korrekt, wie gezeigt wurde.

Warnung: Selbst wenn die Integration der Funktionen h und g keine Probleme geben sollte, was meistens nicht der Fall ist, so ist noch lange nicht gesagt, dass die resultierende gewöhnliche Gleichung analytisch explizit nach $y(t)$ aufgelöst werden kann!
Eine bequeme Alternative liefern die numerischen Lösungsverfahren, auf die wir später eingehen.

Beispiel 2.17   Wir betrachten die nicht-lineare Differentialgleichung

$$e^y \cdot y' - t - t^3 = 0 \quad \implies \quad e^y \cdot \frac{dy}{dt} - t - t^3 = 0.$$

Separieren und beidseitig integrieren:

$$\int e^y dy = \int (t + t^3)dt + C \quad \implies \quad e^y = \frac{1}{2}t^2 + \frac{1}{4}t^4 + C$$

ergibt die Lösungen $\quad y(t) = \ln(\frac{1}{2}t^2 + \frac{1}{4}t^4 + C).$ $\Diamond$

Beispiel 2.18   Wir betrachten das nicht-lineare AWP
$$y' = 1 + y^2 \qquad \text{mit} \quad y(0) = 1.$$

Separieren und Integrieren ergibt

$$\int \frac{1}{1+y^2}dy = \int dt + C \quad \implies \quad \arctan y = t + C \quad \implies \quad y(t) = \tan(t + C).$$

Mit der Anfangsbedingung
$$y(0) = \tan(C) = 1 \Rightarrow C = \frac{\pi}{4}$$
ergibt sich die Lösung
$$y(t) = \tan\left(t + \frac{\pi}{4}\right) \quad \text{mit } t \in \left(-\frac{3\pi}{4}, \frac{\pi}{4}\right),$$

welche durch einen Tangensast mit der Nullstelle $t = -\frac{\pi}{4}$ beschrieben wird.
Die Lösung existiert also nur auf einem beschränkten offenen Intervall. $\diamond$

Beispiel 2.19 Wir betrachten das separierbare nicht-lineare AWP
$$y \cdot y' = (1 + y^2)\sin t \quad \text{mit} \quad y(0) = -1.$$

$$\int \frac{y}{1 + y^2} \cdot dy = \int \sin t \cdot dt + C \quad \Longrightarrow \quad \ln(1 + y^2) = -2\cos t + C.$$

Als Exponent zur Basis e genommen ergibt
$$1 + y^2 = e^{-2\cos t + C} = e^C \cdot e^{-2\cos t} = k \cdot e^{-2\cos t} \text{ mit } k > 0.$$
Somit folgt $\quad y(t) = \pm\sqrt{k \cdot e^{-2\cos t} - 1}.$

Wegen der Anfangsbedingung gilt das Minus-Zeichen.
$$y(0) = -1 = -\sqrt{ke^{-2} - 1} \Rightarrow ke^{-2} = 2 \Rightarrow k = 2e^2.$$

Damit folgt
$$y(t) = -\sqrt{2 \cdot e^{2(1-\cos t)} - 1}.$$

Da $1 \leq e^{2(1-\cos t)} \leq e^4$ existiert die Lösung auf der ganzen reellen Achse.

Sie ist 2π-periodisch und schwankt zwischen -1 und $-\sqrt{2 \cdot e^4 - 1} \approx -10{,}4.$ $\diamond$

Beispiel 2.20 Wir zeigen, dass die nicht-lineare Differentialgleichung
$$y' = \frac{y(-v + w \cdot x)}{x(+a - b \cdot y)} \quad \text{mit} \quad x, y > 0$$
zwar separabel, aber nicht explizit nach y auflösbar ist:
Die konstanten Parameter a, b, v, w sind alle > 0. Hier ist x die unabhängige Variable.
Ausklammern von x aus dem Klammerausdruck im Zähler und ausklammern von y
im Nenner ergibt nach dem Kürzen mit xy:

$$y' = \frac{-\frac{v}{x} + w}{+\frac{a}{y} - b} \quad \Longrightarrow \quad \int\left(\frac{a}{y} - b\right) \cdot dy = \int\left(-\frac{v}{x} + w\right) \cdot dx + C.$$

$$a \cdot \ln y - b \cdot y = -v \cdot \ln x + w \cdot x + C \quad \Longrightarrow \quad C = a \cdot \ln y - b \cdot y + v \cdot \ln x - w \cdot x,$$

was nicht explizit auflösbar ist.
Fassen wir die rechte Seite als Funktion $f(x, y)$ der beiden Variablen x, y auf, so
beschreibt sie eine räumliche Fläche über der (x, y)-Ebene mit $z = f(x, y)$. Die
Lösungen der Differentialgleichung für verschiedene C-Werte entsprechen dann den
Höhenlinien der Fläche mit der Höhe $z = C$.
In Abschn. 4.11 (Räuber-Beute-Problem) werden Lösungen grafisch dargestellt. $\diamond$

Beispiel 2.21 Integralgleichung.

Gesucht sind diejenigen Funktionen $y(x)$ mit der
Eigenschaft, dass für alle x der Flächeninhalt unter
der Kurve ein c-Faches des gezeichneten Rechtecks ist. Es muss also gelten

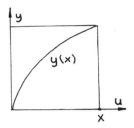

$$\int_0^x y(u) \cdot du = c \cdot x \cdot y(x).$$

Durch Differenzieren können wir diese Integralgleichung unter Verwendung
der Produktregel rechts in folgende Differentialgleichung überführen:

$$y(x) = c[y(x) + x \cdot y'(x)].$$

Auflösen nach y' und Separieren ergibt:

$$y' = \frac{1-c}{cx} y \quad \Longrightarrow \quad \int \frac{dy}{y} = \int \frac{1-c}{cx} dx + k.$$

Integration und danach zur Basis e erheben liefert die Lösung

$$\ln y = \frac{1-c}{c} \ln x + k = \ln x^{(1-c)/c} + k \quad \Longrightarrow \quad y(x) = \lambda x^{\frac{1-c}{c}}.$$

Empfohlene Kontrolle: Einsetzen in die Integralgleichung.

Hier sind einige Spezialfälle:

(a) $c = 1$: konstante Funktionen,
(b) $c = 1/2$: lineare Funktionen $y(x) = \lambda x$,
(c) $c = 2/3$: Quadratwurzelfunktionen $y(x) = \lambda \sqrt{x}$,
(d) $c = 2$: Singularität bei $x = 0$. $y(x) = \lambda \frac{1}{\sqrt{x}}$. Die Kontrolle ist hier besonders
     interessant, da es sich um ein uneigentliches Integral handelt. $\Diamond$

2.6 Autonome Differentialgleichung und Stabilität

Die autonome Differentialgleichung $y' = f(y)$. zeichnet sich dadurch aus, dass die
rechte Seite nicht explizit von der Variablen t abhängt.

Das Richtungsfeld einer autonomen Differentialgleichung ist translationsinvariant
in horizontaler Richtung. Die Isoklinen sind horizontal.
Jede Nullstelle der Funktion $f(y)$ ist eine konstante Lösung der Differentialgleichung. Solche Lösungen heißen **Gleichgewichtspunkte oder kritische Punkte.**

Im folgenden Beispiel analysieren wir einfache Fragen im Zusammenhang mit der
Stabilität von konstanten Lösungen (Gleichgewichtspunkten).

Beispiel 2.22 Wir diskutieren die Lösungen der Differentialgleichung

$$y' = y(y - 1)(y - 2)$$

mit Hilfe des Richtungsfeldes:

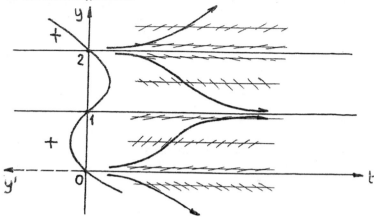

Die Kurve links ist der Graph von $y(y - 1)(y - 2)$ im Koordinatensystem (y, y').
Was passiert, wenn wir in der Nähe eines Gleichgewichtspunktes starten, beispielsweise durch eine kleine Störung?

Offenbar gibt es hier zwei sehr unterschiedliche Typen von Gleichgewichtspunkten:

- Schon die kleinste Störung bewirkt, dass die Lösung vom Gleichgewichtspunkt „wegläuft": **instabiler oder abstoßender Gleichgewichtspunkt.**
- Ist die Störung nicht zu groß, konvergiert die Lösung gegen den Gleichgewichtspunkt: **asymptotisch stabiler oder anziehabstoender Gleichgewichtspunkt.**

Die Punkte $y = 0$ und $y = 2$ sind instabil (abstoßend), Punkt $y = 1$ ist dagegen asymptotisch stabil (anziehend).
Bemerkung: In Abschn. 4.11 wird auf einen generellen Begriff der Stabilität eingegangen. ◊

Allgemein lernen wir daraus:

- Einer Nullstelle von $f(y)$ mit negativer (positiver) Steigung entspricht einem stabilen (instabilen) Gleichgewichtspunkt.
- Ist die Steigung einer Nullstelle gleich 0, so entspricht sie einem sogenannten **semistabilen Gleichgewichtspunkt,** das heißt Lösungen auf der einen Seite des Gleichgewichtspunktes nähern sich ihm während sich die Lösungen auf der anderen Seite von ihm entfernen.[3]

---

[3] Der Begriff der Semistabilität wird auch für Grenzzyklen von Lösungen verwendet. Innerhalb und außerhalb des Grenzzyklus verhalten sich die Lösungen ebenfalls völlig verschieden: entweder sie nähern oder entfernen sich vom Grenzzyklus.

2.7 Übungen Kapitel 2

Diese Aufgaben sollten in der Regel von Hand gelöst werden. Kontrollen durch Ableiten und Einsetzen in die Differentialgleichung ist ein wichtiger Prozess, der zudem das Verständnis vertieft. Außerdem gibt es kaum Sofware ohne Fehler!

33. Homogene Differentialgleichungen. Geben Sie jeweils die allgemeine Lösung an und kontrollieren Sie durch Einsetzen:

$$\text{(a) } y' = a \qquad \text{(b) } y' + k \cdot y = 0 \qquad \text{(c) } y' + (\sin t) \cdot y = 0$$

34. Grafische Lösungen mit Isoklinen. Skizzieren Sie jeweils verschiedene Isoklinen (auch für $m = 0$ und $m = \infty$), das entsprechende Richtungsfeld und einige Lösungen der folgenden nicht-linearen Differentialgleichungen:

(a) $y' = \dfrac{x}{y}$ \qquad separierbar.

(b) $y' = \dfrac{y - x}{y + x}$ \qquad nicht separierbar.

35. Inhomogene Differentialgleichungen. Berechnen Sie jeweils die allgemeine Lösung der inhomogenen Differentialgleichung und kontrollieren Sie durch Einsetzen:

$$\text{(a) } y' - 2xy = x \qquad \text{(b) } xy' + y + 4 = 0 \qquad \text{(c) } xy' + y - \sin x = 0$$

36. Unstetiges Anfangswertproblem. Berechnen Sie die stetige Lösung des AWP

$$y' + a(t) \cdot y = 0 \quad \text{mit } y(0) = 1$$

für die stückweise stetige Funktion

$$a(t) = \begin{cases} -1 & \text{falls } 0 \leq t \leq 1 \\ 0 & \text{falls } t > 1 \end{cases}$$

37. Eindeutigkeit. Analysieren Sie die Lösungen von $y' = y$ auf Existenz und Eindeutigkeit.

38. Singularitäten. Verifizieren Sie durch Einsetzen, dass die Differentialgleichung
$$xy'(x) + y(x) = x^2$$
mit Singularitäten in allen Punkten $(x = 0, y)$ die Lösungen

$$y(x) = \frac{x^2}{3} + \frac{C}{x}$$

besitzt und zeigen Sie, dass durch jeden gegebenen Punkt $(a \neq 0, b)$ eine eindeutige Lösung existiert. Bestimmen Sie insbesondere die Integrationskonstante C. Interessanterweise existiert auch eine eindeutige Lösung durch den Ursprung: welche? Ist diese Aussage im Einklang mit dem Existenz- und Eindeutigkeitssatz?

39. Verzweigung von Lösungen.

(a) Verifizieren Sie durch Einsetzen, dass

$$y_1(t) = -\frac{1}{4}t^2 \qquad y_2(t) = 1 - t$$

Lösungen der nicht-linearen Differentialgleichung

$$y' = \frac{1}{2}\left(-t + \sqrt{t^2 + 4y}\right)$$

sind.

(b) Zeigen Sie, dass beide Lösungen einen Berührungspunkt B haben und berechnen Sie dessen Koordinaten.

(c) Zeigen Sie, dass in der Tat in B mindestens eine Voraussetzung des Existenz- und Eindeutigkeitssatzes verletzt ist.

40. Unendlich viele Lösungen. Berechnen Sie alle Lösungen der Differentialgleichung $y' = \frac{y}{x}$ und erklären Sie, warum mehrere Lösungen (hier sogar unendlich viele) durch den Ursprung gehen.

Ist das kein Widerspruch zum Existenz- und Eindeutigkeitssatz?

41. Lösungen verifizieren. Verifizieren Sie die Richtigkeit der allgemeinen Lösung $y(t) = t \cdot (\ln t + C)^2$ von

$$y' = \frac{y}{t} + 2\sqrt{\frac{y}{t}}$$

Hinweis: für das Ableiten benötigen Sie Produkt- und Kettenregel. Alle Lösungen gehen durch den Ursprung, wobei der Ursprung eine Singularität der Differentialgleichung ist.

42. Nichtlineares Anfangswertproblem. Lösen Sie mit dem Taschenrechners oder dem Computer

$$y' = y \cdot (1 - y) \cdot x \quad \text{mit } y(0) = 2.$$

43. Stabilität. Gegeben ist die Differentialgleichung

$$y' = y(1 - y).$$

(a) Skizzieren Sie das Richtungsfeld und Lösungen.

(b) Untersuchen Sie die kritischen Punkte auf Stabilität.

(c) Berechnen Sie die Lösung mit Anfangsbedingung $y(0) = 2$.

44. Anfangswertproblem ohne Hilfsmittel. Berechnen Sie die Lösung des folgenden nichtlinearen AWP ohne Hilfsmittel:

$$\left. \begin{array}{rcl} y' &=& x^3 y^2 \\ y(2) &=& 3 \end{array} \right\}.$$

45. Weder linear noch separabel. Überzeugen Sie sich davon, dass die Differentialgleichung $y' = t - y^2$ weder linear noch separabel ist.

46. Nicht auflösbar. Überzeugen Sie sich davon, dass die Differentialgleichung

$$y' = \frac{1}{y + \sin y}$$

zwar integriert, aber die entsprechende Gleichung nicht geschlossen elementar aufgelöst werden kann.

47. Geometrisches Problem. Bestimmen Sie eine Kurve $y(x)$ derart, dass die Tangente an der Stelle $x = a$ die x-Achse bei $x = a/2$ schneidet. Diese Eigenschaft soll für alle a gelten. Kontrollieren Sie die Lösung.

48. Gleichgewichtspunkte. Untersuchen Sie die Gleichgewichtspunkte der Differentialgleichungen

(a) $y' = f(y) = my + b.$ (b) $y' = (y - 2)(y - 3)^2.$

Kapitel 3
Anwendungen 1. Ordnung

Wir betrachten eine zeitabhängige Größe $f(t)$. Ihre Änderung pro Zeiteinheit, der Quotient $\frac{\Delta f}{\Delta t}$, heißt **mittlere Änderungsrate** im Zeitintervall Δt.

Der Grenzwert des Differenzenquotienten $\frac{\Delta f}{\Delta t}$ für $\Delta t \to 0$ ergibt den Differentialquotienten $\frac{df}{dt}$ der Funktion f (auch Ableitung genannt) und beschreibt die **momentane Änderungsrate** der betrachteten Größe.

Je nach der Dimension der Größe f spricht man beispielsweise von Massendurchsatzrate, Wegänderungsrate = Momentangeschwindigkeit, Temperaturänderungsrate, Wachstumsrate.

Oft ändert sich eine Größe $f(t)$ pro Zeiteinheit **proportional zur momentan vorhandenen Größe** $f(t)$. Also gilt für kleine Δt für die

$$\text{momentane Änderungsrate} \approx \frac{\Delta f}{\Delta t} \approx k \cdot f(t).$$

Je nachdem, ob der Proportionalitätsfaktor k positiv oder negativ ist, nimmt $f(t)$ zu oder ab.

„Momentan" bedeutet aber, den Grenzwert für $\Delta t \to 0$ zu nehmen. Auf diese Art beschreiben wir den Vorgang nun exakt:

$$f' = k \cdot f.$$

Die allgemeine Lösung wird gemäß Teilabschn. 1.1.3 durch die Exponentialfunktion beschrieben:

$$f(t) = Ce^{kt}.$$

Die folgenden ersten vier Teilabschn. 3.1–3.4 fallen unter den Typus Exponentielles Verhalten.

© Springer-Verlag GmbH Deutschland, ein Teil von Springer Nature 2020
A. Fässler, *Schnelleinstieg Differentialgleichungen*,
https://doi.org/10.1007/978-3-662-62146-2_3

3.1 Populationsmodell

Wächst eine Population p zeitlich proportional zur vorhandenen Menge, so gilt

$$\frac{\mathrm{d}p}{\mathrm{d}t} = r \cdot p$$

mit der konstanten relativen Wachstumsrate r.
Mit der Anfangspopulation $p(0) = p_0$ zum Zeitpunkt $t = 0$ lautet somit die Lösung

$$p(t) = p_0 \cdot e^{rt}.$$

Dabei handelt es sich beispielsweise bei einer Population um eine bestimmte Menge von Menschen, Fischen, Hasen, Bakterien. Dieses Modell wird Malthus[1] zugeschrieben.
Solange die Ressourcen wie Nahrung und Raum groß sind, hat das nach Malthus benannte Modell eine gewisse Berechtigung. Sobald aber die Ressourcen knapper werden, ist es nicht mehr brauchbar. Eine Population kann auf Dauer unmöglich exponentiell anwachsen. Das sogenannte logistische Wachstumsmodell, auf das wir in Aufgabe 66 eingehen, berücksichtigt auch die Beschränktheit der Ressourcen.

3.2 Newtonsches Abkühlungsgesetz

Ein Körper werde in einer Umgebung (Flüssigkeitsbad oder Gas) abgekühlt. Dann gilt für den zeitlichen Verlauf der Temperaturdifferenz $D(t) = T(t) - U(t)$ zwischen der Körpertemperatur $T(t)$ und der Umgebungstemperatur $U(t)$ das Gesetz, dass die momentane Änderungsrate von $D(t)$ proportional zu ihrem momentanen Wert ist:

$$D'(t) = -k \cdot D(t) \text{ mit } k > 0.$$

Natürlich hängt die Konstante k von verschiedenen Faktoren ab (sie ist beispielsweise für Wasser viel größer als für Luft).
Kühl- und Wärmeprozesse in der Natur und in der Technik unterliegen diesem Gesetz.

Wir beschränken uns auf den Spezialfall $U = $ konstant, der in der Praxis oft auftritt: Das ist der Fall, wenn das Reservoir der Umgebung groß ist. Dann ist

$$D(t) = T(t) - U \Longrightarrow D'(t) = T'(t).$$

Somit ergibt sich für die Funktion $T(t)$ die folgende autonome lineare Differentialgleichung

$$T' = -k(T - U).$$

---

[1] Thomas Robert Malthus war ein englischer Ökonom (1766-1834).

Eine partikuläre Lösung ist die Nullstelle der rechten Seite: $T_p = U$.
Also lautet die allgemeine Lösung

$$T(t) = U + C \cdot e^{-kt}.$$

Die Konstante C wird durch die Anfangstemperatur $T(0) = T_0$ bestimmt, so dass folgende Lösung des AWP resultiert:

$$T(t) = U + (T_0 - U)e^{-kt}.$$

Die Temperatur verläuft exponentiell gegen U.
Zum Überlegen: Die Lösung gilt auch für das Aufwärmen, in einem solchen Fall ist $(T_0 - U) < 0$.

Beispiel 3.23 Champagner soll bei einer Temperatur von 7 °C genossen werden. Eine Flasche aus dem Weinkeller mit der Temperatur 14 °C werde in einen Kübel mit einem Eiswassergemisch gestellt. Nach einer halben Stunde hat sie sich auf 10 °C abgekühlt. Wir wollen berechnen, wann der Champagner trinkfertig ist.

$$T(t) = 14 \cdot e^{-kt} \implies 10 = 14 \cdot e^{-k/2} \implies k/2 = \ln\frac{14}{10} \implies k = 0{,}67294.$$

Nun bestimmen wir die Zeit t mit der Gleichung

$$7 = 14 \cdot e^{-kt} \implies e^{-kt} = 1/2 \implies kt = \ln 2.$$

Mit dem bereits gerechneten k-Wert erhalten wir $t = \ln 2/0{,}67294 = 1{,}030\,\text{h}$. Nach etwa 1 Stunde genießen! $\Diamond$

3.3 Radioaktivität und C14-Altersbestimmung

3.3.1 Radioaktivität

Es sei $N(t)$ = Anzahl Isotope eines Elementes zum Zeitpunkt t. Dann gilt aus statistischen Gründen, dass die Anzahl $N(t)$ pro Zeiteinheit proportional zur noch vorhandenen Anzahl abnimmt. Also folgt für kleine Δt

$$\frac{\Delta N}{\Delta t} \approx \frac{dN}{dt} = -k \cdot N(t) \text{ mit } k > 0. \tag{3.1}$$

Mit der Anfangsbedingung $N(0) = N_0$ lautet die Lösung also

$$N(t) = N_0 \cdot e^{-kt}.$$

Der Faktor k ist charakterisiert durch Halbwertszeit des Materials.

Unter der **Halbwertszeit** versteht man die Zeitspanne $T_{1/2}$, in der die Hälfte des radioaktiven Materials zerfallen ist. Der Zusammenhang zwischen k und $T_{1/2}$ ergibt sich folgendermaßen durch Logarithmieren:

$$e^{-kT_{1/2}} = 1/2 \implies -kT_{1/2} = \ln(1/2).$$

Vereinfacht:

$$k \cdot T_{1/2} = \ln 2. \tag{3.2}$$

3.3.2 C14-Altersbestimmung

Eine der genauesten Methoden zur Altersbestimmung archäologischer Funde ist die sogenannte $C14$-Methode. Sie wurde um 1949 von Williard Libby (1908–1980) [2] entwickelt:
Die Erdatmosphäre wird ständig durch kosmische Strahlung „bombardiert". Daraus entstehende Neutronen ergeben zusammen mit Stickstoff den Kohlenstoff–Isotop $C14$.
Die radioaktive Substanz $C14$ hat eine Halbwertszeit von 5745 Jahren. Sie wird in Form von CO_2 durch Lebewesen absorbiert. Beim Tod hört die Aufnahme von $C14$ auf und damit nimmt die (relativ geringe und ungefährliche) Zerfallsquote pro Gramm und Minute ab.

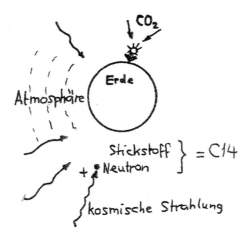

Setzt man voraus, dass die kosmische Strahlung über Jahrtausende hinweg konstant war, so kann angenommen werden, dass etwa lebendes Holz zu allen Zeiten eine konstante Zerfallsquote pro Gramm und Minute aufweist. Wird nun von einem zugeschütteten organischen Fund die reduzierte Zerfallsquote gemessen, so kann das Alter der Probe berechnet werden.

---

[2] Chemiker und Physiker aus den USA. Er erhielt 1960 für seine C14-Altersbestimmung den Nobelpreis für Chemie.

Beispiel 3.24 Höhlen von Lascaux in Frankreich.
Holzkohle aus deren Schichten wiesen 1950 eine Zerfallsquote von 0,97 Zerfällen pro Minute und Gramm auf. Lebendes Holz weist hingegen 6,68 Zerfälle pro Minute und Gramm auf.
Wir bestimmen das Alter der gefundenen Holzkohle und damit das ungefähre Alter der berühmten Höhlenmalereien.
Wir wissen also, dass zum Zeitpunkt $t = 0$, an dem das lebende Holz zugeschüttet wurde, die Zerfallsquote pro Gramm und Minute

$$\frac{dN(0)}{dt} = 6,68$$

betrug.
Zum Zeitpunkt τ des Fundes der Holzkohle wurde hingegen eine Zerfallsquote von

$$\frac{dN(\tau)}{dt} = 0,97$$

gemessen.
Sie verhalten sich wegen (3.1) wie die vorhandenen Mengen an Isotopen:

$$e^{-k\tau} = \frac{0,97}{6,68}. \qquad (3.3)$$

Formel (3.2) liefert mit der Halbwertszeit $T_{1/2} = 5745$ Jahre für $C14$ den Wert

$$k = \frac{\ln 2}{T_{1/2}} = 0,00012065.$$

Logarithmieren von (3.3) liefert damit

$$-k \cdot \tau = \ln\left(\frac{0,97}{6,68}\right) \Rightarrow \tau = 15993.$$

Somit sind die Höhlen von Lascaux etwa 16000 Jahre alt. $\diamond$

3.3.3 Mehr über die C14-Altersbestimmung

Seit etwa 1978 steht die sogenannte Beschleuniger-Massenspektrometrie oder Accelerator Mass Spectrometry (AMS) zur Verfügung, eine präzisere $C14$-Methode: Damit wird direkt das Verhältnis zwischen den Mengen des Isotops $C14$ und $C12$ gemessen, nicht mehr die Zerfallsrate. C14 tritt viel seltener auf als C12: Das Verhältnis liegt bei lebender Materie etwa bei 10^{-12}. Die Messmethode der AMS-Methode ist bedeutend genauer als die ursprüngliche Technik der Zählung der Zerfallsrate. Zudem sind nur kleine Mengen für eine Probe notwendig.

Beispiel 3.25 Das Turiner Grabtuch ist ein 4,4 m langes und 1,1 m breites Leinentuch, das ein Bildnis der Vorder- und Rückseite eines Menschen zeigt. Es wird im Turiner Dom aufbewahrt. Die dokumentierte Ersterwähnung des Tuches stammt aus dem 14. Jahrhundert. Es verblieb im Eigentum verschiedener Adelsfamilien und des Hauses Savoyen und wurde erst im späten 20. Jahrhundert der katholischen Kirche übergeben.

Es wurden drei unabhängige AMS-Analysen durchgeführt, wobei jeweils nur ca. 12 mg des Tuches benötigt wurden. Die drei Labors kamen zum Schluss, dass das Tuch aus folgenden Zeitintervallen stammt:
Arizona: 1273 - 1335 n. Chr.   Oxford: 1170 - 1230 n. Chr.
Zürich (ETH): 1250 - 1298 n. Chr.

Basierend auf den drei Analysen wurde in der Zeitschrift *Nature* [7] der gemittelte Wert $0,91825$ angegeben, welcher besagt, dass der C14-Anteil gegenüber lebender Materie auf ca. $91,83\%$ abgesunken ist.
Damit resultiert für das Alter τ des Grabtuches

$$e^{-k\tau} = 0,91825 \quad \Longrightarrow \quad \tau = -\ln 0,91825/k = 707 \text{ Jahre.}$$

Die abweichenden Zeitintervalle rühren von der Ungenauigkeit der Messmethode her. Aber auch die Halbwertzeit von C14 könnte Anlass für Abweichungen geben. Sie wird neuerdings auf 5730 ± 40 Jahre festgelegt. Libby arbeitete früher noch mit 5586 ± 30 Jahre.

Im Folgenden wird gezeigt, dass die Unsicherheit der Halbwertszeit gegenüber der Messgenauigkeit praktisch vernachlässigbar ist:

$$e^{-(\ln 2/5730)\cdot 707} = 0,91803, \quad e^{-(\ln 2/5770)\cdot 707} = 0,91857, \quad e^{-(\ln 2/5690)\cdot 707} = 0,91748.$$

Weicht hingegen die Messung des C14-Anteils um etwa 1 % ab, so kommt man auf etwa 100 Jahre Differenz:

$$\tau_1 = \frac{-\ln 0,91}{\ln 2/5730} = 780, \qquad \tau_2 = \frac{-\ln 0,92}{\ln 2/5730} = 689. \qquad \diamond$$

Bemerkung: Der sogenannte Bomben–Peak[3] hat für die Zeitspanne 1960–1985 zu einer Erhöhung des Verhältnisses von ca. 20% bis zu 70% geführt, verursacht durch die vorangehenden oberirdischen Atombombentests. Deshalb muss bei der Altersbestimmung von Proben, die ein Alter von weniger als 70 Jahre aufweisen, dieser für die Berechnung erschwerende Effekt mitberücksichtigt werden[4]. Der Bomben-Peak verletzt die Voraussetzung, dass das C14/C12-Verhältnis konstant war. Für ältere Proben ist das aber kein Problem, weil sie im Zeitintervall von 1960–1985 ja nicht mehr der Atmosphäre ausgesetzt waren.

---

[3] Es gibt noch andere Effekte, etwa den sogenannten Suess-Effekt, verursacht durch die Industrialisierung.

[4] Beispiel in [12].

3.4 Verzinsung

Beispiel 3.26 Kontinuierliche Verzinsung

Bei einer kontinuierlichen Verzinsung mit dem Zinssatz von q % ändert sich das Kapital $K(t)$ zeitlich proportional zur unmittelbar vorhandenen Größe. Es gilt also die Differentialgleichung

$$\frac{dK}{dt} = \frac{q}{100} K.$$

Mit dem Anfangskapital $K(0) = K_0$ resultiert also die Lösung

$$K(t) = K_0 \cdot e^{\frac{q}{100} t}.$$

Frage: Wie groß ist der kontinuierliche Zinssatz $q\%$, wenn ein jährlicher Zinssatz von $p\%$ resultieren soll?

Es muss also nach einem Jahr gelten:

$$K_0 \cdot e^{\frac{q}{100}} = K_0 \left(1 + \frac{p}{100} \right).$$

Kürzen mit K_0 und Logarithmieren ergibt

$$\frac{q}{100} = \ln \left(1 + \frac{p}{100} \right).$$

Mit der Approximationsformel $\quad \ln(1+x) \approx x - \dfrac{x^2}{2} + \dfrac{x3}{3}$

angewandt auf $x = \frac{p}{100}$ erhalten wir nach Multiplikation mit 100 die folgende praktische Beziehung zwischen p und q:

$$q = p \left(1 - \frac{p}{200} + \frac{p^2}{30'000} \right).$$

Die Formel ist auch für Negativzinsen gültig!

Die folgende Grafik vergleicht p mit q:

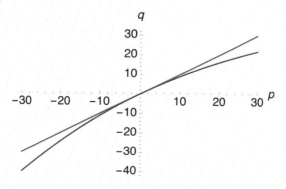

Zwei Zahlenbeispiele: $(p/q) = (8/7,697), (-8/-8,049).$ $\qquad \diamond$

3.5 Vorgegebene Elastizitätsfunktion in der Ökonomie

Früher haben wir zu einer gegebenen Funktion $f(x)$ gemäß (1.9) die Elastizitätsfunktion $\varepsilon_{f,x}$ berechnet.
Wir können aber auch die (in der Praxis wohl unbedeutendere) umgekehrte Fra-
gestellung angehen (vgl. auch [34]), indem wir für eine vorgegebene Elastizitätsfunktion die zugehörige Funktion $f(x)$ suchen. Das führt auf eine homogene lineare
Differentialgleichung.

Beispiel 3.27 Sei
$$\varepsilon_{f,x} = a + \sqrt{bx}$$

mit den Parametern a, b. Dann muss gelten

$$a + \sqrt{bx} = \frac{f'}{f} \cdot x \quad \Longleftrightarrow \quad f' = f \cdot \left(\frac{a}{x} + \sqrt{\frac{b}{x}} \right).$$

Eine Stammfunktion der Klammer ist $\quad a \ln x + 2\sqrt{bx}.\quad$ Damit erhalten wir

$$f(x) = k \cdot x^a \cdot e^{2\sqrt{bx}}. \hspace{4cm} \Diamond$$

3.6 Verdunstung eines Regentropfens

Bekanntlich hat ein Regentropfen etwa die Form einer Kugel. Unter der Voraussetzung, dass die Verdunstungsrate beim Fall durch die Luft proportional zur Oberfläche abnimmt, bestimme man seinen zeitabhängigen Radius $r(t)$, wenn er zu Beginn 3 mm und nach einer Stunde noch 2 mm betrug.

$$\text{Kugeloberfläche: } O = 4\pi r^2 \hspace{2cm} \text{Kugelvolumen: } V = \tfrac{4\pi}{3} r^3$$

Der physikalische Vorgang besagt: $\qquad \dfrac{dV}{dt} = k \cdot O.$

$$\frac{dV}{dt} = \frac{d}{dt}\left(\frac{4\pi}{3} r(t)^3\right) = 4\pi r(t)^2 \cdot \dot{r}(t) \quad \text{eingesetzt in obige Gleichung liefert}$$

$$4\pi r(t)^2 \cdot \dot{r}(t) = k \cdot 4\pi r(t)^2.$$

Nach dem Kürzen resultiert die triviale Differentialgleichung $\dot{r}(t) = k$ mit der allgemeinen Lösung

$$r(t) = kt + b.$$

Wegen $r(0) = 3$ und $r(1) = 2$ folgt
$$r(t) = 3 - t.$$

Die Lebensdauer beträgt also 3 h.

3.7 Mischproblem

Ein zylindrischer Tank der Größe 240 l ist gefüllt
mit Wasser, in dem sich S_0 kg gelöstes Salz befindet. Ab dem Zeitpunkt $t = 0$ fließen über einen Zu-
fluss 2 l/min eines Salzwasser-Konzentrates von
0,10 kg Salz/l in den Tank (Figur).
Weiter ist bekannt, dass 2 l/min des gut gemisch-
ten Salzwassers abfließen.
Gesucht ist die Salzmenge $S(t)$ in kg.

2 l/min

2 l/min

Wir ziehen Bilanz:

- hinein geht $2 \cdot 0,10 = \frac{1}{5}$ kg Salz/min.
- hinaus geht $\frac{2}{240} \cdot S(t)$ kg Salz/min.

Somit ist näherungsweise $\qquad \dfrac{\Delta S}{\Delta t} \approx \dfrac{1}{5} - \dfrac{1}{120} \cdot S(t).$

Damit erhalten wir durch Grenzübergang die lineare autonome
Differentialgleichung

$$\dot{S} = \frac{1}{5} - \frac{1}{120} \cdot S = f(S).$$

Eine bequeme partikuläre Lösung erhalten wir durch

$$f(S) = 0 \quad \Longrightarrow \quad S_\infty = 24 \text{ kg}.$$

Mit der allgemeinen Lösung $S_h(t) = C \cdot e^{-\frac{1}{120}t}$ des homogenen Falls ergibt sich

$$S(t) = S_\infty + C \cdot e^{-\frac{1}{120}t}.$$

Berücksichtigung der Anfangsbedingung liefert

$$S(0) = S_\infty + C = S_0 \quad \Longrightarrow \quad C = S_0 - S_\infty.$$

und damit die Lösung $\qquad S(t) = 24 + (S_0 - 24)e^{-\frac{1}{120}t}.$

welche exponentiell gegen 24 kg zu- oder abnimmt, je nachdem, ob $S_0 < 24$ oder
$S_0 > 24$ ist.

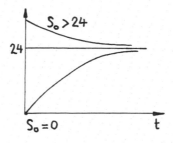

3.8 Vertikaler Raketenstart ohne Luftreibung

Eine Rakete mit Leermasse m_0 kg und Treibstoffmasse von m_1 kg vor dem Start und einem konstanten Massendurchsatz (die abgebrannte Treibstoffmenge pro Zeiteinheit ist also konstant) von μ kg/s entwickelt während der Brennphase eine konstante Schubkraft der Größe

$$S = \mu \cdot r \text{ Newton.}$$

Dabei ist r die konstante relative Austrittsgeschwindigkeit des Gases.

Die **Newtonsche Bewegungsgleichung**[5] für die Steiggeschwindigkeit $v(t)$ während der Brennphase lautet

$$(M - \mu \cdot t) \cdot \frac{dv}{dt} = S - (M - \mu \cdot t) \cdot g.$$

In der Klammer links ist die mit der Zeit linear abnehmende Masse und rechts das linear abnehmende Gewicht formuliert. Dabei ist g die konstant angenommene Erdbeschleunigung und $M = m_0 + m_1$ die totale Masse vor dem Start.

Anfangsbedingung: $v(0) = 0$.

Am Ende der Brennphase zum Zeitpunkt $t_1 = m_1/\mu$ wird die maximale Geschwindigkeit erreicht, denn bis zu diesem Zeitpunkt wirkt die Schubkraft S.

Außerdem nimmt die resultierende Kraft auf der rechten Seite während der Brennphase ständig zu und die verbleibende Masse links ständig ab, was zu einer streng monoton zunehmenden Beschleunigung führt. Der qualitative Verlauf der Geschwindigkeit $v(t)$ auf dem Intervall $0 \le t \le t_1$ wird also grafisch durch eine Linkskurve beschrieben und damit die Steighöhe $y(t)$ ebenfalls.

Nach der Brennphase ($t > t_1$) wirkt nur noch die konstante Erdbeschleunigung: Der Geschwindigkeitsverlauf $v(t)$ fällt also linear mit Steigung $-g$.

Der qualitative Verlauf von $v(t)$ und der Höhe $h(t)$ hat folgendes Aussehen:

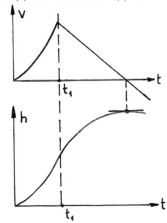

Auf der maximalen Höhe h ist die Geschwindigkeit $v = 0$.

---

[5] Sir Isaac Newton (1642–1726) schaffte ein Weltbild für Generationen, das erst durch die Relativitätstheorie von Einstein eingeschränkt wurde in seiner Gültigkeit. Er schuf die Infinitesimalrechnung, die klassische Mechanik, eine Theorie des Lichtes, die Gravitationstheorie und ein Konzept des Determinismus.

Nun bestimmen wir $v(t)$ für die Brennphase analytisch lediglich durch Integrieren:

$$\frac{dv}{dt} = \frac{S}{M - \mu \cdot t} - g.$$

$$v(t) = \int \frac{S}{M - \mu \cdot t} dt - g \cdot t + C = -\frac{S}{\mu} \ln(M - \mu \cdot t) - g \cdot t + C.$$

$$v(0) = 0 = -\frac{S}{\mu} \ln M + C \implies v(t) = \frac{S}{\mu} [\ln M - \ln(M - \mu \cdot t)] - g \cdot t.$$

Für die Brennphase $t \le t_1$ gilt also

$$v(t) = \frac{S}{\mu} \cdot \ln \frac{M}{M - \mu \cdot t} - g \cdot t. \tag{3.4}$$

Kritik am Modell: Bei höheren Geschwindigkeiten spielt der Luftwiderstand eine entscheidende Rolle. Auf einer Höhe von 80 km ist die Luftdichte nur noch etwa $1/10000$-stel von derjenigen auf Meereshöhe. Hingegen nimmt die Erdbeschleunigung g nur etwa um 2 % ab.

Das vorliegende Modell ist vernünftig für kleine Spielzeugraketen (Wasser/Luft mit kleiner Pumpe, ca. 40 cm hoch) und für die Startphase großer Raketen.

Die Berücksichtigung des Luftwiderstandes ist Thema der Modellieraufgabe 93.

3.9 Gravitationstrichter

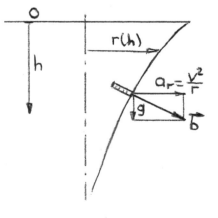

Ein trichterförmiger rotationssymmetrischer Körper aus Metall soll so konstruiert werden, dass eine Münze, welche tangential mit einer vernünftigen Anfangsgeschwindigkeit angekickt wird, eine unter der Erdanziehung sehr enge Spirale durchläuft und nur ganz langsam an Höhe verliert.

Wir berechnen die Meridiankurve $r(h)$ so, als ob die Münze auf jeder Höhe eine Kreisbahn durchlaufen würde. Wegen der geringen Reibung wird die Bahn den gewünschten Effekt einer engen nach unten sich verjüngenden Spirale einnehmen.

Vorerst wollen wir die totale kinetische Energie einer rollenden Münze (Zylinder) mit Masse m, Geschwindigkeit v, Radius ρ, Winkelgeschwindigkeit $\omega = v/\rho$ bestimmen. Sie setzt sich zusammen aus Translations- und Rotationsenergie. Dabei ist das Massenträgheitsmoment $J = \frac{1}{2} m \rho^2$.

$$E_{tot} = E_{trans} + E_{rot} = \frac{m}{2}v^2 + \frac{J}{2}\omega^2 = \frac{m}{2}v^2 + \frac{1}{4}m\rho^2\frac{v^2}{\rho^2} = \frac{3}{4}mv^2.$$

Der Energiesatz

$$\frac{3}{4}mv_0^2 + mgh = \frac{3}{4}mv^2 \quad \Longrightarrow \quad v^2 = v_0^2 + \frac{4}{3}gh$$

besagt, wie die Geschwindigkeit v mit zunehmender Fallhöhe h zunimmt.
Nun betrachten wir die resultierende Beschleunigung

$$\vec{b} = \vec{a}_r + \vec{g}.$$

Dabei ist $a_r = \dfrac{v^2}{r}$ der Betrag der radialen Beschleunigung und $\vec{g}$ die Erdbeschleunigung.

Wenn wir die Reibung vernachlässigen, muss die Tangente der Kurve $r(h)$ senkrecht zur resultierenden Beschleunigung $\vec{b}$ stehen. Also muss für die Steigung $r'(h)$ gelten:

$$\frac{a_r}{g} = -\frac{1}{r'(h)} \quad \Longrightarrow \quad r'(h) = -\frac{g}{v^2/r} = -g \cdot \frac{r}{v^2}.$$

Somit erhalten wir folgende lineare homogene Differentialgleichung:

$$r'(h) = \frac{-g}{v_0^2 + \frac{4}{3}g \cdot h} \cdot r(h).$$

Eine Stammfunktion des Bruchs ist $\quad A(h) = -\frac{3}{4}\ln(v_0^2 + \frac{4}{3}g \cdot h) \quad$ und somit ergibt sich

$$r(h) = k \cdot e^{-\frac{3}{4}\ln(v_0^2 + \frac{4}{3}gh)} = k[e^{\ln(v_0^2 + \frac{4}{3}g \cdot h)}]^{-\frac{3}{4}} = k\frac{1}{(v_0^2 + \frac{4}{3}gh)^{3/4}}.$$

Mit $r(0) = R$ resultiert die Konstante $k = Rv_0^{3/2}$ und wir erhalten unabhängig von der Masse m die folgende Geometrie:

$$r(h) = R\left(\frac{v_0}{v(h)}\right)^{3/2} \quad \text{mit } v(h) = \sqrt{v_0^2 + \frac{4}{3}gh}.$$

Für das Beispiel $R = 0.2$ m, $h = 0.4$ m, $v_0 = 1\,\frac{m}{s}$ resultiert $r(0.4) = 5.07$ cm.
Nun betrachten wir noch die Kreisfrequenz bezüglich Symmetrieachse des Trichters:

$$\Omega(h) = \frac{v(h)}{r(h)} = \frac{v(h)^{5/2}}{R \cdot v_0^{3/2}} = \frac{1}{Rv_0^{3/2}}v(h)^{5/2}.$$

Es gilt natürlich die Beziehung

$$r(h) \cdot \Omega(h) = v(h).$$

Die Kreisfrequenz nimmt also mit wachsender Tiefe h stärker zu als der Radius abnimmt, da ja $v(h)$ zunimmt.

3.10 Atommüllbeseitigung

Vor Jahrzehnten hatte die amerikanische Atomenergiekommission konzentrierten radioaktiven Müll mittels versiegelter Fässer ins Meer an einer Stelle der Tiefe von 91.5 m versenkt.[6]

Als Ökologen diese Praktiken hinterfragten, erklärte die erwähnte Kommission, die Fässer würden mit Sicherheit beim Aufprall auf dem Meeresgrund nicht bersten. Von Ingenieuren durchgeführte Tests mit den entsprechenden Fässern ergaben, dass die Gefahr des Auseinanderbrechens bestünde, falls die Aufprallgeschwindigkeit 12 m/s übersteigen sollte.

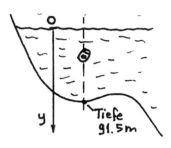

Daten:
Gesamtgewicht eines Fasses: $G = 2347$ N,
Volumen eines Fasses: $V = 208$ l,
Dichte des Meerwassers: $\rho = 1.025$ g/cm^3.

Es zeigte sich bei verschiedenen vorgenommenen Schleppexperimenten im Wasser, dass die durch die Strömung verursachte Widerstandskraft W recht gut proportional zur Geschwindigkeit v ist:

$$W = c \cdot v \quad \text{mit } c \approx 1.168 \, \frac{\text{N} \cdot \text{s}}{\text{m}}.$$

Auch die Position des Fasses im Vergleich zur Schlepprichtung beeinflusste c nur wenig, sodass wir mit der beschriebenen Widerstandskraft arbeiten können.
Zuständig für die Beschreibung des Sinkvorganges ist die Newtonsche Bewegungsgleichung:

resultierende Kraft = Masse · Beschleunigung.

Zu dessen Formulierung führen wir die Tiefe y gemäß der Figur ein. Ist t die Zeit, so gilt also für den Geschwindigkeitsverlauf $v(t) = \dot{y}(t)$

$$m \cdot \dot{v} = G - A - W.$$

Da ein eindimensionales Problem vorliegt, können wir Vektoren durch reelle Zahlen ersetzen: Vektoren nach unten als positive, Vektoren nach oben als negative Zahlen. Mit der Auftriebskraft $A = -\rho V g$ erhalten wir

$$\dot{v} = \frac{1}{m} \left(G - \rho V g - cv \right) = f(v).$$

Es handelt sich um eine autonome lineare inhomogene Differentialgleichung. Aus $f(v) = 0$ erhalten wir auf bequeme Art die partikuläre Lösung

$$v_\infty = \frac{G - \rho V g}{c} = 219 \text{ m/s}.$$

---

[6] Problemstellung entnommen aus [5], modifiziert abgehandelt und umgerechnet auf das Internationale Einheitensystem (SI). Mit freundlicher Genehmigung des Springer-Verlags.

Mit der allgemeinen Lösung des homogenen Falles erhalten wir die allgemeine
Lösung der inhomogenen Differentialgleichung

$$v(t) = v_\infty + k \cdot e^{-\frac{c}{m}t}.$$

Mit der Anfangsgeschwindigkeit $v(0) = 0$ im günstigsten Fall ergibt sich der Geschwindigkeitsverlauf

$$v(t) = v_\infty \cdot \left(1 - e^{-\frac{c}{m}t}\right) = 219 \cdot \left(1 - e^{-\frac{1}{204.8}t}\right)$$

mit der Grafik

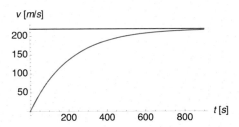

Natürlich ist das betrachtete Modell unsinnig, was die Grenzgeschwindigkeit v_∞ betrifft: Für größere Geschwindigkeiten hängt die Widerstandskraft nicht mehr linear von der Geschwindigkeit ab.

Um die Aufprallgeschwindigkeit v_{Boden} zu berechnen, benötigen wir den Zeitpunkt t_{Boden} beim Aufprall auf dem Meeresgrund.

Deshalb gilt es vorerst, den Sinktiefenverlauf $y(t)$ zu berechnen:

$$y(t) = \int_0^t v(s)ds = v_\infty \left(s + \frac{m}{c}e^{-\frac{c}{m}s}\right)\Big|_0^t = v_\infty\left[t - \frac{m}{c}(1 - e^{-\frac{c}{m}t})\right].$$

Mit den gegebenen Konstanten ergibt sich also

$$y(t) = 219.2 \cdot \left[t - 204.8(1 - e^{-0.00488t})\right].$$

Die folgende Grafik zeigt den Sinktiefenverlauf $y(t)$ mit Markierung der Tiefe von 91.5 m. Aus ihr kann die gesuchte Sinkzeit entnommen werden: $t_{\text{Boden}} \approx 13.2$ s

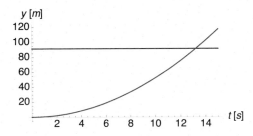

Die entsprechende Geschwindigkeit erhalten wir mit

$$v(t_{\text{Boden}}) \approx v(13.2) = 13.7 \text{ m/s}.$$

Es bestand also durchaus die Gefahr des Auseinanderberstens der Fässer!
Bemerkung: Seit damals verbietet die Atomenergiekommission das Versenken von
leicht radioaktivem Atommüll im Meer.

3.11 Barometrische Höhenformeln

Ziel ist es, den Druck $p(h)$ in Abhängigkeit der Höhe h zu berechnen. Wir werden
in allen Modellen die Luft als ideales Gas behandeln. Für Druck p, Volumen V und
absolute Temperatur T gilt für eine Gasmasse m das Gesetz

$$\frac{p \cdot V}{T} = \frac{m}{M} \cdot R = \text{konstant.}$$

Dabei ist $M = 0{,}02896$ kg/mol die mittlere molare Masse der Atmosphärengase und
$R = 8{,}314$ J/(K mol) die universelle Gaskonstante.

Aus dem Gasgesetz folgt

$$\frac{m}{V} = \rho(h) = \frac{M}{R} \cdot \frac{p(h)}{T(h)}, \tag{3.5}$$

wobei $\rho(h)$ die Dichte des Gases in Abhängigkeit der Höhe h ist.

Wir betrachten von einer Luftsäule der Atmosphäre mit quadratischer Querschnitts-
fläche der Größe A einen kleinen Abschnitt der Höhe Δh gemäß der folgenden Figur.
Auf der Höhe h ist der Druck p und auf der Höhe $h + \Delta h$ ist er $p + \Delta p$ (mit $\Delta p < 0$).
Nun formulieren wir das statische Gleichgewicht für den Abschnitt der Luftsäule:

Unten wirkt die Druckkraft $p \cdot A$. Diese muss so
groß sein wie die obere Druckkraft $(p + \Delta p) \cdot A$
plus dem Gewicht G der Luft im Säulenabschnitt:

$$p \cdot A = (p + \Delta p) \cdot A + \rho \cdot \Delta h \cdot A \cdot g.$$

Dabei ist $\rho = \rho(h)$ die von der Höhe h abhängige
Luftdichte und g die Erdbeschleunigung. Division
durch A ergibt:

$$0 = \Delta p + \rho \cdot \Delta h \cdot g \quad \Longrightarrow \quad \frac{\Delta p}{\Delta h} = -\rho g.$$

Mit dem Grenzwert $\Delta h \to 0$ folgt zwischen Druck und Dichte die Beziehung

$$\frac{dp}{dh} = -g \cdot \rho(h). \tag{3.6}$$

Ersetzen von $\rho(h)$ mit (3.5) ergibt

$$\frac{dp}{dh} = -\frac{gM}{R} \cdot \frac{1}{T(h)} \cdot p(h).$$

Mit dem Druck auf Meereshöhe $p(0) = p_0$ als Anfangsbedingung erhalten wir die allgemeine Beziehung

$$p(h) = p_o \cdot \exp\left(-\frac{gM}{R} \int_0^h \frac{1}{T(s)} ds\right). \tag{3.7}$$

Entscheidend ist nun die Kenntnis des Temperaturverlaufs $T(h)$, um den Druck $p(h)$ berechnen zu können. Im Folgenden werden wir verschiedene Fälle betrachten.

3.11.1 Isothermes Modell

Es wird vorausgesetzt, dass die Temperatur T konstant ist. Diese Annahme ist eine grobe Vereinfachung (auf die im nächsten Modell verzichtet wird).
Wegen (3.5) ist also die Dichte $\rho(h)$ bei konstanter Temperatur direkt proportional zum Druck $p(h)$. Aus (3.7) folgt die **spezielle Barometrische Höhenformel** als exponentiell abklingenden Druck in Abhängigkeit der Höhe h:

$$p(h) = p_0 \cdot e^{-\frac{gM}{RT} \cdot h} \quad \text{für} \quad T = \text{const.} \tag{3.8}$$

Für $T = 15° C = 288\ K$ ergibt sich für h in Meter:

$$p(h) = p_0 \cdot e^{-k \cdot h} \text{ mit } k = 0,00011861.$$

Der Druck ist somit auf der Höhe $h = \ln 2/k \approx 5840$ m halb so groß wie der Druck p_0 auf Meereshöhe.

3.11.2 Modell mit linear abnehmender Temperatur

Es zeigt sich, dass in der Troposphäre, also bis auf eine Höhe von etwa 11 km, eine lineare Abnahme der Temperatur herrscht mit einem Gradienten von $\gamma = 6,5$ K/km, das heißt $T(h) = T_0 - \gamma h$ mit h in km. Für das Integral im Exponenten von (3.7) resultiert

$$\int_0^h \frac{1}{T_o - \gamma s} ds = -\frac{1}{\gamma}[\ln(T_0 - \gamma h) - \ln(T_0)] = -\frac{1}{\gamma} \ln\left(\frac{T_0 - \gamma h}{T_0}\right).$$

Eingesetzt in (3.7) ergibt sich die **Barometrische Höhenformel für lineare Temperaturabnahme (Troposphäre)**

$$p(h) = p_o \cdot \left[\frac{T_0 - \gamma h}{T_0}\right]^{\frac{gM}{R\gamma}} \quad \text{mit } \gamma = 6,5 \text{ K/km.}$$

Dabei ist T_0 die absolute Temperatur und p_0 der Druck auf Meereshöhe.

3.11.3 Allgemeines Modell

Wir wollen das Integral im Exponenten von (3.7) für Höhen bis über 80 km brauchbar in den Griff bekommen. Es zeigt sich, dass die Standardatmosphäre zwischen etwa 11 und 20 km Höhe praktisch eine konstante Temperatur aufweist, um dann bis etwa 50 km zuzunehmen und danach wieder abzunehmen.

Der Mittelwertsatz der Integralrechung besagt, dass es eine mittlere Temperatur T_m für eine Luftsäule der Höhe h gibt mit

$$\frac{1}{T_m} \cdot h = \int_0^h \frac{1}{T(s)} ds.$$

Dabei ist T_m das kontinuierliche harmonische Mittel des Temperaturverlaufs (siehe Aufgabe 52c) und wir erhalten analog zu (3.8) die **allgemeine Barometrische Höhenformel**:

$$p(h) = p_0 \cdot e^{-\frac{gM}{RT_m}h}. \tag{3.9}$$

Im Folgenden wird gezeigt, dass sich T_m praktisch kaum vom kontinuierlichen arithmetischen Mittel unterscheidet: $T_m \approx \frac{1}{h}\int_0^h T(s)ds.$

Der Grund liegt darin, dass der absolute Temperaturverlauf nicht stark variiert. Als realistisches Beispiel wählen wir $T(h) = 293 - 6.5 \cdot h$ mit $T(11 \text{ km}) = 221.5$ K:

$$\int_0^{11} \frac{1}{T(s)} ds = \int_0^{11} \frac{1}{293-6.5s} ds = -\frac{1}{6.5} \ln(293 - 6.5s)\Big|_0^{11} = \frac{1}{6.5} \ln(293/221.5) = 0.043038.$$

$$\frac{1}{T_m} \cdot 11 = 0.043038 \implies T_m = 255.6 \text{ K}.$$

Zum Vergleich: Das arithmetische Mittel beträgt $\frac{293+221.5}{2} = 257.2$ K wegen der Linearität von $T(h)$.

Auch bei nicht-linearem Verlauf unterscheiden sich die beiden Mittel nicht merklich.

Bemerkung: Die Barometrische Höhenformel wird sinnvollerweise für jeden der beschriebenen verschiedenen Höhenabschnitte speziell berechnet, falls man bis zu Höhen über 11 km hinaus den Druckverlauf $p(h)$ berechnen will.

3.12 Flüssigkeitscontainer

Wir betrachten einen zylindrischen Flüssigkeitsbehälter der Höhe H und Kreisfläche A. Zuflussrohr und Abflussloch weisen denselben Kreisquerschnitt der Größe a auf. Die Zulaufgeschwindigkeit v aus der Einspeisung ist konstant.

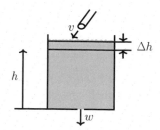

Wir wollen folgende Probleme lösen:

(a) Bestimmen der Differentialgleichung für den Pegelstand $h(t)$ in Abhängigkeit der Zeit t,

(b) Berechnen von $h_\infty = \lim_{t \to \infty} h(t)$,

(c) Für welche Einlaufgeschwindigkeiten v überläuft die Zisterne nicht?

(d) Berechnung der Funktion $h(t)$ für den Fall $v = 0$ mit beliebigem Anfangspegelstand $h(0) = h_0$,

(e) Berechnung der Entleerungszeit $T(h_0)$ für den Fall $v = 0$ in Abhängigkeit der Anfangshöhe h_0 mit einer Grafik für $T(h_0)$,

(f) Für diese Teilaufgabe betrachten wir eine große Zisterne mit den Abmessungen Höhe $H = 6$ m, Durchmesser $D = 5$ m, Abflussdurchmesser $d = 5$ cm:

   (i) Für $v = 0$ berechnen der Entleerungszeiten $T(h_0)$ für die Anfangshöhen $h_0 : 1$ mm, 1 cm, 1 m, 6 m,

   (ii) Berechnen von $h_\infty = \lim_{t \to \infty} h(t)$ für $v = 8$ m/s,

   (iii) Berechnen der maximalen Geschwindigkeit $v_{\max}$, welche die Zisterne nicht zum Überlaufen bringt.

Lösungen:

(a) Bilanz:
hinein fließen $v \cdot a$ m^3/s,
heraus fließen $w \cdot a$ m^3/s.
Für das zeitlich abhängige Volumen gilt $V(t) = A \cdot h(t)$. Somit gilt für kleine Δt:

$$\frac{\Delta V}{\Delta t} = A \cdot \frac{\Delta h}{\Delta t} \approx a(v - w).$$

Energiesatz für Wasserteilchen der Masse m (Umwandlung von potentieller in kinetische Energie):

$$mgh = \frac{m}{2}w^2 \implies w(h) = \sqrt{2gh}.$$

Für $\Delta t \to 0$ und Division durch A erhalten wir folgende autonome, nicht-lineare Differentialgleichung:

$$\frac{dh}{dt} = \frac{a}{A}(v - \sqrt{2gh}) = f(h).$$

(b)

$$f(h) = 0 \implies \sqrt{2gh} = v \implies h_\infty = \frac{v^2}{2g}.$$

Das ist richtig, denn für h_∞ ist ja $v = w$: Abflussmenge und Zuflussmenge pro Zeiteinheit sind gleichgroß.

Ist $h(0) > h_\infty$, dann sinkt der Pegelstand asymptotisch gegen h_∞,
ist $h(0) < h_\infty$, dann steigt er gegen h_∞.

(c)
$$v \le \sqrt{2gH}.$$

(d)
$$\frac{dh}{dt} = -\frac{a}{A}\sqrt{2g} \cdot \sqrt{h} = -\lambda \cdot \sqrt{h},$$

$$\int \frac{dh}{\sqrt{h}} = -\int \lambda \cdot dt + C \implies 2\sqrt{h} = -\lambda \cdot t + C \implies \sqrt{h} = C - \frac{\lambda}{2} \cdot t.$$

Schließlich folgt
$$h(t) = \left(C - \frac{\lambda}{2} \cdot t\right)^2.$$

Mit $\lambda = \frac{a}{A}\sqrt{2g}$ und der Anfangsbedingung

$$h(0) = h_0 = C^2 \Rightarrow C = \sqrt{h_0}.$$

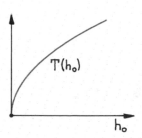

ergibt sich die Lösung
$$h(t) = \left(\sqrt{h_0} - \frac{a}{2A}\sqrt{2g} \cdot t\right)^2.$$

Ihr Graph ist ein Parabelbogen durch den Punkt $(0, h_0)$ mit dem Scheitelpunkt bei $h = 0$.

(e)
Für die Entleerungszeit folgt aus $h = 0$:

$$T(h_0) = \frac{2A}{a\sqrt{2g}} \cdot \sqrt{h_0}.$$

Der Graph der Wurzelfunktion weist an der Stelle $h_0 = 0$ eine vertikale Tangente auf. Das bedeutet, dass für kleine Anfangshöhen h_0 die Auslaufzeiten in Abhängigkeit von h_0 extrem schnell anwachsen.

(f) (i) Da $\frac{A}{a} = 10^4$ gilt für die Auslaufzeiten im Abhängigkeit von h_0

$$T(h_0) \approx 4{,}515 \cdot \sqrt{h_0}.$$

Für $h_0 = \{1\,\text{mm}, 1\,\text{cm}, 1\,\text{m}, 6\,\text{m}\}$ sind sie ca. $\{2.4\,\text{min}, 7.5\,\text{min}, 1.25\,\text{h}, 3.1\,\text{h}\}$.

(ii) Verwendung des Resultats (b) liefert $h_\infty = 3.26$ m.

(iii) Verwendung des Resultats (b) liefert $v_{\max} = 10.85$ m/s.

3.13 Elektrischer Schaltkreis

Gegeben sei die Wechselspannung $u(t) = U\sin(\omega t)$ am Schaltkreis mit dem Widerstand R und der Induktionskonstanten L gemäß Figur. Gesucht ist der Strom $i(t)$ nach dem Schließen des Schalters zum Zeitpunkt $t = 0$.

Das Kirchhoffsche Gesetz bezüglich der drei Spannungen besagt

$$u(t) = U_R(t) + U_L(t).$$

Daraus ergibt sich die lineare inhomogene Differentialgleichung für $i(t)$:

$$u(t) = R \cdot i(t) + L \cdot \frac{di}{dt}.$$

Division durch L ergibt

$$\frac{di}{dt} + \frac{R}{L}i = \frac{U}{L} \cdot \sin(\omega t)$$

mit der Anfangsbedingung $i(0) = 0$.

Die allgemeine homogene Lösung lautet $i_h(t) = k \cdot e^{-\frac{R}{L}t}$.

Nun zur partikulären Lösung:

$$i_p(t) = \frac{U}{L}e^{-\frac{R}{L}t} \cdot \int e^{\frac{R}{L}t} \cdot \sin(\omega t) \cdot dt.$$

$$i_p(t) = \frac{U}{L}e^{-\frac{R}{L}t} \cdot \frac{RL}{R^2 + \omega^2 L^2}e^{+\frac{R}{L}t}\left[\sin(\omega t) - \frac{L\omega}{R}\cos(\omega t)\right].$$

Vereinfachung ergibt

$$i_p(t) = \frac{U}{R^2 + \omega^2 L^2}\left[R\sin(\omega t) - L\omega\cos(\omega t)\right].$$

Die allgemeine Lösung des inhomogenen Problems lautet

$$i(t) = i_p(t) + k \cdot e^{-\frac{R}{L}t}.$$

Die Anfangsbedingung liefert: $0 = \dfrac{UR}{R^2 + \omega^2 L^2} \cdot \left(-\dfrac{L\omega}{R}\right) + k \implies k = \dfrac{UL\omega}{R^2 + \omega^2 L^2}.$

Damit lautet die Lösung des Anfangswertproblems

$$i(t) = \frac{U}{R^2 + \omega^2 L^2}\left[R\sin(\omega t) - L\omega\cos(\omega t)\right] + \frac{UL\omega}{R^2 + \omega^2 L^2}e^{-\frac{R}{L}t}.$$

Der erste Summand beschreibt den **stationären** Lösungsanteil i_{stat} und der exponentiell abklingende zweite Summand den **flüchtigen** Lösungsanteil i_{fl}.

Schon nach kurzer Zeit gilt also für den Gesamtstrom

$$i(t) = i_{st}(t) + i_{fl}(t) \approx i_{st}(t).$$

Hier ist eine qualitative Grafik:

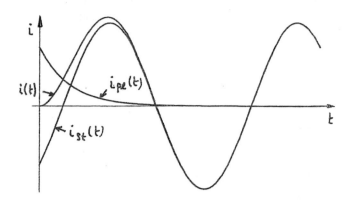

Die trigonometrische Identität

$$a\cos(\omega t) + b\sin(\omega t) = A \cdot \sin(\omega t + \varphi) \qquad (3.10)$$

ermöglicht uns ein bessere Verständnis des stationären Verhaltens.
Für $i_{st}(t)$ ist $a = -L\omega \cdot k < 0,\quad b = R \cdot k > 0 \quad$ mit $k = \dfrac{U}{R^2 + \omega^2 L^2}$.

Somit ist die Amplitude $A = \sqrt{a^2 + b^2} = k\sqrt{R^2 + \omega^2 L^2} = \dfrac{U}{\sqrt{R^2 + \omega^2 L^2}}$

und die Phasenverschiebung $\varphi = \arctan(-\frac{\omega L}{R}) \leq 0$.

Das **Zeigerdiagramm** rechts visualisiert
die obige trigonometrische Identität zum
Zeitpunkt $t = 0$. Der Strom $i_{st}(t)$ und die
Spannung $u(t)$ entsprechen den Projektio-
nen der beiden mit der Kreisfrequenz ω rotierenden Zeiger mit den Längen $\sqrt{a^2 + b^2}$
und U auf die vertikale Achse.

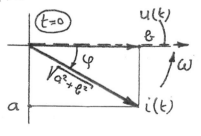

Mit $\alpha = \arctan\frac{\omega L}{R} \geq 0$ gilt also

$$i(t) \approx i_{st}(t) = A \cdot \sin(\omega t - \alpha).$$

Strom und Spannung sind also beide sinusförmig mit gleichen Frequenzen.
Sie sind zueinander phasenverschoben. „Der Strom eilt der Spannung nach".

- Ist speziell $L = 0$, so sind Strom und Spannung in Phase, also $\alpha = 0$.
- Ist speziell $R = 0$, so ist $\alpha = \pi/2$.

3.14 Kettenlinie

Ziel ist es, die Geometrie einer hängenden Kette oder einem hängenden Seil unter dem Einfluss der Gravitation zu berechnen. Egal, ob es sich um eine Schmuckkette, eine Starkstromleitung, ein Kabel einer Schwebebahn oder irgendwelche Abschrankungen mit Ketten oder Seilen handelt: Die Herleitung gilt allgemein, vorausgesetzt das Objekt ist leicht biegbar und weist eine konstante homogene Massenverteilung auf.

Die Geometrie der Kettenlinie werde beschrieben durch die noch unbekannte Funktion $y = f(x)$. Wir betrachten ein kleineres Stück des durchhängenden Objektes zwischen den Punkten x und $x + \Delta x$ gemäß Figur. Die Kräfte links und rechts wirken an den Enden in tangentialer Richtung und der Gewichtsanteil ΔG des Stücks wirkt in vertikaler Richtung.

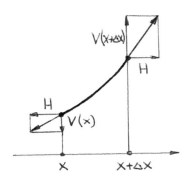

Die Statik besagt, dass die Vektorsumme aller drei angreifenden Kräfte $= \vec{0}$ sein muss.
Das heißt, dass die Horizontalkomponente

$$H(x) = H = \text{konstant.}$$

ist und die Vertikalkomponente $V(x + \Delta x)$ rechts um ΔG größer sein muss als links:

$$V(x + \Delta x) - V(x) = \Delta G. \tag{3.11}$$

Die Länge $\Delta \ell$ berechnet sich bekanntlich mit dem Integral

$$\Delta \ell = \int_{x}^{x+\Delta x} \sqrt{1 + f'(u)^2} \cdot du.$$

Der Mittelwertsatz der Integralrechung besagt, dass es einen Zwischenpunkt $z \in [x, x + \Delta x]$ des Integranden gibt, sodass gilt

$$\Delta \ell = \int_{x}^{x+\Delta x} \sqrt{1 + f'(u)^2} du = \sqrt{1 + f'(z)^2} \cdot \Delta x. \tag{3.12}$$

Weiter ist

$$\Delta G = \rho \cdot \Delta \ell \cdot g. \tag{3.13}$$

Dabei bezeichnet g die Erdbeschleunigung und ρ die Dichte pro Längeneinheit. Es ist also $[\rho] = \text{kg/m}$.
Einsetzen von (3.12) in (3.13) und das Ergebnis einsetzen in (3.11) ergibt

$$V(x + \Delta x) - V(x) = \rho \cdot g \cdot \sqrt{1 + f'(z)^2} \cdot \Delta x.$$

Division durch Δx liefert

$$\frac{V(x + \Delta x) - V(x)}{\Delta x} = \rho \cdot g \cdot \sqrt{1 + f'(z)^2}.$$

Mit dem Grenzwert für $\Delta x \mapsto 0$ folgt $z \mapsto x$ und damit

$$V'(x) = \rho \cdot g \cdot \sqrt{1 + f'(x)^2}. \tag{3.14}$$

Da die Kraft tangential verläuft, muss gelten:

$$f'(x) = \frac{V(x)}{H} \quad \Longrightarrow \quad V(x) = H \cdot f'(x) \quad \Longrightarrow \quad V'(x) = H \cdot f''(x).$$

Eingesetzt in (3.14) erhalten wir

$$f''(x) = \frac{\rho g}{H} \cdot \sqrt{1 + f'(x)^2} = k \cdot \sqrt{1 + f'(x)^2} \qquad \text{mit } k = \frac{\rho g}{H}.$$

Dies ist nur scheinbar eine Differentialgleichung 2. Ordnung.
Wir setzen $g(x) = f'(x)$ und erhalten für die unbekannte Funktion $g(x)$ die folgende autonome Differentialgleichung 1. Ordnung:

$$g' = k \cdot \sqrt{1 + g^2}.$$

Der Mathematica-Befehl DSolve[g'[t] == k$\sqrt{1 + g[t]^2}$, g[t], t] gibt als Output die allgemeine symbolische Lösung $g(x) = \sinh(kx + C)$.
Durch Integration erhalten wir daraus die Gestalt der Kettenlinie mit den zwei Parametern C und D:

$$f(x) = \frac{1}{k}\cosh(kx + C) + D.$$

Die Dimensionskontrolle stimmt:

$$[k] = \frac{\text{kg/m} \cdot \text{m/s}^2}{\text{kg} \cdot \text{m/s}^2} = \frac{1}{\text{m}}.$$

Die Gestalt der Kettenlinie ist unabhängig vom Gewicht. Sie wird durch die beiden Aufhängepunkte der Kettenenden $A(x_1, y_1)$, $B(x_2, y_2)$ und der Länge L der Kette bestimmt. Es geht also darum, die Parameter k, C, D bei gegebenen Aufhängepunkten und gegebener Länge zu berechnen.

$$L = \int_{x_1}^{x_2} \sqrt{1 + [f'(x)]^2} \cdot dx = \int_{x_1}^{x_2} \sqrt{1 + \sinh^2(kx + C)} \cdot dx$$

$$= \int_{x_1}^{x_2} \cosh(kx + C) \cdot dx = \frac{1}{k}\left(\sinh(kx_2 + C) - \sinh(kx_1 + C)\right).$$

Die folgende Berechnung beruht auf dem Vorschlag in [18] mit folgenden Kurznotationen für $i = 1, 2$:

$$s_i = \sinh(kx_i + C), \quad c_i = \cosh(kx_i + C), \quad y_i = f(x_i) = \frac{1}{k}c_i + D.$$

Damit wird

$$L = \frac{1}{k}(s_2 - s_1) \quad \text{und} \quad y_1 - y_2 = \frac{1}{k}(c_1 - c_2).$$

Nun berechnen wir unter Verwendungen der beiden Identitäten

$$\cosh^2 z - \sinh^2 z = 1, \quad \cosh u \cosh v - \sinh u \sinh v = \cosh(u - v)$$

den Ausdruck

$$\sqrt{L^2 - (y_1 - y_2)^2} = \frac{1}{k}\sqrt{s_2^2 + s_1^2 - 2s_1 s_2 - c_2^2 - c_1^2 + 2c_1 c_2}$$

$$= \frac{1}{k}\sqrt{2\cosh[k(x_1 - x_2)] - 2}.$$

Mit der weiteren Identität $\quad \sqrt{\cosh z - 1} = \sqrt{2}\sinh\dfrac{z}{2} \quad$ gewinnen wir

$$\sqrt{L^2 - (y_1 - y_2)^2} = \frac{2}{k}\sinh\left[\frac{k(x_1 - x_2)}{2}\right].$$

Division durch $x_1 - x_2$ ergibt

$$\frac{\sqrt{L^2 - (y_1 - y_2)^2}}{x_1 - x_2} = \frac{\sinh\left[\frac{k(x_1 - x_2)}{2}\right]}{\frac{k(x_1 - x_2)}{2}}.$$

Mit $\alpha = \dfrac{k(x_1 - x_2)}{2}$ erhalten wir die nicht-lineare Gleichung

$$\frac{\sinh\alpha}{\alpha} = \frac{\sqrt{L^2 - (y_1 - y_2)^2}}{x_1 - x_2} \tag{3.15}$$

mit genau einer positiven Lösung α.

Algorithmus für die Berechnung der Parameter k, C, D:

(a) Gleichung (3.15) für α numerisch lösen. Dann ist $k = \dfrac{2\alpha}{x_1 - x_2}$.

(b) Die nicht-lineare Gleichung

$$y_1 - y_2 = \frac{1}{k}\big[\cosh(kx_1 + C) - \cosh(kx_2 + C)\big]$$

für den Parameter C numerisch berechnen.

(c) Schließlich $\quad D = y_1 - \frac{1}{k}\cosh(kx_1 + C) \quad$ berechnen.

3.15 Globale Erwärmung

Wir wollen ein einfaches, von Josef Stefan (1835–1893) in [21] formuliertes Modell zum Thema Eiswachstum auf einer Wasseroberfläche diskutieren. Es basiert auf der Annahme, dass die Wärme, welche bei der Eisbildung an der Unterseite durch Gefrieren von Wasser in Eis entsteht, weggeführt wird durch die Eisdecke mit einem konstanten Temperaturgradienten, also einem linearen Temperaturabfall von unten nach oben.

Von brisanter Aktualität ist aber das Schmelzen von Eis, wofür das Modell ebenfalls taugt: hier geht es um eine lineare Temperaturzunahme von unten nach oben. Weiter wird vorausgesetzt, dass keine innere Wärmequelle vorhanden ist und kein Wärmefluss aus dem Wasser existiert.

Das Eiswachstums- und Eisschmelzgesetz lautet also

$$\rho L \frac{dH}{dt} = \kappa[T_f - T_0(t)] \cdot \frac{1}{H}.$$

Dabei ist $H(t)$ die Eisdicke in Abhängigkeit der Zeit, $\rho = 0.9$ g/cm^3 die Dichte des Eises, $\kappa \approx 2.2$ W/(K·m) die Wärmekonduktivität von Eis, $T_f = -2$ °C die Gefriertemperatur für Salzwasser (0 °C für Süsswasser), $T_0(t)$ die im allgemeinen zeitabhängige Temperatur an der Oberfläche und $L = 335$ J/g die Schmelzwärme (Erstarrungswärme) von Eis. Nun lösen wir die Differentialgleichung für H durch Separieren:

$$\int H \cdot dH = \frac{\kappa}{\rho L} \int_0^t [T_f - T_0(\tau)] \cdot d\tau + C.$$

Mit $a^2 = \frac{2\kappa}{\rho L}$ erhalten wir unter Berücksichtigung der Anfangsbedingung $H(0) = H_0$:

$$H^2 = a^2 \int_0^t [T_f - T_0(\tau)] \cdot d\tau + H_0^2 \quad \Rightarrow \quad H(t) = \sqrt{H_0^2 + a^2 \int_0^t [T_f - T_0(\tau)] d\tau}.$$

Üblicherweise nimmt man als Zeiteinheit Tage d (days). Mit den gegebenen Größen erhalten wir für

$$a^2 = \frac{2 \cdot 2.2 \text{ W}}{\text{K} \cdot \text{m} \cdot 0.9 \text{ g/cm}^3 \cdot 335 \text{ J/g}} = \frac{4.4 \text{ cm}^3}{\text{K} \cdot 100 \text{ cm} \cdot 0.9 \cdot 335 \text{ s}} = 12.61 \frac{\text{cm}^2}{\text{K} \cdot \text{d}}.$$

da dimensionsmäßig $\frac{\text{J}}{\text{W}} = $ s und 1 d $= 24 \cdot 3600$ s.

Weist die jahresperiodische Temperaturdifferenz $T_f - T_0(t)$ den Mittelwert 0 auf, so schwankt die Eisdicke H periodisch mit der Periodenläge 365 d und bleibt im Mittel konstant.

Nun setzen wir folgende mittlere jahresperiodische Erhöhung der Lufttemperatur $T_0(t)$ gegenüber T_f um 1.5 °C voraus, verursacht durch globale Erwärmung:

$$T_f - T_0(t) = 25 \cdot \cos(\omega t) - 1.5 \quad \text{mit} \quad \omega = \frac{2\pi}{365}.$$

Somit schwankt die Differenz zwischen den Extremwerten 23.5 °C und −26.5 °C bei einer mittleren Lufttemperatur von $(T_f + 1.5)$ °C $= -0.5$ °C. Integration liefert

$$H(t) = \sqrt{H_0^2 + a^2 \left(\frac{25}{\omega} \sin(\omega t) - 1.5t \right)}.$$

Hier ist der Graph von $H(t)$ für den Fall $H_0 = 300$ cm (aktuelle Eisdicke der Barentsee) und auch der Graph der gemittelten Funktion $\overline{H}(t)$ ohne Sinusterm:

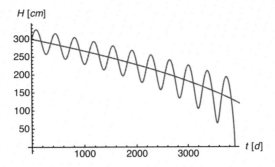

Daraus ist ersichtlich, dass die Barentsee nach ungefähr 11 a eisfrei sein wird.
Nun betrachten wir allgemeiner eine **beliebige jahresperiodische Funktion** $T_0(t)$ mit der konstanten mittleren Temperaturerhöhung (globalen Erwärmung) von T °C gegenüber T_f. Somit beträgt die durchschnittliche Lufttemperatur $T_f + T$. Die gemittelte integrierte Funktion

$$\overline{H}(t) = \sqrt{H_0^2 - a^2 \cdot T \cdot t}$$

können wir dazu verwenden, eine brauchbare obere Schranke für denjenigen Zeitpunkt t_0 zu bekommen, bei dem das Gewässer eisfrei wird, nämlich die Nullstelle von $\overline{H}(t)$:

$$t_0 = \frac{H_0^2}{a^2 \cdot T} \quad \text{mit } [t_0] = d, \ H[0] = cm \ \text{ und } \ a^2 = 12.61 \frac{cm^2}{K \cdot d}.$$

Die folgende Grafik von $t_0(T)$ zeigt den Fall mit $H_0 = 300$ cm für den Bereich der konstant angenommenen mittleren Temperaturerhöhungen 0.25 °C $\leq$ T ≤ 3 °C:

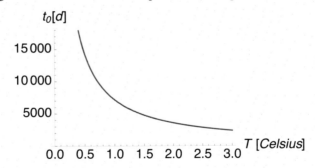

Für $T = 1.5$ °C ergäbe sich eine Zeitdauer von höchstens $t_0 = 4760$ d ≈ 13 a bis die Barentsee eisfrei ist, unabhängig von der Gestalt der jahresperiodischen Funktion!

Eisdecke eines Süsswassersees: Wir wollen uns noch der Frage zuwenden, wie die Eisdicke im Winter auf einem Süsswassersee mit tagesperiodischer konstanter mittlerer Lufttemperatur von $T_0 < 0$ °C wächst.

Mit $H_0 = 0$ resultiert $\overline{H}(t) = a \cdot \sqrt{|T_0| \cdot t}$.

Beispiel: Nach 50 Tagen ergibt sich für $T_0 = -10$ °C eine Eisdicke von etwa $\overline{H}(50) = \sqrt{12.61} \cdot \sqrt{500} = 79$ cm.

3.16 Brachistochronenproblem

Ein historisch bedeutendes Problem, das durch Johann Bernoulli (1667–1748) gelöst wurde. Dies gab Jakob Bernoulli (1655–1705) im Jahre 1696 den Anstoß zur Entwicklung der Variationsrechnung.

Ein Massenpunkt mit Anfangsgeschwindigkeit $v = 0$ gleite reibungsfrei unter dem Einfluss der Gravitation von einem gegebenen Anfangspunkt A zu einem gegebenen Endpunkt B. Gesucht ist diejenige Kurve mit **minimaler Laufzeit**.

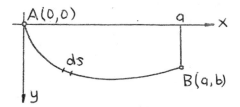

Die Aufgabe lässt sich auch so formulieren: Welchen Weg muss eine Person beim Slalomfahren im Skisport auf einer schiefen Ebene einschlagen, damit sie in kürzester Zeit vom Startpunkt A zum Tor B kommt, vorausgesetzt es ist keine Reibung vorhanden (was praktisch annähernd der Fall ist).

Idee: Wir betrachten dünne horizontale Schichten gemäß der Figur. Pro Schicht ist deshalb die Geschwindigkeit praktisch konstant, nimmt aber natürlich nach unten immer mehr zu.

Das **Fermatsche Prinzip** besagt, dass für den **schnellsten** Weg das Brechungsgesetz von Snellius gilt:

$$\frac{\sin\alpha_1}{\sin\alpha_2} = \frac{v_1}{v_2}.$$

Das gilt hier genauso wie in der Optik für einen Lichtstrahl bei der Grenzschicht zwischen zwei optischen Medien, in denen das Licht unterschiedliche Geschwindigkeit aufweist.

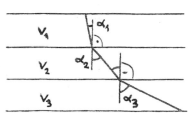

Das obige Gesetz können wir auch so schreiben:

$$\frac{\sin\alpha_1}{v_1} = \frac{\sin\alpha_2}{v_2}.$$

Nun setzen wir diese Betrachung für die folgenden Schichten fort und erhalten so

$$\frac{\sin\alpha_1}{v_1} = \frac{\sin\alpha_2}{v_2} = \frac{\sin\alpha_3}{v_3} = \ldots = \text{konstant}.$$

Die Grenzwertbetrachtung für die Anzahl Schichten gegen unendlich und Schichtdicken gegen 0 ergibt

$$\frac{\sin\alpha}{v} = \text{konstant}. \tag{3.16}$$

für die sich kontinuierlich verändernden v und α.

Wir wollen nun v und α durch y und die Steigung y' ausdrücken:
Der Energiesatz besagt für die Höhe y:

$$\frac{m}{2}v^2 = mgy \Longrightarrow v = \sqrt{2gy} \qquad .$$

Mittels Trigonometrie finden wir für das gezeichnete infinitesimale Dreieck durch Ausklammern von dx aus der Wurzel:

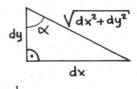

$$\sin\alpha = \frac{dx}{\sqrt{dx^2 + dy^2}} = \frac{1}{\sqrt{1 + (\frac{dy}{dx})^2}} \cdot$$

Beides eingesetzt in (3.16) ergibt $\qquad \dfrac{1}{\sqrt{1+(y')^2}} \cdot \dfrac{1}{\sqrt{2gy}} =$ konstant.

Noch einfacher notiert (mit der positiven Konstanten rechts):

$$[1 + (y')^2] \cdot y = k^2.$$

Auflösung nach y' ergibt die separierbare Differentialgleichung [7]

$$\frac{dy}{dx} = \sqrt{\frac{k^2 - y}{y}}.$$

Integration liefert $\qquad\displaystyle \int dx = \int \sqrt{\frac{y}{k^2 - y}}\, dy + C$ $\hfill$ (3.17)

Das Integral rechts ist zwar geschlossen elementar ausdrückbar, aber nicht explizit nach y auflösbar. Deshalb versuchen wir es mit folgender Substitution mit der neuen Integrationsvariablen u:

$$y(u) = k^2 \sin^2\frac{u}{2} \Longrightarrow \sqrt{\frac{y}{k^2 - y}} = \sqrt{\frac{k^2 \sin^2\frac{u}{2}}{k^2(1 - \sin^2\frac{u}{2})}} = \frac{\sin\frac{u}{2}}{\cos\frac{u}{2}}. \hfill (3.18)$$

Damit folgt $\qquad \dfrac{dy}{du} = k^2 \sin\frac{u}{2}\cos\frac{u}{2} \Longrightarrow dy = k^2 \sin\frac{u}{2}\cos\frac{u}{2} \cdot du. \hfill (3.19)$

Einsetzen von (3.18) und (3.19) in (3.17) liefert

$$\int dx = k^2 \int \sin^2\frac{u}{2} \cdot du + C.$$

Mit der trigonometrischen Identität $\sin^2\frac{u}{2} = \frac{1}{2}(1 - \cos u)$ erhalten wir x und y in folgender Abhängigkeit von u:

$$x(u) = \frac{k^2}{2}(u - \sin u) + C \qquad\qquad y(u) = \frac{k^2}{2}(1 - \cos u).$$

---

[7] Die gezeigte Herleitung entspricht historisch der Lösung von Johann Bernoulli. In [9] geschieht die Herleitung der Differentialgleichung über die Variationsrechnung, welche in der Mitte des 18. Jahrhunderts maßgeblich durch Leonard Euler (1707-1783) und Joseph-Louis Lagrange (1736-1813) weiterentwickelt wurde.

Da der Startpunkt A für $t = 0$ im Koordinatenursprung ist, folgt für die Integrations-konstante $C = 0$.

Mit $t = u$ und $a = \frac{k^2}{2} > 0$ resultiert daraus die folgende parametrisierte Kurve:

$$\vec{r}(t) = \begin{pmatrix} x(t) \\ y(t) \end{pmatrix} = a \begin{pmatrix} t - \sin t \\ 1 - \cos t \end{pmatrix}. \tag{3.20}$$

Das Resultat ist dasselbe wie (1.12).

Es handelt sich also um einen **Zykloidenbogen**, der durch das Abrollen eines Rades mit Radius a entsteht. Die dortige Figur muss natürlich an der x-Achse gespiegelt werden.

Liegt der Endpunkt B nur wenig tiefer als der Anfangspunkt A, so sieht die „schnell-ste" Kurve so aus wie in der folgenden Figur. Der Radius a ist durch die Lage der beiden Punkte A und B eindeutig bestimmt.

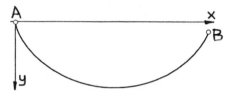

3.17 Kosmologie

3.17.1 Geschichtliches

Der belgische Theologe und Astrophysiker Abbé Georges Lemaître (1894 -1966) und der russische Meteorologe und Mathematiker Aleksandrowitsch Friedmann (1888-1925) haben unabhängig voneinander ihr relativistisches Modell zur Be-schreibung der zeitlichen Ausdehnung des Universums geschaffen.

Lemaître konnte Albert Einstein (1879-1955) schließlich persönlich von dem Mo-dell überzeugen. Einstein glaubte zuvor an ein statisches Universum. Lemaître war wohl der Erste, der nachweisen konnte, dass das Weltall expandiert. Er publizierte seine Ideen zwei Jahre vor Edwin Hubble (1889-1953), dem amerikanischen Astro-nom. Die mit dem Hubble-Teleskop gemessenen Rotverschiebungen bestätigten die Expansion des Kosmos. Kosmologische Modelle basieren auf der Einsteinschen Voraussetzung eines homogenen und isotropen Universums im Großen (für Distan-zen, welche mindestens 300 Lichtjahre betragen), welches von jedem Punkt und in jeder Richtung gleich aussieht, andererseits bietet es aber die Möglichkeit einer Expansion und Kontraktion.

Lemaître gilt als Vater der Theorie des Urknalls und wurde von Papst Pius dem XII. dafür geehrt.

3.17.2 Ausdehnung und Alter des Universums

Nachdem klar war, dass das Universum expandiert, gelang es weiter, einen quantitativen linearen Zusammenhang zwischen Fluchtgeschwindigkeit v und der Entfernung D von Galaxien im lokalen Universum herzustellen (welcher nicht für alle, aber die meisten Galaxien recht gut gilt):

$$v = H_0 \cdot D. \tag{3.21}$$

Mit lokal ist gemeint, dass das Gesetz nur für kleinere Distanzen im Vergleich zur globalen Ausdehnung des Universums gilt.

Mit zunehmender Distanz von lokalen Galaxien nimmt die Fluchtgeschwindigkeit also linear zu. Die für die Kosmologie bedeutende Hubble-Konstante H_0 wurde aus vielen Messungen ermittelt:

$$H_0 \approx \frac{70 \pm 10 \text{ km/s}}{\text{Mpc}}.$$

Ihre Ungenauigkeit beträgt also etwa $\pm 15\%$.

Dabei ist 1 pc (Parsec) diejenige astronomische Distanz, unter der die Distanz zwischen Erde und Sonne von 1 AU $= 1.5 \cdot 10^8$ km (AU für Astronomical Unit) unter dem Winkel von einer Bogensekunde gesehen wird.

Eine weitere astronomische Längeneinheit ist die Weglänge, welche das Licht in einem Jahr zurücklegt. Also ist

- 1 Ly $\approx 10^{13}$ km (Ly für Lightyear) ,
- 1 pc $= 3.1 \cdot 10^{13}$ km $= 3.1$ Ly $= 2 \cdot 10^5$ AU ,
- $1 Mpc = 3.1 \cdot 10^{19}$ km $= 3.1 \cdot 10^6$ Ly $= 2 \cdot 10^{11}$ AU.

Interessanterweise liefert der inverse Wert von H_0 (mit 1 a $= 3.15 \cdot 10^7$ s) etwa das Alter des Universums:

$$\frac{1}{H_0} \approx \frac{1}{2.3 \cdot 10^{-18} \text{ s}^{-1}} \approx 0.43 \cdot 10^{18} \text{ s} = 0.136 \cdot 10^{11} \text{ a} = 13.6 \text{ Milliarden Jahre}.$$

Die Größenordnungen des Alls sind für Laien gewöhnungsbedürftig. So beträgt etwa die Distanz D zur nächstgelegenen Galaxie, dem mit bloßem Auge sichtbaren Andromedanebel, $2,5$ Lj $\approx 0,8$ Mpc. Also bewegt sich die Andromedagalaxie nach (3.21) mit einer Radialgeschwindigkeit von $v \approx 56$ km/s von uns weg. näher Sowohl unsere Milchstraße als auch die Andromedagalaxie sind spiralförmig, beide mit einem Durchmesser von etwa 100000 Lichtjahren.

Die beeindruckend allgemein gehaltene Theorie der sogenannten **Symmetriebrechung und Bifurkation**[8] gibt Erklärungen für die Entstehung verschiedener Typen von Galaxien. Empfohlen für Laien sei besonders das ausgezeichnet geschriebene populärwissenschaftliche Buch [15], in dem Galaxien sowie Anwendungen aus verschiedensten Gebieten der Physik behandelt werden.

---

[8] Bifurkation ist abgehandelt in [2] Sect. 2.5 und Bifurkation im Zusammenhang mit Symmetriebrechung ist Thema in [11] Sect. 6.1.

„Die Welt" berichtete im März 2016:
„Näher an den Urknall kann man kaum kommen. Das Hubbleteleskop hat eine Galaxie aus den Anfängen des Universums entdeckt. Ihr Licht scheint aus einer Rekordentfernung von 13,4 Milliarden Lichtjahren zu uns. Wir sehen die Galaxie aus einer Zeit, als das Universum erst drei Prozent seines heutigen Alters hatte. Zuvor hatten Astronomen die Entfernung der Galaxie geschätzt, erst jetzt gelang mit dem Hubbleteleskop eine genaue Messung."
Ebenfalls im Jahr 2016 wurde basierend auf Aufnahmen mit dem Hubble-Teleskop von Astronomen berichtet, dass sie die Anzahl der Galaxien im All zuvor um etwa das Zehnfache unterschätzt haben. Schon vor dem Jahr 2000 wurde deren Anzahl auf 100 Milliarden geschätzt. Von den jetzt neu geschätzten 1000 Milliarden sind aber etwa 90 % nicht sichtbar. Außerdem: Allein die Anzahl Sterne der Milchstraße wird auf 100 Milliarden geschätzt!

3.17.3 Olbers-Paradoxon

Unter Annahme, dass das Universum, [9] euklidisch, unendlich groß und statisch ist, können wir im Folgenden zeigen, dass der Nachthimmel total hell wäre, was unserer Beobachtung komplett widerspricht und somit die Annahme falsch ist.
Es sei n die räumlich und zeitlich konstante Anzahl Sterne pro Volumeneinheit und s der mittlere Radius der kugelförmig angenommenen Sterne. Ein solcher Stern mit dem Abstand R von der Erde nimmt den Raumwinkel $\frac{\pi s^2}{R^2}$ für einen Beobachter auf der Erde ein.
In der Hohlkugel mit Radien R und $R + dR$ befinden sich also $n \cdot dV = dR \cdot 4\pi R^2 n$ Sterne. Zusammen nehmen sie den infinitesimalen Raumwinkel

$$d\omega = \frac{\pi s^2}{R^2} \cdot dR \cdot 4\pi R^2 n = 4\pi^2 n s^2 \cdot dR \quad \text{ein, welcher unabhängig von } R \text{ ist.}$$

Das Integral über alle Hohlkugeln für den Raumwinkel divergiert:

$$\omega = 4\pi^2 n s^2 \int_0^\infty dR = \infty.$$

Es gibt Überschneidungen mit den Kreisscheiben. Wegen der Homogenität und der Isotropie wird aber der ganze Himmel ausgeleuchtet.

3.17.4 Friedmann-Lemaître-Gleichung

„Herleitung" laut [32]: Wir lassen uns vorerst von der Newtonschen Mechanik leiten, obwohl dieses Vorgehen eigentlich nicht korrekt ist, da die Allgemeine Relativitätstheorie (ART) entscheidend miteinbezogen werden muss. Es wird sich aber zeigen, dass wir dies mit einem erstaunlich einfachen Kunstgriff realisieren werden.

---

[9] Heinrich Wilhelm Olbers (1758–1840) war ein deutscher Arzt und Astronom. Er entdeckte Asteroiden und Kometen und entwickelte Methoden zur Bahn-Bestimmung von Himmelskörpern.

Der Einfachheit halber betrachten wir eine Kugel. Es soll aber schon hier festgehalten werden, dass das Ergebnis allgemein gültig ist.

Zum heutigen Zeitpunkt t_0 sei der Radius des Universums r_0 und die Dichte bezüglich Massen ρ_0. Der zeitlich abhängige Radius sei

$$r(t) = a(t) \cdot r_0. \tag{3.22}$$

Der Skalenfaktor a ist also dimensionslos.

Die totale Masse M des Universums sei konstant.[10] Somit gilt

$$M = \rho(t) \frac{4\pi}{3} r(t)^3 = \rho_0 \frac{4\pi}{3} r_0^3.$$

Gleichung (3.22) eingesetzt ergibt nach dem Kürzen $\rho(t) = \rho_0 \cdot a(t)^{-3}$.

Auf einen Massenpunkt der Masse m im Abstand r vom Mittelpunkt wirkt wegen der Homogenität des Alls dieselbe Gravitationskraft, wie wenn die gesamte Masse $M = \rho_0 \cdot \frac{4\pi}{3} r_0^3$ des Universums im Mittelpunkt konzentriert wäre.

Somit gilt die Newtonsche Bewegungsgleichung

$$m \cdot \ddot{r} = -\frac{GmM}{r^2} = -\frac{Gm}{r^2} \frac{4\pi}{3} \cdot r_0^3 \cdot \rho_0.$$

Substitution von (3.22) und $\ddot{r} = \ddot{a} \cdot r_0$ ergibt nach Division durch m

$$\ddot{a} = -\frac{4\pi G\rho_0}{3} \cdot \frac{1}{a^2}.$$

Erweitern mit $2\dot{a}$ führt auf
$$2\dot{a}\ddot{a} = -\frac{8\pi G\rho_0}{3} \cdot \frac{\dot{a}}{a^2}.$$

Das können wir auch schreiben als
$$\frac{\mathrm{d}}{\mathrm{d}t}\dot{a}^2 = \frac{8\pi G\rho_0}{3} \cdot \frac{\mathrm{d}}{\mathrm{d}t}a^{-1}.$$

Integration auf beiden Seiten nach t ergibt die **Friedmann-Lemaître-Gleichung**

$$\dot{a}^2 = \frac{8\pi G\rho_0}{3} \cdot \frac{1}{a} - Kc^2. \tag{3.23}$$

Und hier ist der angekündigte Kunstgriff der Interpretation der Integrationskonstanten Kc^2 mit der Lichtgeschwindigkeit c und der Krümmung K der vierdimensionalen Raum-Zeit-Welt (Dimension $[K] = \mathrm{m}^{-2}$). Damit liegt mit (3.23) bereits das relativistische kosmologische Modell vor.

Bemerkung: Einstein hat auf der rechten Seite noch seine umstrittene kosmologische Konstante $\frac{\Lambda}{3}$ als Summanden dazugefügt, die er aber selbst widersprüchlich interpretierte (er hat sie auch einmal als seine größte „Eselei" bezeichnet). Wir verzichten deshalb auf sie.

---

[10] Diese Annahme ist nach der ART nicht korrekt, da die Gleichung $E = mc^2$ ja ausdrückt, dass Masse in Strahlungsenergie oder Strahlungsenergie in Masse umgewandelt werden kann.

Die Gauß'sche Krümmung K eines Punktes auf einer 2-dimensionalen Oberfläche ist das Produkt der beiden Hauptkrümmungen k_1 and k_2 von zwei zueinander orthogonalen ebenen Schnittkurven der Oberfläche durch den Punkt.
Falls $K > 0$, so handelt es sich um einen elliptischen Punkt.
Falls $K < 0$, so handelt es sich um einen hyperbolischen Punkt.
Für eine Kugeloberfläche mit Radius R ist $K = 1/R^2 =$ konstant.
Beispiele für $K = 0 =$ konstant sind Zylinder- und Kegeloberflächen und die Ebene.

3.17.5 Einstein-De-Sitter-Modell

In diesem Modell ist $K = 0$. Weil sich das All gegenwärtig ausdehnt, ist $\dot{a} > 0$.[11]
Für den Skalenfaktor a folgt daher aus (3.23) die separable Differentialgleichung

$$\dot{a} = \sqrt{\frac{8\pi G \rho_0}{3} \cdot \frac{1}{a}} = \sqrt{\frac{\lambda}{a}} \quad \text{mit} \quad \lambda = \frac{8\pi G \rho_0}{3}.$$

$$\int \sqrt{a} \cdot da = \int \sqrt{\lambda} \cdot dt + C \implies \frac{2}{3} a^{3/2} = \sqrt{\lambda} \cdot t + C \implies a = (\frac{3}{2}\sqrt{\lambda} \cdot t + C)^{2/3}.$$

Mit der Wahl $C = 0$ folgt

$$a(t) = k \cdot t^{2/3} \quad \text{mit} \quad k = (\frac{3\lambda}{2})^{2/3}.$$

Ab dem Urknall ($a = 0$) zum Zeitpunkt $t = 0$ expandiert das All in diesem Modell immer weiter.
Dabei ist $\dot{a}(0) = \infty$, was bedeutet, dass das All mit rasender Geschwindigkeit unmittelbar nach dem Urknall expandierte. Vergleichen Sie dazu auch Aufgabe 11.

3.17.6 Modell mit positiver Raumkrümmung

$$\dot{a} = \sqrt{\frac{\lambda}{a} - K \cdot c^2} = \sqrt{Kc^2 \left(\frac{\lambda}{a \cdot Kc^2} - 1 \right)} = \sqrt{K}c \cdot \sqrt{\frac{\lambda}{aKc^2} - 1}.$$

Mit der Konst. $\mu = \frac{\lambda}{Kc^2} = \frac{8\pi G \rho_0}{3Kc^2}$ erhalten wir die separable Differentialgleichung

$$\dot{a} = \sqrt{K}c \cdot \sqrt{\frac{\mu}{a} - 1} = \sqrt{K}c \sqrt{\frac{\mu - a}{a}}.$$

$$\sqrt{K}c \int dt = \int \sqrt{\frac{a}{\mu - a}} \cdot da + C.$$

---

[11] Willem De Sitter (1872-1934) war ein niederländischer Astronom. Er zeigte, dass die Lichtgeschwindigkeit unabhängig ist von der Geschwindigkeit der Lichtquelle und bestätigte damit die spezielle Relativitätstheorie.

Dieses Integrationsproblem ist bis auf den Faktor $\sqrt{K}c$ identisch mit (3.17)! Aber Vorsicht mit den Variablennamen: x geht über in t, y in a und der frühere Parameter t geht über in den von uns gewählten Parameter s.

Wir können den Berechnungsablauf mit der Substitution $a(s) = \mu \sin^2 \frac{s}{2}$ im Integral rechts direkt übernehmen und erhalten vorerst

$$\sqrt{K}c \cdot t(s) = \frac{\mu}{2}(s - \sin s) + C.$$

Mit der Wahl von $C = 0$ ergibt sich mit $A = \frac{\mu}{2}$ ein **affin verzerrter Zykloidenbogen** als parametrisierte Kurve:

$$t(s) = \frac{A}{\sqrt{K}c} \cdot (s - \sin s),$$

$$a(s) = A(1 - \cos s).$$

Dabei gilt der Parameterbereich $0 \le s \le 2\pi$. Die Kurve startet für $s = 0$ im Ursprung des (t, a)-Koordinatensystems.

Bei der Dimensionskontrolle ist zu beachten, dass die Krümmung mit der Dimension m^{-2} behaftet ist. Die Größe A ist in der Tat dimensionslos und $\frac{A}{\sqrt{K}c}$ hat die Dimension der Zeit.

Falls dieses Modell zum Zug kommt, so entspricht dem Ursprung der Urknall $(a = 0)$ zum Zeitpunkt $t = 0$ und besagt, dass das Universum bis zum Zeitpunkt $t(\pi) = T = \frac{\pi A}{\sqrt{K}c}$ expandiert (bis maximal $a(\pi) = 2A$), um danach zu schrumpfen und schließlich zum Zeitpunkt $t = 2T$ zu kollabieren.

Bemerkenswert ist dabei die vertikale Tangente von $a(t)$ beim Urknall und beim Kollabieren. Dies besagt, dass sich der Expansionsfaktor a für $t = 0$ und $t = 2T$ zeitlich unendlich schnell verändert. Vergleichen Sie dazu auch Aufgabe 11.

3.18 Orthogonaltrajektorien

In gewissen physikalischen Anwendungen geht es darum, zu einer gegebenen Kurvenschar ihre Orthogonaltrajektoren zu bestimmen. Das sind Kurven, welche die vorgegebene Kurvenschar orthogonal schneiden.

Die gegebene Kurvenschar werde beschrieben durch die Lösungen der Differentialgleichung $\quad y' = f(x, y)$.

Dann werden die Orthogonaltrajektoren durch die Lösungen der Differentialgleichung

$$y' = -\frac{1}{f(x, y)}$$

beschrieben, weil das Produkt der beiden Steigungen -1 betragen muss.

Bemerkung: Man unterscheide klar zwischen den beiden verschiedenen Kurvenscharen, obwohl sie beide mit y bezeichnet werden.

Beispiel 3.28

Gegeben sei die Kurvenschar, beschrieben durch die Gleichung $\quad x \cdot y(x) = k$.
Für

(a) $k > 0$ handelt es sich um Hyperbeln im 1. und 3. Quadranten mit Symmetrieachsen $y = x$,

(b) $k < 0$ handelt es sich um Hyperbeln im 2. und 4. Quadranten mit Symmetrieachsen $y = -x$,

(c) $k = 0$ handelt es sich um die beiden Koordinatenachsen, die auch Asymptoten der Hyperbeln sind.

Durch Ableiten erhalten wir für die gegebene Kurvenschar die Differentialgleichung:

$$y + x \cdot y' = 0 \Longrightarrow y' = -\frac{y}{x}. \tag{3.24}$$

Die separable Differentialgleichung für die Orthogonaltrajektorien lautet also:

$$y' = \frac{x}{y} \Longrightarrow \int y \cdot dy = \int x \cdot dx + C \Longrightarrow y^2 = x^2 + C.$$

Für

(a) $C = a^2 > 0$ beschreibt die Gleichung $\frac{y^2}{a^2} - \frac{x^2}{a^2} = 1$ gleichseitige Hyperbeln nach oben und unten,

(b) $C = -a^2 < 0$ beschreibt die Gleichung $\frac{x^2}{a^2} - \frac{y^2}{a^2} = 1$ gleichseitige Hyperbeln nach links und rechts,

(c) $C = 0$ ergeben sich die beiden Lösungen $y = \pm x$, welche auch Asymptoten der Hyperbeln in (a) und (b) sind.

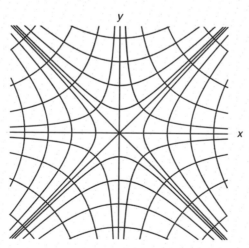

Die Schar der Orthogonaltrajektorien ergibt sich einfach durch eine 45°-Drehung aus der gegebenen Kurvenschar gemäß der Figur, welche beide Kurvenscharen zeigt. $\diamond$

Beispiel 3.29 Wir berechnen die Orthogonaltrajektoren der Parabelschar

$$y(x) = kx^2.$$

Differenzieren ergibt $y' = 2kx$.

Ersetzen des Parameter k durch $\dfrac{y}{x^2}$ liefert die Differentialgleichung für die Parabelschar:

$$y' = \frac{2y}{x}.$$

Daraus folgt das separable Problem für die Orthogonaltrajektorien:

$$y' = -\frac{x}{2y},$$

dessen Lösungen die Gleichung

$$y^2 + \frac{x^2}{2} = C$$

erfüllen.

Mit $C = a^2$ ergibt sich daraus

$$\frac{x^2}{(\sqrt{2}a)^2} + \frac{y^2}{a^2} = 1,$$

welche eine Ellipsenschar mit Halbachsenlängen im Verhältnis $\sqrt{2} : 1$ beschreibt.

Die Figur zeigt eine Parabelschar und eine entsprechende Ellipsenschar von Orthogonaltrajektoren

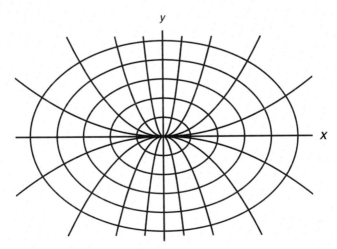

3.19 Übungen Kapitel 3

49. Kaffee. Eine Tasse Kaffee weise eine Temperatur von 95 °C auf, eine Minute später noch 86 °C. Nach welcher Zeit weist der Kaffee die Temperatur von 37 °C auf, wenn die Raumtemperatur 20 °C beträgt? Zeigen Sie auch eine Grafik dazu.

50. Radium. Die Halbwertszeit von Ra 226 beträgt $T_{1/2} = 1623$ Jahre. Nach welcher Zeit hat die Radioaktivität um 10 % abgenommen?

51. Verzinsung. Ein Anfangskapital von 1 Million Euro werde zu $p\%$ verzinst.

(a) Wie groß ist es bei kontinuierlicher Verzinsung nach einem Jahr und nach n Jahren?

(b) Wie groß ist es bei jährlicher Verzinsung nach einem Jahr und nach n Jahren?

(c) Vergleichen Sie die beiden Werte in (a) und (b) für $p = 3\%$ nach $n = 10$ Jahren.

(d) Wie (c), aber für den Negativzins $p = -3\%$.

52. Höhenformel für die Dichte.

(a) Begründen Sie, dass für die Dichte $\rho(h)$ im Falle einer isothermen Atmosphäre gilt

$$\rho(h) = \rho_0 \cdot e^{-kh},$$

mit demselben k-Wert wie im Falle des Drucks $p(h)$.
Bemerkung: Die Dichte $\rho_0 \approx 1{,}225\,\text{kg/m}^3$ gilt für die Temperatur $T(0) = 15\,°\text{C}$ auf Meereshöhe.

(b) Vergleichen Sie Dichte und Druck auf 80 km Höhe mit den Größen auf Meereshöhe.

(c) Zeigen Sie, dass für äquidistante Funktionswerte $T_1, T_2, \ldots, T_n$ auf dem Intervall $[0, h]$ das diskrete harmonische Mittel T_m definiert durch $\dfrac{1}{T_m} = \dfrac{1}{n} \sum_{i=1}^{n} \dfrac{1}{T_i}$ gegen das kontinuierliche harm. Mittel $\dfrac{1}{T_m} = \dfrac{1}{n} \displaystyle\int_0^h \dfrac{1}{T(s)}\,ds$ strebt, falls $n \to \infty$.

53. Tschernobyl und das damalige Gemüse. Das radioaktive Isotop Jod 131 hat eine Halbwertszeit von $T_{1/2} = 8$ Tagen. Auf welchen Prozentsatz fällt seine Radioaktivität nach einer Zeitspanne von 2 Monaten? War das damals durch das Jod 131 befallene Gemüse 2 Monate nach der Reaktorkatastrophe genießbar?

54. Wachstum einer Zelle. Das Volumen V einer Zelle wachse etwa proportional zu ihrer Oberfläche. Zeigen Sie, dass unter der Annahme, dass eine Zelle etwa kugelförmig ist, $\dot{V} = k \cdot V^{2/3}$ gilt und berechnen Sie das zeitliche Verhalten des wachsenden Radius $r(t)$.

55. Mischproblem. Ein Tank enthält ursprünglich 120 l reines Wasser. Von einer Lösung von 50 g Salz/l fließen 2 l/min in den Tank und gleichzeitig fließt über ein Loch 2 l/min der gut gerührten Mischung ab. Es sei $S(t)$ die Salzmenge zur Zeit t.

(a) Bestimmen Sie die Grenzmenge S_∞ und dann die Differentialgleichung.

(b) Nach welcher Zeit ist $S = 5{,}90$ kg und nach welcher Zeit $5{,}99$ kg? Vergleich?

56. Kegelförmiger Tank. Ein offener, leerer kegelförmiger Tank mit Radius R und Höhe H wird über eine Zuleitung ab dem Zeitpunkt $t = 0$ mit L l/s gefüllt.

(a) Nach welcher Zeit t_E ist der Container gefüllt?
(b) Berechnen und skizzieren Sie die Höhe $h(t)$ des Flüssigkeitsspiegels und dessen Geschwindigkeit $v(t) = dh/dt$ in Abhängigkeit der Zeit t.
(c) Kontrollieren Sie $h(t)$ mit dem Resultat von (a) und diskutieren Sie insbesondere $v(0)$.
(d) Berechnen Sie die Geschwindigkeit $w(h)$ des Flüssigkeitsspiegels in Abhängigkeit der Höhe h sowie $\frac{w(H)}{w(H/2)}$ und kontrollieren Sie, ob $w(H) = v(t_E)$ ist.
(e) Berechnen Sie die numerischen Werte t_E, $v(t_E)$, $v(t_E/2)$, $h(t_E/2)$ für die Größen $R = H = 1$ m, $L = 2$ l/s.

57. Raucherproblem. Ein Zimmer der Größe 4 m × 5 m × 2.5 m sei ursprünglich frei von giftigem Kohlenmonoxid CO. Ab dem Zeitpunkt $t = 0$ wird geraucht. Es werden 3 l Rauch/min ausgestoßen. Der Rauch enthält 4 Volumenprozente CO. Pro Minute verlassen 3 l des gut durchmischten Luft-Rauch-Gemisches den Raum. $V(t)$ sei das Volumen an CO zum Zeitpunkt t.

(a) Stellen Sie die Differentialgleichung auf.
(b) Wenn der Volumenanteil von CO etwa den Wert 0,0012% erreicht, wird es für den Menschen gesundheitsschädigend. Ab welchem Zeitpunkt ist es so weit?

58. Motorboot. Die totale Masse m von zwei Personen und ihrem kleinen Motorboot betrage 500 kg. Der Motor erzeuge eine konstante Kraft von $F = 200$ N. Die Widerstandskraft des Wassers sei $W = k \cdot v$ mit $k = 10\frac{\text{N}}{\text{m/s}}$.

(a) Überzeugen Sie sich davon, dass die Differentialgleichung für die Schnelligkeit $v(t)$ wegen dem Gesetz *Masse × Beschleunigung = resultierende Kraft* lautet:
$$m\dot{v} = F - kv.$$
(b) Skizzieren Sie das Richtungsfeld der autonomen Differentialgleichung und berechnen Sie $v_\infty = v(\infty)$.
(c) Wie lange dauert es ab Start mit $v_0 = 0$, bis die Schnelligkeit $0,9 \cdot v_\infty$ erreicht ist und welche Strecke hat das Boot dann zurückgelegt?

59. Gravitationstrichter. Berechnen Sie analog zu Abschnitt 3.9 die Geometrie $r(h)$ des Gravitationstrichters für eine rotierende Kugel mit Radius ρ, Masse m, Massenträgheitsmoment $J = \frac{2}{5}m\rho^2$ und zeigen Sie, dass auch hier gilt $r(h) \cdot \Omega(h) = v(h)$.
Berechnen Sie für $R = r(0) = 0.2$ m, $v_0 = 1$ m/s den numerischen Wert des Radius der unteren Öffnung $r(0.4$ m$)$ und vergleichen Sie mit dem Ergebnis in Absch. 3.9.

60. Auslaufender Container. Ein zylinderförmiges Fass mit Durchmesser 1 m und Höhe 1 m ist vollständig mit Wasser gefüllt. Am Boden befindet sich ein Loch von 1 mm Radius. Wie lange dauert es, bis das Fass ausgelaufen ist?

61. Fall in Flüssigkeit. Ein Gefäß ist mit einer Flüssigkeit der Viskosität η gefüllt. Zur Zeit $t = 0$ wird eine kleine Goldkugel mit Radius $r = 3$ mm und der Dichte $\rho = 19,3$ g/cm^3 von der Oberfläche losgelassen ($v_0 = 0$).
Für den zeitlichen Geschwindigkeitsverlauf $v(t)$ gilt unter Vernachlässigung des Auftriebs (da Kugel klein)

$$\dot{v}(t) + k \cdot v(t) = g \qquad \text{mit} \quad k = \frac{6 \cdot \pi \cdot \eta \cdot r}{m}.$$

Dabei ist m die Masse der Goldkugel und g die Erdbeschleunigung.

(a) Drücken Sie die Grenzgeschwindigkeit v_∞ in g und k ohne Lösen der Differentialgleichung aus.
(b) Berechnen Sie symbolisch für gegebene k und g sowohl den Geschwindigkeitsverlauf $v(t)$ als auch die Einsinktiefe $y(t)$.
(c) Berechnen Sie die numerische Grenzgeschwindigkeit v_∞ der Goldkugel in Glycerin ($\eta = 15,0\,$kg$\cdot$m$^{-1}\cdot$s^{-1}) und in Olivenöl ($\eta = 1,07$kg$\cdot$m$^{-1}\cdot$s^{-1}) sorgfältig mit den richtigen Einheiten.
(d) Wie verhält sich die Grenzgeschwindigkeit einer Stahlkugel ($\rho = 7,8$ g/cm^3) derselben Größe (r = 3 mm) in Glycerin im Vergleich zur Goldkugel? Wie groß ist das Vehältnis der beiden Grenzgeschwindigkeiten?

62. Hängebrücke. Berechnen Sie die Geometrie $y = f(x)$ der Tragseile einer Hängebrücke. Berücksichtigen Sie im Modell nur das Gewicht der Fahrbahn und vernachlässigen Sie das Gewicht der Tragseile. Die Masse der Fahrbahn pro Laufmeter sei ρ, also konstant. Es geht also vorerst um das Aufstellen der entsprechenden Differentialgleichung für $f(x)$, analog zum Problem der Kettenlinie.

63. Vorgegebene Elastizitätsfunktion. Berechnen Sie für die konstante Elastizitätsfunktion $\varepsilon_{f,x} = a$ die zugehörige Funktion f.

64. Funktion = Elastizitätsfunktion. Berechnen Sie diejenigen Funktionen $f(x)$, welche identisch sind mit ihren Elastizitätsfunktionen $\varepsilon_{f,x}$ und skizzieren Sie diese.

65. Baumwachstum nach Chapman-Richards. Es geht um die Höhe $h(t)$ eines Baumes in Abhängigkeit der Zeit t.
Sowohl die Zunahme dm/dt seiner Masse m pro Zeiteinheit wie auch der Wasserverlust pro Zeiteinheit sind proportional zu h^3.
Die aufgenommene Wärmeleistung der Sonnenstrahlung sei proportional zu $h^{2.5}$. Begründung: Die Photosynthese wirkt nicht nur bei den Blättern der Kronenoberfläche, sondern im abnehmenden Sinn auch durch Blätter gegen das Innere der Baumkrone.
Die Leistungsbilanz besagt also für $m(t) = a \cdot h(t)^3$

$$\frac{dm}{dt} = b \cdot h^{2.5} - c \cdot h^3$$

mit gegebenen positiven Parametern a, b, c, welche durch die Art des Baumes charakterisiert sind.

(a) Zeigen Sie, dass aus der Leistungsbilanz die folgende Differentialgleichung resultiert:

$$\dot{h} = \frac{b}{3a} \cdot \sqrt{h} - \frac{c}{3a} \cdot h.$$

(b) Führen Sie durch eine geeignete Substitution das Problem über in eine lineare Differentialgleichung in u und bestimmen Sie anschließend die Wachstumsfunktion $h(t)$ für den Anfangswert $h(0) = h_0$.

(c) Bestimmen Sie h_∞ und skizzieren Sie einen Graphen von $h(t)$.

(d) Diskutieren Sie das Modell kritisch.

66. Logistisches Wachstumsmodell. Eine Verfeinerung des einfachen Modells $p' = a \cdot p$ mit exponentiellem Verhalten für den zeitlichen Verlauf einer Population ist das folgende sogenannte logistische Wachstumsmodell, welches die Beschränktheit von Ressourcen (wie beispielsweise Lebensraum und Nahrung) berücksichtigt:

$$\frac{\mathrm{d}p}{\mathrm{d}t} = ap - bp^2.$$

Es wurde vom belgischen Mathematiker Pierre-François Verhulst (1804–1849) formuliert. Die positiven Konstanten a, b sind die sogenannten **Vitalitätskoeffizienten** der entsprechenden Population. Natürlich ist $a \gg b > 0$, denn für kleinere Populationen soll näherungsweise noch das einfache Modell gelten. Für größere p-Werte spielt aber der negative Term $-bp^2$ eine immer wichtigere wachstumshemmende Rolle.

Beim Auszählen einer Bakterienpopulation in einem Reagenzglas[12] hat man festgestellt, dass dieses Modell ausgezeichnet ist! Die Anfangspopulation sei gegeben durch $p(0) = p_0$.

(a) Skizzieren Sie anhand eines Richtungsfeldes die Lösungen für alle möglichen Anfangspopulationen $p(0) = p_0$ und bestimmen Sie aus der Grafik den Grenzwert für $t \to \infty$.

(b) Verifizieren Sie durch Einsetzen in die Differentialgleichung, dass die allgemeine Lösung für $p_0 > 0$ lautet

$$p(t) = \frac{1}{\frac{b}{a} + De^{-at}}$$

und bestimmen Sie danach jeweils die D-Werte für die Anfangsbedingungen

$$p_0 < \frac{a}{b}, \quad p_0 > \frac{a}{b}, \quad p_0 = \frac{a}{b}.$$

(c) Zeigen Sie, dass auch

$$p(t) = p_0 \cdot \frac{a}{b \cdot p_0 + (a - b \cdot p_0) \cdot e^{-at}}$$

alle Lösungen beschreibt.

---

[12] Mehr darüber in [5].

Bemerkung: Betrachtet man die statistischen Daten der Weltbevölkerung etwas genauer, so wird man feststellen, dass das logistische Wachstumsmodell kaum brauchbar ist. Immerhin weisen aber Grafiken über mehrere Jahrzehnte von der Vergangenheit in die prognostizierte Zukunft eine ungefähre S-Form auf.

67. Chemische Reaktion. Kollisionen der folgenden Art: Ein Molekül der Substanz P kollidiert mit einem Molekül der Substanz Q, woraus ein Molekül einer neuen Substanz Y hervorgeht. Wir nehmen an, dass p und q die jeweiligen Anfangskonzentrationen von P und Q sind und $y(t)$ die Konzentration von Y zur Zeit t ist.

Dann sind $p - y(t)$ und $q - y(t)$ die jeweiligen Konzentrationen von P und Q zur Zeit t.

Die Reaktionsgeschwindigkeit wird durch die Gleichung

$$\frac{dy}{dt} = k \cdot [p - y(t)] \cdot [q - y(t)]$$

gegeben, wobei k eine positive Konstante ist. Weiter ist $q > p > 0$ und $y(0) = 0$.

(a) Skizzieren Sie das Richtungsfeld und bestimmen Sie daraus praktisch ohne Rechnung $\lim_{t \to \infty} y(t)$.

(b) Berechnen Sie $y(t)$.

68. Tumorwachstum. Sie werden für die Entwicklung von Krebstherapien verwendet und dienen als Referenz, um die Wirkung quantitativ zu erfassen.

(a) Experimentelle Beobachtungen zeigen, dass das Volumen V frei lebender und in Teilung begriffener Zellen exponentiell mit der Zeit anwächst. Also gilt

$$V'(t) = \alpha \cdot V(t) \quad \text{mit} \quad \alpha > 0.$$

Berechnen Sie die Zeitspanne T, während der sich das Volumen verdoppelt.

(b) Bei harten Tumoren hingegen nimmt die Verdoppelungszeit T im Laufe der Zeit immer mehr zu, weil Zellen im wachsenden Kern nicht mehr mit Blut versorgt werden und absterben. Untersuchungen haben gezeigt, dass die Messwerte bis zum fast 1000-fachen des ursprünglichen Volumens bemerkenswert gut durch die Gompertzsche[13] Funktion

$$V(t) = V_0 \cdot e^{\frac{r}{s}(1 - e^{-st})}$$

mit den Parametern $r, s > 0$ beschrieben wird. Sie weist ähnlich wie die logistische Funktion eine S-Form auf.

Bestimmen Sie den Grenzwert von $V(t)$ für $t \to \infty$ und die Differentialgleichung von V durch Ableiten.

Bemerkung: Die Gompertzsche Funktion spielt auch eine Rolle in der Markt- und Trendforschung.

---

[13] Der Mathematiker Benjamin Gompertz (1779–1865) entstammte einer jüdischen Familie und hat sich weitgehend autodidaktisch zum Mathematiker ausgebildet, war britischer Staatsangehöriger und wurde Fellow of the Royal Society.

69. Luftreibung. Ein Objekt mit gegebener Masse m bewege sich auf einer horizontalen Geraden. Zum Zeitpunkt $t = 0$ sei die Anfangsgeschwindigkeit v_0 bekannt. Auf den Massenpunkt wirke lediglich die Bremskraft, verursacht durch die Luftreibung, welche proportional zum Quadrat der Geschwindigkeit sei mit gegebenem Proportionalitätsfaktor $k > 0$.
Berechnen Sie von der Bewegung des Massenpunktes (die Resultate sind durch die Parameter m, v_0, k so stark wie möglich zu vereinfachen!)

(a) den Geschwindigkeitsverlauf $v(t)$ in Abhängigkeit der Zeit,

(b) den Positionsverlauf $x(t)$ für $x(0) = 0$,

(c) die Grenzwerte von Geschwindigkeit und Position für $t \to \infty$.

70. Orthogonaltrajektorien. Berechnen Sie die Orthogonaltrajektorien der Kurvenschar $y = kx^3$ und beschreiben Sie diese geometrisch.

71. Smith Chart. Zeigen Sie analytisch, dass die Kreisschar K mit Mittelpunkten auf der y-Achse durch den Ursprung als Orthogonaltrajektorien die Kreise K^* mit Mittelpunkten auf der x-Achse durch den Ursprung gemäß Figur haben.[14]

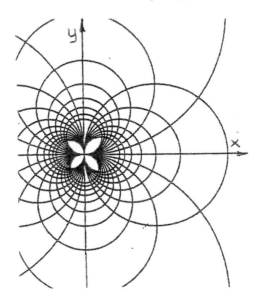

Schrittweise Anleitung:

(a) Kreisgleichung
    $x^2 + (y - c)^2 = c^2$ nach c auflösen,

(b) Kreisgleichung differenzieren, nach y' auflösen und c ersetzen,

(c) Differentialgleichung für die Orthogonalschar aufstellen,

(d) Verifizieren der Lösungen von K^* durch Einsetzen in die Differentialgleichung.

---

[14] Anwendung in der Elektrotechnik.

Kapitel 4
Differentialgleichungen 2. Ordnung und Systeme mit Anwendungen

Viele Differentialgleichungen in den Naturwissenschaften sind von 2. Ordnung. Es geht uns ganz allgemein weniger um die Technik des Lösens als vielmehr darum, diese zu verstehen. Außerdem wird weiterhin Wert darauf gelegt, Differentialgleichungen für Anwendungen aufzustellen, also mathematisches Modellieren zu üben!

4.1 Differentialgleichung 2. Ordnung

Allgemein Gestalt: $$y'' = f(t, y, y').$$

Rechts steht also ein „beliebig" komplizierter Ausdruck in t, y, y'.

Es ist keine Visualisierungsmöglichkeit über ein Richtungsfeld möglich!

Die Funktion $y(t)$ ist eine Lösung, wenn die Gleichung $y''(t) = f(t, y(t), y'(t))$ für alle t-Werte identisch erfüllt ist.
Typischerweise hat ein AWP 2. Ordnung zwei Anfangsbedingungen, da ja zweimal integriert werden muss. Das führt dann auch zu zwei Integrationskonstanten.

4.2 Differentialgleichungssystem 1. Ordnung

Die generelle Gestalt
$$\left.\begin{array}{l} y'_1 = f_1(x, y_1, y_2, \ldots, y_n) \\ y'_2 = f_2(x, y_1, y_2, \ldots, y_n) \\ \ldots \qquad \ldots \ldots \\ y'_n = f_n(x, y_1, y_2, \ldots, y_n) \end{array}\right\}$$

mit den Anfangsbedingungen
$y_1(x_0) = a_1, \quad y_2(x_0) = a_2, \quad \ldots, y_n(x_0) = a_n$
beschreibt ein Anfangswertproblem für die n unbekannten Funktionen $y_i(x)$.
Die n Funktionen $f_i = f_i(x, y_1, y_2, \ldots, y_n)$ und die n Anfangswerten a_i sind gegeben.

© Springer-Verlag GmbH Deutschland, ein Teil von Springer Nature 2020
A. Fässler, *Schnelleinstieg Differentialgleichungen*,
https://doi.org/10.1007/978-3-662-62146-2_4

Die Ableitungen hängen somit im Allgemeinen von verschiedenen Funktionen ab: Die Differentialgleichungen sind gekoppelt.

Systeme von Differentialgleichungen 1. Ordnung sind auch deshalb bedeutend, weil **eine Differentialgleichung n-ter Ordnung für die unbekannte Funktion y(x) äquivalent umgeschrieben werden kann auf ein System 1. Ordnung.**

Die allgemeine Differentialgleichung 2. Ordnung

$$y'' = f(t, y, y')$$

lässt sich auf folgende Art für die zwei unbekannten Funktionen $y(t)$ und $z(t) = y'(t)$ umschreiben:

$$\left. \begin{array}{l} y' = \quad z \\ z' = f(t, x, y) \end{array} \right\}.$$

Beispiel 4.30 Die Differentialgleichung

$$y'' = y^2 - y' \sin t + e^{-t}$$

können wir als folgendes System 1. Ordnung formulieren:

$$\left. \begin{array}{l} y' = \quad z \\ z' = y^2 - z \cdot \sin t + e^{-t} \end{array} \right\}. \qquad\qquad \diamondsuit$$

4.3 Wurfparabel

Es handelt sich um ein einfaches Problem, welches aber bereits zu einem Differentialgleichungssystem führt.

Wir betrachten den Wurf eines Körpers ohne Berücksichtigung des Luftwiderstandes unter dem Einfluss seines Gewichtes $\vec{G}$ gemäß der Figur.

Anfangsbedingungen zum Zeitpunkt $t = 0$:

- $x(0) = y(0) = 0$
- Abschusswinkel $= \alpha$ mit dem Betrag der Geschwindigkeit v_0

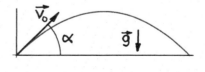

$$\vec{v}_0 = \begin{pmatrix} v_{0x} \\ v_{0y} \end{pmatrix} = \begin{pmatrix} \cos \alpha \cdot v_0 \\ \sin \alpha \cdot v_0 \end{pmatrix}.$$

Wie üblich bezeichnen wir mit $\vec{r}$ den Ort, mit $\vec{v}$ die Geschwindigkeit und mit $\vec{a}$ die Beschleunigung.

Es ist

$$\vec{r}(t) = \begin{pmatrix} x(t) \\ y(t) \end{pmatrix}, \qquad \vec{v}(t) = \begin{pmatrix} \dot{x}(t) \\ \dot{y}(t) \end{pmatrix}, \qquad \vec{a}(t) = \begin{pmatrix} \ddot{x}(t) \\ \ddot{y}(t) \end{pmatrix}.$$

Die Newtonsche Bewegungsgleichung

$$\ddot{\vec{r}}(t) = \vec{G} = m \cdot \vec{g}$$

in kartesischen Koordinaten lautet nach dem Kürzen mit m

$$\begin{pmatrix} \ddot{x}(t) \\ \ddot{y}(t) \end{pmatrix} = \begin{pmatrix} 0 \\ -g \end{pmatrix} \text{ mit der Erdbeschleunigung } g = 9.81\text{m/s}^2.$$

Hier liegt ein entkoppeltes Differentialgleichungssystem vor, das durch reine zweimalige Integration nach t gelöst werden kann:
Mit Berücksichtigung der Anfangsbedingungen für die Geschwindigkeit folgt

$$\vec{v}(t) = \begin{pmatrix} \dot{x}(t) \\ \dot{y}(t) \end{pmatrix} = \begin{pmatrix} v_{0x} \\ -gt + v_{0y} \end{pmatrix}.$$

Die Horizontalkomponente der Geschwindigkeit ist konstant, die Vertikalkomponente ändert sich linear mit t.
Mit nochmaliger Integration unter Berücksichtigung der Anfangsposition im Ursprung ergibt sich

$$\vec{r}(t) = \begin{pmatrix} x(t) \\ y(t) \end{pmatrix} = \begin{pmatrix} v_{0x} \cdot t \\ v_{0y} \cdot t - \frac{g}{2} \cdot t^2 \end{pmatrix} = \begin{pmatrix} \cos\alpha \cdot v_0 \cdot t \\ \sin\alpha \cdot v_0 \cdot t - \frac{g}{2} \cdot t^2 \end{pmatrix}.$$

Einsetzen von $t = x/v_{0x}$ ergibt die quadratische Beziehung

$$y = \frac{v_{0y}}{v_{0x}} \cdot x - \frac{g}{2v_{0x}^2} \cdot x^2,$$

welche eine Parabel beschreibt.

Die Wurfzeit t_W berechnet sich aus

$$y(t) = t \cdot \left(v_{0y} - \frac{g}{2}t\right) = 0 \implies t_W = \frac{2v_{0y}}{g}.$$

Damit ist die Wurfweite

$$x_W = x(t_W) = \frac{2}{g}v_{0x}v_{0y} = \frac{v_0^2}{g}2\cos\alpha\sin\alpha = \frac{v_0^2}{g}\sin(2\alpha).$$

Die maximale Wurfweite $x_{max} = \frac{v_0^2}{g}$ erreicht man mit dem Abschusswinkel von $45°$.

Die Höhe des Kulminationspunktes (also des Scheitelpunktes) beträgt

$$y_{max} = y\left(\frac{t_W}{2}\right) = \frac{v_{0y}^2}{2g}.$$

Auf dem Mond wären Wurfweite, Höhe und Wurfzeit je etwa sechs mal so groß wie auf der Erde, da

$$g_{\text{Mond}} \approx \frac{g_{\text{Erde}}}{6}.$$

4.4 Modellieren mit Luftwiderstand

Für den Luftwiderstand $\vec{W}$ gilt:

$$|\vec{W}| = k \cdot |\vec{v}|^{\lambda} \text{ mit } 1 < \lambda \leq 2.$$

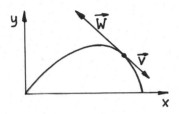

Mit denselben Bezeichungen $\vec{r}, \vec{v}, \vec{a}$ wie im vorhergehenden Beispiel erhalten wir

$$m \cdot \vec{a} = \vec{W} + \vec{G}$$

mit der resultierenden Kraft rechts. Die Widerstandskraft $\vec{W}$ ist entgegengesetzt zur Geschwindigkeit $\vec{v}$ gerichtet. Es gilt also

$$\vec{W} = -k \cdot |\vec{v}|^{\lambda - 1} \cdot \vec{v} = -k(\dot{x}^2 + \dot{y}^2)^{\frac{1}{2}(\lambda - 1)} \cdot \vec{v}.$$

Somit lauten die Bewegungsgleichungen nach Division durch m in Koordinaten ausgedrückt

$$\left. \begin{array}{l} \ddot{x} = \quad -\frac{k}{m}(\dot{x}^2 + \dot{y}^2)^{\frac{1}{2}(\lambda - 1)} \cdot \dot{x} \\ \ddot{y} = -g - \frac{k}{m}(\dot{x}^2 + \dot{y}^2)^{\frac{1}{2}(\lambda - 1)} \cdot \dot{y} \end{array} \right\}. \tag{4.1}$$

Zusammen mit den vier Anfangsbedingungen für Position und Geschwindigkeit

$$x(0) = x_0 \quad y(0) = y_0 \quad \dot{x}(0) = v_{0x} \quad \dot{y}(0) = v_{0y}$$

liegt ein Anfangswertproblem von zwei gekoppelten nicht-linearen Differentialgleichungen 2. Ordnung vor. Für den Spezialfall $\lambda = 2$ ist der Exponent $= \frac{1}{2}$.

4.5 Coriolis-Kraft in der Meteorologie

Der zeitliche Windgeschwindigkeitsverlauf $\vec{V}(t)$ und damit natürlich auch die Bahn $\vec{r}(t)$ eines Luftpakets wird maßgeblich durch die Coriolis-Kraft beeinflusst.[1] Für die folgenden Berechnungen sei idealerweise vorausgesetzt, dass im betrachteten Gebiet der nördlichen Hemisphäre ein konstanter Druck herrscht und die Reibung vernachlässigt werden kann (was in Bodennähe nicht der Fall ist).

Das Luftpaket weise an einem Punkt P der Erdoberfläche eine Anfangsgeschwindigkeit $\vec{V_0}$ in Richtung Norden auf.

Wir gehen aus von einem kartesischen Koordinatensystem mit Ursprung P und den Koordinatenachsen gegen Osten (x-Richtung) und gegen Norden (y-Richtung). Weiter sei $u(t)$ die Koordinate von $\vec{V}(t)$ in Richtung Osten, $v(t)$ diejenige in Richtung Norden:

$$\vec{V}(t) = \begin{pmatrix} u(t) \\ v(t) \end{pmatrix} \text{ mit Anfangsbedingung } \vec{V}(0) = \vec{V_0} = \begin{pmatrix} 0 \\ v_0 \end{pmatrix}. \tag{4.2}$$

---

[1] Dr. med. dent. Manfred Jenni inspirierte diesen Beitrag. Er scheute sich nicht, mit mir in die mathematischen Tiefen der partiellen Differentialgleichungen einzudringen, um die Atmosphären-Physik zu vertiefen.

Dann gilt wegen der Coriolis-Kraft für die geografische Breite Φ das folgende Differentialgleichungssystem (links stehen Beschleunigungen):

$$\left.\begin{array}{l} \dot{u}(t) = f \cdot v(t) \\ \dot{v}(t) = -f \cdot u(t) \end{array}\right\} \quad \text{mit } f = 2\Omega \sin(\Phi). \tag{4.3}$$

Dabei ist $\Omega = 2\pi/24\text{h} = 7.272 \cdot 10^{-5}/\text{s}$ die Winkelgeschwindigkeit der Erdrotation.

In der nördlichen Hemisphäre ist Φ und damit f positiv, in der südlichen negativ. Der Südpol hat die geografische Breite $\Phi = -90°$.

Wir analysieren nun die nördliche Hemisphäre. Wenn wir annehmen, dass die geografische Breite in etwa konstant ist, so ergibt sich unter Berücksichtigung der Anfangsbedingungen als Lösung von (4.3) folgender leicht zu verifizierender Geschwindigkeitsverlauf:

$$\vec{V}(t) = \begin{pmatrix} u(t) \\ v(t) \end{pmatrix} = v_0 \begin{pmatrix} \sin(f \cdot t) \\ \cos(f \cdot t) \end{pmatrix} = \begin{pmatrix} \dot{x} \\ \dot{y} \end{pmatrix}.$$

Der Geschwindigkeitsvektor hat natürlich immer denselben Betrag v_0 (Energieerhaltung).

Durch Integration erhalten wir unter Berücksichtigung der Anfangsbedingungen $x(0) = 0$, $y(0) = 0$ die folgende zeitliche Kreisbewegung des Luftpaketes[2]

$$\vec{r}(t) = \begin{pmatrix} x(t) \\ y(t) \end{pmatrix} = \frac{v_0}{f} \begin{pmatrix} 1 - \cos(f \cdot t) \\ \sin(f \cdot t) \end{pmatrix}$$

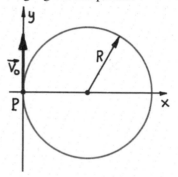

durch den Ursprung P im Uhrzeigersinn mit Radius $R = \dfrac{v_0}{f}$ gemäß der Figur.

Bemerkenswert:

Die Kreisfrequenz f und damit auch die Umlaufzeit $T = \frac{2\pi}{f}$ hängen nur von Φ ab (also nicht von R).

Die Coriolis-Kraft bewirkt also **in der nördlichen Hemisphäre ($f > 0$) in der Bewegungsrichtung immer eine Ablenkung nach rechts, in der südlichen Hemisphäre ($f < 0$) immer nach links.**

In der nördlichen Hemisphäre bewirkt die Ablenkung nach rechts in einem Hochdruckgebiet eine Drehung im Uhrzeigersinn und in einem Tiefdruckgebiet eine Drehung im Gegenuhrzeigersinn.

In der südlichen Hemisphäre ist es umgekehrt. Mehr darüber in [24].

Je nördlicher oder südlicher der Punkt P, desto kleiner werden Radius R und Umlaufzeit T bei gleichbleibendem v_0. In Äquatornähe ist praktisch keine Coriolis-Kraft vorhanden.

---

[2] In der Meteorologie ist es üblich, die Kreisfrequenz mit f zu bezeichnen im Gegensatz zur Physik, wo in der Regel f die Frequenz und ω die Kreisfrequenz ist.

Beispiel 4.31

Für eine geografische Breite $\Phi \approx 45°$ ist die Kreisfrequenz $f = 1,03 \cdot 10^{-4} \text{ s}^{-1}$. Somit gilt die einfache Beziehung:

$$R \approx 10^4 \cdot v_0 \quad \text{mit } R \text{ in m}, \; v_0 \text{ in } \frac{\text{m}}{\text{s}}$$

mit der von R unabhängigen Umlaufzeit $T = \dfrac{2\pi}{f} \approx 62800 \text{ s} \approx 17,5 \text{ h}.$

Konkrete Fälle:

- für eine Windgeschwindigkeit $v_0 = 10$ m/s ergibt sich $R = 100$ km.
- Interessanterweise gelten die Berechnungen auch für eine ungestörte Meeresströmung. Für eine typische Strömungsgeschwindigkeit $v_0 = 0,1$ m/s ergibt sich $R = 1$ km. $\Diamond$

4.6 Vektorfelder und Feldlinien

In verschiedenen Bereichen der Physik treten Vektorfelder und Feldlinien auf.

Definition 12. *Ein* **Vektorfeld** *ist dadurch charakterisiert, dass jedem Punkt eines räumlichen oder ebenen Gebietes ein Vektor angeheftet wird. Eine* **Feldlinie** *verläuft in jedem Punkt tangential zum Vektorfeld.*

Die analytische Beschreibung eines räumlichen stationären (das heißt zeitunabhängigen) Vektorfeldes in kartesischen Koordinaten hat die Gestalt

$$\vec{v}(x,y,z) = \begin{pmatrix} v_1(x,y,z) \\ v_2(x,y,z) \\ v_3(x,y,z) \end{pmatrix}.$$

Dabei sind x, y, z die Koordinaten des Punktes $P(x, y, z)$, an dem der Vektor angeheftet ist und v_1, v_2, v_3 skalare Koordinatenfunktionen der drei Variablen x, y, z.
Bei einem ebenen Vektorfeld fallen z und v_3 natürlich weg.
In 1.4.3 über Kurventangenten haben wir bereits festgestellt, dass die vektorielle Ableitung einer Feldlinie $\vec{r}(s)$ nach dem reellen Parameter s die Richtung der Tangente an die Feldlinie aufweist.
Somit gilt für Feldlinien das folgende Differentialgleichungssystem 1. Ordnung:

$$\vec{r}\,'(s) = \begin{pmatrix} x' \\ y' \\ z' \end{pmatrix} = \begin{pmatrix} v_1(x,y,z) \\ v_2(x,y,z) \\ v_3(x,y,z) \end{pmatrix},$$

wobei $x = x(s), y = y(s), z = z(s)$ und $'$ die Ableitung nach s bedeutet.

Bemerkung: Es wurde bewusst als Parameter nicht t gewählt, da es sich bei s nicht um die Zeit handeln muss.

Für die spezielle Feldlinie, welche durch den gegebenen Punkt

$$P(x(s_0), y(s_0), z(s_0)) = P(x_0, y_0, z_0)$$

geht, ergeben sich so die drei Anfangsbedingungen und damit ein AWP.

Für ein ebenes Vektorfeld

$$\vec{v}(x,y) = \begin{pmatrix} v_1(x,y) \\ v_2(x,y) \end{pmatrix}$$

führen wir nun die Funktion $y(x)$ ein, deren Ableitung der Steigung des Vektors $\vec{v}(x,y)$ im Punkt (x,y) entspricht. Damit gewinnen wir die Differentialgleichung

$$\frac{dy}{dx} = \frac{v_2(x,y)}{v_1(x,y)} = f(x,y) \tag{4.4}$$

und somit einen etwas anderen Zugang für die Berechnung der Feldlinien $y(x)$.
Die Visualisierung von (4.4) mittels Richtungsfeld geschieht über das Berechnen der Steigungen $f(x,y)$ für einen Punkteraster und Zeichnen von entsprechenden „Kompassnadeln".
Computeralgebrasysteme visualisieren räumliche oder ebene Vektorfelder sogar zusammen mit Feldlinien, so wie etwa die Grafik zur Differentialgleichung (2.1) oder diejenige im später folgenden Räuber-Beute-Problem.

Richtungsfelder und Vektorfelder gibt es in zwei- und dreidimensionalen Gebieten.

4.7 Helmholtz-Spulen

Gegeben sei eine stromdurchflossene Kreisschleife mit Radius $r = 1$ und Stromstärke i gemäß Figur. Wir wollen das damit induzierte magnetische Vektorfeld $\vec{H}$ im allgemeinen Punkt $P(x,y,z)$ berechnen.

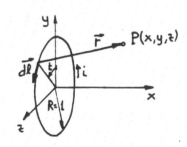

Zuständig dafür ist das Biot-Savart-Gesetz

$$\vec{H} = \frac{i}{4\pi} \oint_C \frac{\vec{dl} \times \vec{r}}{r^3}.$$

Dabei ist $\vec{dl}$ das Linienelement des Leiters und r die Distanz des Linienelementes zum Punkt P.

Da das Vektorfeld rotationssymmetrisch bezüglich der x-Achse ist, genügt es, das Vektorfeld in der (x,y)-Ebene (mit $z = 0$) zu analysieren.
Die Parametrisierung des Leiters in der (y,z)-Ebene mit Parameter t lautet

$$\vec{\ell}(t) = \begin{pmatrix} 0 \\ \cos t \\ \sin t \end{pmatrix} \quad \text{mit dem Leiterelement} \quad \vec{d\ell} = \dot{\vec{\ell}} \cdot dt = \begin{pmatrix} 0 \\ -\sin t \\ \cos t \end{pmatrix} \cdot dt.$$

Der Distanzvektor in der (x,y)-Ebene ist

$$\vec{r}(t) = \begin{pmatrix} x \\ y \\ 0 \end{pmatrix} - \begin{pmatrix} 0 \\ \cos t \\ \sin t \end{pmatrix} = \begin{pmatrix} x \\ y - \cos t \\ -\sin t \end{pmatrix},$$

wobei $r^2 = x^2 + (y - \cos t)^2 + \sin^2 t = x^2 + y^2 - 2y\cos t + 1$.

$$\vec{d\ell} \times \vec{r} = \begin{pmatrix} 0 \\ -\sin t \\ \cos t \end{pmatrix} \times \begin{pmatrix} x \\ y - \cos t \\ -\sin t \end{pmatrix} \cdot dt = \begin{pmatrix} 1 - y\cos t \\ x\cos t \\ x\sin t \end{pmatrix} \cdot dt.$$

Somit ist

$$\vec{H}(x,y,0) = \begin{pmatrix} H_x \\ H_y \\ H_z \end{pmatrix} = \frac{i}{4\pi} \oint_0^{2\pi} \frac{1}{r^3} \cdot \begin{pmatrix} 1 - y\cos t \\ x\cos t \\ x\sin t \end{pmatrix} \cdot dt$$

und für die Koordinaten des magnetischen $\vec{H}$-Feldes gilt

$$H_x = \frac{i}{4\pi} \int_0^{2\pi} \frac{1 - y\cos t}{(x^2 + y^2 - 2y\cos t + 1)^{3/2}} \cdot dt,$$

$$H_y = \frac{i}{4\pi} \int_0^{2\pi} \frac{x\cos t}{(x^2 + y^2 - 2y\cos t + 1)^{3/2}} \cdot dt.$$

Wegen der Rotationssymmetrie ist $H_z = 0$.
Diese Integrale können nicht mehr analytisch geschlossen ausgedrückt werden. Es ist also zweckmäßig, für jeden Punkt (x,y) jeweils die beiden bestimmten Integrale H_x und H_y numerisch zu berechnen!
Der Spezialfall des $\vec{H}$-Feldes auf der Rotationsachse, also mit $y = 0$ ergibt für einen Punkt mit Abstand x von der Kreisschleife

$$H_x = \frac{i}{4\pi} \frac{1}{(1 + x^2)^{3/2}} \int_0^{2\pi} 1 \cdot dt = \frac{i}{2} \frac{1}{(1 + x^2)^{3/2}}$$

mit dem Maximalwert $i/2$ im Kreismittelpunkt.

Befindet sich eine zweite Kreisschleife parallel zur ersten längs der Symmetrieachse verschoben an der Stelle $x = a$, so resultiert daraus Folgendes:

In den Integralen für H_x und H_y muss x durch $(a + x)$ ersetzt werden.

Werden nun zwei oder sogar drei kreisförmige Spulen koaxial angeordnet, so spricht man von Helmholtz-Spulen.[3].

Das entsprechend resultierende $\vec{H}$-Feld einer solchen Anordnung ist die Überlagerung der einzelnen Felder, das heißt ihre vektorielle Summe.

In einer Studentenarbeit von Schafroth und Giezendanner[4] wurden Feldlinien von 1, 2 und 3 Helmholtz-Spulen berechnet und grafisch dargestellt:

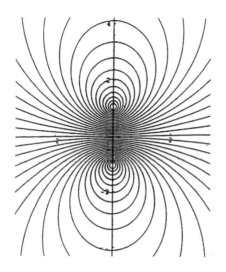

---

[3] Hermann von Helmholtz, deutscher Professor für Physik und Physiologie, galt als Universalgelehrter (1821-1894)

[4] Im Rahmen des Mathematik-Labors am Departement Technik und Informatik der Berner Fachhochschule.

4.8 Schwingungen und Resonanz

Beispiel 4.32 Wir bestimmen die allgemeine Lösung der linearen homogenen Differentialgleichung

$$y'' = -\omega^2 y.$$

Lösungen sind

$$y_1(t) = \sin(\omega t) \qquad y_2(t) = \cos(\omega t),$$

da

$$\frac{d^2}{dt^2} \sin(\omega t) = -\omega^2 \sin(\omega t)$$

und analog für $\cos(\omega t)$.

Wegen der Homogenität und Linearität der Differentialgleichung gewinnen wir die allgemeine Lösung als Linearkombination

$$y(t) = a\cos(\omega t) + b\sin(\omega t) \qquad\qquad (4.5)$$

mit zwei Integrationskonstanten a und b.   ◇

Beispiel 4.33 Harmonischer Oszillator.

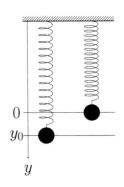

Wir analysieren den zeitlichen Bewegungsablauf der Masse m gemäß Figur für eine lineare Federcharakteristik.

Es sei D die Federkonstante mit der Dimension N/cm.

Die um y_0 gegenüber der Ruhelage $y = 0$ ausgelenkte Masse werde zum Zeitpunkt $t = 0$ losgelassen.

Laut dem Newtonschen Gesetz gilt

$$m\ddot{y} = -D \cdot y.$$

Mit Berücksichtigung der Anfangsbedingungen $y(0) = y_0$ und $\dot{y}(0) = 0$ resultiert die Lösung

$$y(t) = y_0 \cdot \cos(\omega t) \qquad \text{mit Kreisfrequenz} \quad \omega = \sqrt{\frac{D}{m}}.$$

Je härter die Feder, umso größer ist die Frequenz und je größer die Masse umso kleiner ist sie.

Bemerkung: Gewicht und vorgespannte Federkraft in der Ruhelage heben sich auf und konnten deshalb weggelassen werden.   ◇

Beispiel 4.34 Pendel

Eine Masse m sei an einem masselosen Faden oder Stab
der Länge ℓ praktisch reibungsfrei aufgehängt. Wenn
die Masse aus ihrer Ruhelage ausgelenkt wird, so führt
sie eine Pendelbewegung aus. Diese wollen wir mittels
Aufstellen und Lösen der entsprechenden Differentialgleichung genau analysieren.

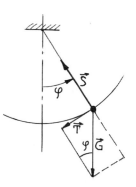

Unser Ziel ist es, den Winkel $\varphi(t)$ in Abhängigkeit der
Zeit zu berechnen.

Die resultierende rücktreibende Kraft $\vec{T}$ wirkt tangential an den Kreisbogen, denn der Faden nimmt die Ge-
wichtskomponente $\vec{S}$ in seiner Richtung auf.

Die Bogenlänge ist $\ell \cdot \varphi(t)$ und somit die Geschwindigkeit $v(t) = \ell \cdot \dot{\varphi}(t)$ und die
Beschleunigung $\dot{v}(t) = a(t) = \ell \cdot \ddot{\varphi}(t)$.

Die Newtonsche Bewegungsgleichung besagt

$$m \cdot \ell \cdot \ddot{\varphi}(t) = -\sin(\varphi) \cdot m \cdot g.$$

Das Minuszeichen berücksichtigt den Umstand, dass bei positivem Winkel die Kraft
T nach links und bei negativem Winkel nach rechts wirkt. Winkel und resultierende Kraft sind also immer entgegengesetzt gerichtet und daher verschieden in ihren
Vorzeichen. Wir kürzen mit m und erhalten nach Division durch ℓ

$$\ddot{\varphi}(t) = -\frac{g}{\ell} \sin(\varphi). \tag{4.6}$$

Das ist eine nicht-lineare Differentialgleichung, welche nicht geschlossen gelöst
werden kann! Offenbar hat die Masse keinerlei Einfluss auf die Bewegung.

- Bei nicht zu großen Auslenkungen (etwa $\varphi < 30°$) gilt $\sin\varphi \approx \varphi$. Damit wird
  die Differentialgleichung linear: $\ddot{\varphi}(t) = -\frac{g}{\ell}\varphi$.
  Wir führen die Konstante $\omega^2 = \frac{g}{\ell}$ ein:
  $$\ddot{\varphi} = -\omega^2 \cdot \varphi.$$

  Gemäß (4.5) lautet die allgemeine Lösung $\varphi(t) = a\cos(\omega t) + b\sin(\omega t)$.
  Die Koeffizienten a und b werden durch Anfangsposition $\varphi(0) = \varphi_0 = a$ und
  die Anfangsgeschwindigkeit $v(0) = v_0 = \ell \cdot \dot{\varphi}(0) = \ell b\omega \Rightarrow b = \frac{v_0}{\ell\omega}$ festgelegt.
  Somit lautet die Lösung

  $$\varphi(t) = \varphi_0 \cos(\omega t) + \frac{v_0}{\ell\omega} \sin(\omega t) \quad \text{mit Kreisfrequenz } \omega = \sqrt{\frac{g}{\ell}}.$$

  Sie ist umso größer, je kleiner ℓ ist. Nach (3.10) gilt auch

  $$\varphi(t) = A \cdot \sin(\omega t + \alpha) \quad \text{mit Amplitude} \quad A = \sqrt{\varphi_0^2 + \left(\frac{v_0}{\ell\omega}\right)^2}.$$

Bemerkung: In [13] Sect.B.3.2 wird ein Pendel analysiert, bei der die Masse m
an einer Feder aufgehängt ist (elastisches Pendel).

- Nun wenden wir uns dem Problem mit **großen Auslenkungen** zu. Wir können uns anstelle eines Fadens einen dünnen masselosen Metallstab denken. Dann sind Anfangsauslenkungen bis 180° möglich.

Das Lösen der **nicht-linearen Differentialgleichung 2. Ordnung**

$$\ddot{\varphi} = -\frac{g}{\ell}\sin\varphi$$

geschieht mit Einsatz einer numerischen Methode.

Im folgenden Mathematica-Code zur Lösung[5] ist $\ell = 1$ gesetzt und für φ wird w verwendet.

Es soll eine Grafik für 19 Anfangsauslenkungen generiert werden: $0°, 10°, 20°, 30°, \ldots, 180°$. Für die Schrittweite der Anfangsauslenkungen gilt also $\pi/20$, was 9° entspricht.

(a) Konstanten definieren:
```
h=20;  g=9.81; (*g=Erdbeschleunigung*)
```

(b) Numerische Lösung der Differentialgleichung:
```
schwing[ampl_] := NDSolve[w''[t] + g * Sin[w[t]] == 0,
w[0] = ampl, w'[0] == 0, w, {t, 0, 4}];
```
Die Größe ampl_ ist der Parameter.

(c) Erzeugen der Liste für die verschiedenen Anfangsauslenkungen:
```
liste = Flatten[Table[w[t] /. schwing[x], {x, 0, Pi, Pi/h}]];
```

(d) Erzeugen der untenstehenden Grafik:
```
arrayplot = Map[Plot[#, {t, 0, 2}], PlotStyle- > {Thickness[0.00001]},
DisplayFunction- > Identity]&, liste];
Show[{arrayplot}, DisplayFunction- > $DisplayFunction];
```

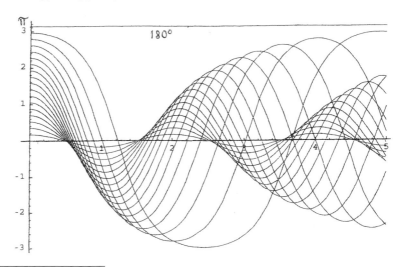

---

[5] Arbeit der ehemaligen Studenten Schafroth und Giezendanner im Rahmen des Mathematik-Labors am Departement Technik und Informatik der Berner Fachhochschule.

Intepretation: Man sieht sehr schön, dass für die ersten Kurven mit den Amplituden bis ca. 30° die Periodendauer praktisch konstant ist. Mit wachsender Amplitude ist zu erkennen, dass die Periodendauer zunimmt und die Sinusform immer stärker verzerrt wird. Die Extremfälle mit den Anfangsbedingungen 0 und π ergeben konstante Lösungen: 0 ist stabil, π instabil.　　　◇

Beispiel 4.35　Elektromagnetischer LC-Schwingkreis.

Interessanterweise gibt es ein analoges Verhalten wie beim mechanischen Fall des harmonischen Oszillators. Der Kondensator sei mit der Anfangsladung q_0 versehen. Zum Zeitpunkt $t = 0$ wird der Stromkreis geschlossen.

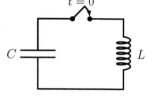

Kirchhoffsches Gesetz: Die Summe der Spannungen

$$u_C(t) = q(t)/C \text{ und } u_L(t) = L \cdot \frac{di}{dt}$$

verschwindet:

$$\frac{1}{C} \cdot q + L \cdot \frac{di}{dt} = 0.$$

Die momentane Änderungsrate der Ladung ist die Stromstärke: $\dot{q}(t) = i(t)$.

Ableiten der Gleichung ergibt also

$$\frac{1}{C}i + L\frac{d^2i}{dt^2} = 0 \quad \Longleftrightarrow \quad \frac{d^2i}{dt^2} = -\frac{1}{LC} \cdot i.$$

Anfangsbedingungen:　$u(0) = \dfrac{q_0}{C} = u_0$　und　$i(0) = 0$.

Die Lösung des AWP lautet

$$i(t) = k \cdot \sin(\omega t).$$

mit der Kreisfrequenz $\omega = 1/\sqrt{LC}$.
Nun geht es noch darum, die Konstante k zu bestimmen:
Aus

$$u(t) = u_L(t) = L \cdot \frac{di}{dt} = L\omega k \cos(\omega t) = u_0 \cos(\omega t)$$

folgt durch Gleichsetzen der Koeffizienten $k = \dfrac{u_0}{\omega L}$.
Somit gilt

$$u(t) = u_0 \cos(\omega t) \quad i(t) = \frac{u_0}{\omega L} \sin(\omega t).$$

Spannung und Strom sind zueinander phasenverschoben mit der Phase 90°.　　◇

Beispiel 4.36 Schwach gedämpfte freie Schwingung:

Realistischerweise haben bewegte Pendel einen schwachen Luftwiderstand, den wir bis jetzt nicht berücksichtigt haben. Bei einem System entsprechend der Figur mit einer Bremsflüssigkeit ist der Einfluss der Reibung größer.

Wir wollen annehmen, dass die Widerstandskraft proportional zur Geschwindigkeit $\dot{y}$ ist. Dann lautet die Bewegungsgleichung mit dem zusätzlichen Dämpfungsterm:

$$m\ddot{y} = -D \cdot y - c \cdot \dot{y}.$$

Division durch m liefert

$$\ddot{y} + 2\rho \cdot \dot{y} + \omega_0^2 \cdot y = 0 \quad \text{mit } \omega_0^2 = D/m, \quad 2\rho = \frac{c}{m}.$$

Bemerkung: Der Faktor 2 erleichtert die Rechnung.
Anfangsposition und Anfangsgeschwindigkeit: $\quad y(0) = y_0, \quad \dot{y}(0) = v_0.$

Ohne Herleitung ist hier die Lösung für den Fall $\omega_0^2 > \rho^2$ einer schwachen Dämpfung gegeben:

$$y(t) = e^{-\rho t} \cdot [y_0 \cos(\omega t) + \frac{v_0 + \rho y_0}{\omega} \sin(\omega t)] \quad \text{mit } \omega^2 = \omega_0^2 - \rho^2. \quad (4.7)$$

Genauso gut können wir dafür schreiben

$$y(t) = A e^{-\rho t} \cdot \sin(\omega t + \alpha) \quad \text{mit } A = \sqrt{y_0^2 + \left(\frac{v_0 + \rho y_0}{\omega}\right)^2}.$$

Es handelt sich um eine exponentiell gedämpfte Schwingung:

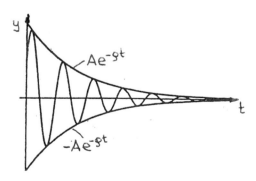

Die Größe ρ ist entscheidend für die Schnelligkeit des Abklingens. Die Frequenz ω des gedämpften Schwingers ist etwas kleiner als ω_0. Ist ρ klein, so ist $\omega \approx \omega_0$.

Kontrolle: Für $\rho = 0$ erhalten wir das Resultat des ungedämpften Schwingers. $\quad \diamond$

Beispiel 4.37 Erzwungene Schwingung, Resonanzphänomen

Auf das Schwingungssystem mit schwacher Dämpfung wirkt zusätzlich eine **periodische Antriebskraft von außen**, beispielsweise $K(t) = K_0 \cos(\Omega t)$ mit Amplitude K_0 und Anregungsfrequenz Ω (vgl. Figur).
Die entsprechende inhomogene lineare Differentialgleichung lautet also

$$\ddot{y} + 2\rho \cdot \dot{y} + \omega_0^2 \cdot y = \frac{K_0}{m} \cos(\Omega t). \qquad (4.8)$$

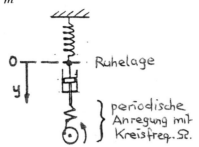

Wir beschränken uns dabei auf das **stationäre Verhalten des Systems**: Das heißt das Verhalten nach einer kurzen Einschwingzeit, die wir nicht berücksichtigen wollen. Beim Einschwingvorgang handelt es sich zusätzlich um Terme, welche exponentiell gegen 0 gehen, ähnlich wie beim freien gedämpften Schwinger im letzten Beispiel.

Es zeigt sich, dass die Anfangsbedingungen die stationäre Lösung y_{st} nicht beeinflussen. Sie lautet (ohne Herleitung)[6]

$$y_{\text{st}} = k \cdot \left\{ \frac{\omega_0^2 - \Omega^2}{N} \cos(\Omega t) + \frac{2\rho\Omega}{N} \sin(\Omega t) \right\} = A(\Omega) \cdot \cos[\Omega t + \varphi(\Omega)] \quad (4.9)$$

$$\text{mit} \qquad N = (\omega_0^2 - \Omega^2)^2 + 4\rho^2\Omega^2 \text{ und } k = \frac{K_0}{m}.$$

Unser Bestreben ist es nun, die Amplitude $A(\Omega)$ in Abhängigkeit der Anregungsfrequenz zu analysieren.
Die Summe der Quadrate der beiden Zähler ergibt N. Somit ist

$$A(\Omega) = \frac{k}{\sqrt{N}} = \frac{k}{\sqrt{(\omega_0^2 - \Omega^2)^2 + 4\rho^2\Omega^2}}.$$

Eine Dimensionskontrolle zeigt, dass

$$[\rho] = \frac{[c]}{[m]} = \frac{\text{N}}{(\text{m/s}) \cdot \text{kg}} = 1/\text{s},$$

was offenbar richtig ist.

Die Amplitude ist maximal, wenn der Nenner minimal ist, also auch wenn das Quadrat des Nenners minimal ist:

$$\frac{d}{d\Omega}[(\omega_0^2 - \Omega^2)^2 + 4\rho^2\Omega^2] = 2(\omega_0^2 - \Omega^2) \cdot (-2\Omega) + 8\rho^2\Omega = 0.$$

Division durch 4 und ausklammern von Ω ergibt

$$\Omega(2\rho - \omega_0^2 + \Omega^2) = 0 \iff \Omega_1 = 0 \text{ oder } \Omega^2 = \omega_0^2 - 2\rho^2.$$

---

[6] Mit der Laplace-Transformation lässt sich der Einschwingvorgang berechnen.

Somit gilt für die Resonanzfrequenz Ω_{res} und die Resonanzamplitude A_{res}

$$\Omega_{\text{res}} = \sqrt{\omega_0^2 - 2\rho^2} \,, \qquad A_{\text{res}} = A(\Omega_{\text{res}}) = \frac{k}{2\rho \sqrt{w_0^2 - \rho^2}}.$$

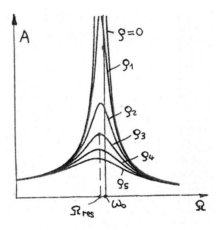

Wenn wir es mit einer schwachen Dämpfung zu tun haben ($\rho \ll \omega_0$), dann liegt die Resonanzfrequenz in der Nähe der Frequenz ω_0 des ungedämpften freien Schwingers. Zudem ist aus der Formel ersichtlich, dass A_{res} extrem groß sein kann. Man spricht von einer **Resonanzkatastrophe**:

Obwohl die Amplitude K_0 der Anregungskraft von außen klein sein kann ist es möglich, dass die Amplitude in der Nähe der Resonanzfrequenz so groß wird, dass das System zerstört wird!

Die Figur zeigt Amplitudenverläufe für verschiedene ρ.
Für den ungedämpften Extremfall $\rho = 0$ hat die Kurve bei ω_0 einen Pol: die Amplitude wäre dort unendlich groß.

Nun wollen wir noch die **Phasenverschiebung** $\varphi(\Omega)$ diskutieren. Wir betrachten das Verhältnis der Koeffizienten von cos und sin in (4.9). Es genügt also, wenn wir die Phasenverschiebung des folgenden Hilfsausdrucks betrachten:

$$h(t) = (\omega_0^2 - \Omega^2)\cos(\Omega t) + (2\rho\Omega)\sin(\Omega t).$$

Wir unterscheiden vorerst folgende drei Fälle:

(a) Ω sehr klein. Dann ist $h(t) \approx \omega_0^2 \cos(\Omega t)$. Somit ist h und damit y_{st} praktisch in Phase mit dem Input $K(t) = K_0 \cos(\Omega t)$. Also ist $\varphi(\Omega) \approx 0$.

(b) $\Omega \to \infty$. Dann geht der Quotient $\dfrac{(\omega_0^2 - \Omega^2)}{(2\rho\Omega)}$ der beiden Koeffizienten der Funktion $h(t)$ gegen $-\infty$. Somit ist h und damit y_{st} praktisch in Gegenphase mit dem Input $K(t) = K_0 \cos(\Omega t)$. Also ist $\varphi(\infty) = \pi$.

(c) $\Omega = \omega_0$. Dann gilt $h(t) = 2\rho\omega_0 \cdot \sin(\omega_0 t)$ und wir haben eine Phasenverschiebung von $\varphi(\omega_0) = \frac{\pi}{2}$ gegenüber dem Input $K(t) = K_0 \cos(\Omega t)$.

Zusätzlich betrachten wir noch den ungedämpften Fall $\rho = 0$:

$$y_{\text{st}}(t) = \frac{k}{\omega_0^2 - \Omega^2} \cdot \cos(\Omega t).$$

Der Bruch ändert beim Durchgang von Ω durch ω_0 das Vorzeichen schlagartig: Die Funktion $\varphi(\Omega)$ wechselt unstetig von 0 auf π.

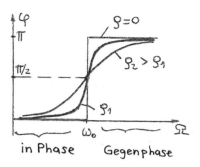

Die Grafik zeigt den sogenannten **Phasensprung**: Für kleine Dämpfung schmiegt sich die Kurve an den Rechtecksfall mit $\rho = 0$ an: Die Phasenverschiebung springt in einem kleinen Bereich fast um π.

Dieses Modell ist der einfachste Fall für das Resonanzphänomen. Kompliziertere schwingungsfähige Systeme in der Praxis haben mehrere Resonanzfrequenzen. Es gilt, diese tunlichst zu vermeiden oder rasch durchzufahren. $\diamond$

Beispiele von Resonanzphänomenen:

(a) Tacoma Brücke in den USA: Die vom Wind angefachten Kräfte an den Aufhängeseilen lagen nahe bei einer Resonanzfrequenz. Die Brücke stürzte ein. Mehr darüber finden Sie in [2].
(b) Tanzbühnen können zusammenbrechen.
(c) Bei gewissen Geschwindigkeiten mit einem Fahrzeug scheppern Fensterscheiben.
(d) Mit einem kleinen Magneten an einer Schnur lässt sich eine tonnenschwere aufgehängte Metallkugel beliebig stark auslenken, falls man mit der Pendelfrequenz regelmäßig an der Schnur zieht!
(e) Bei großen Rotationsmaschinen, wie Gas- oder Wasserturbinen oder Schiffsdieselmotoren, muss darauf geachtet werden, dass kritische Drehzahlen vermieden werden!

Beispiel 4.38 Spielerisches Experiment zur Resonanz.

Ein Schwinger, bestehend aus Feder und Masse entsprechend der Figur, wird mit der Hand am oberen Ende der Feder periodisch von außen angeregt. Den Phasensprung spürt man beim Durchgang der Anregungsfrequenz durch die ungefähre Eigenfrequenz ω_0, da die Luftreibung gering ist.

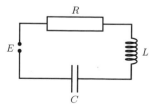

$\diamond$

Beispiel 4.39 Elektrische Schwingungen, Resonanz.

Wie schon früher angedeutet, besteht eine komplette Analogie zwischen dem erzwungenen mechanischen Schwinger mit schwacher Dämpfung und der elektrischen RCL-Serieschaltung (vgl. Figur) mit dem Widerstand R, der Induktionskonstanten L der Spule und der Kapazität C des Kondensators.

Sei $E(t) = U\cos(\Omega t)$ mit Amplitude U und Kreisfrequenz Ω die von außen eingegebene Spannung aus einer Spannungsquelle.

Für Ladung $q(t)$ und Strom $i(t)$ gilt für die verschiedenen Spannungen

$$U_R = R \cdot i, \quad U_L = L \cdot \frac{di}{dt}, \quad U_C = \frac{q}{C} \quad \text{das Kirchhoffsche Gesetz } U_L + U_R + U_C = E(t).$$

Mit $i = \dfrac{dq}{dt}$ gilt also die Ladungsgleichung

$$L\ddot{q} + R\dot{q} + \frac{1}{C}q = E.$$

Division durch L ergibt

$$\ddot{q} + \frac{R}{L}\ddot{q} + \frac{1}{LC}q = \frac{U}{L}\cos(\Omega t).$$

Diese Differentialgleichung entspricht mathematisch genau dem behandelten mechanischen Problem (4.8).
Sämtliche Resultate der mechanischen Schwinger inklusive der Resonanz können genau übernommen werden, indem in den Resultaten konsequent

$$\rho = \frac{R}{2L}, \quad \omega_0 = \frac{1}{\sqrt{LC}}, \quad k = \frac{U}{L}$$

eingesetzt werden.
Schwache Dämpfung liegt also genau dann vor, wenn $\dfrac{R}{2L} < \dfrac{1}{\sqrt{LC}}$.   ◇

4.9 Hunde-Problem

In jeder Ecke eines Quadrates startet ein Hund gemäß Figur. Dabei rennt jeder immer in der momentanen Richtung des vor ihm rennenden Hundes.
Es geht darum, ihre Bahnen zu analysieren.
Wir betrachten Hund Nr. 1, der Hund Nr. 2 nachrennt. Ihre Positionen seien beschrieben durch

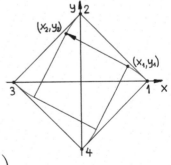

$$\begin{pmatrix} x_1(t) \\ y_1(t) \end{pmatrix} \text{ und } \begin{pmatrix} x_2(t) \\ y_2(t) \end{pmatrix}.$$

Aus Symmetriegründen (die Kurve von Hund Nr. 2 ist gegenüber der Kurve von Hund Nr. 1 um 90° verdreht) gilt

$$\begin{pmatrix} x_2(t) \\ y_2(t) \end{pmatrix} = \begin{pmatrix} -y_1(t) \\ x_1(t) \end{pmatrix}.$$

Die Richtung der Geschwindigkeit von Hund Nr. 1 ist gleich der Richtung der Differenz der beiden Positionen:

$$\begin{pmatrix} x_1' \\ y_1' \end{pmatrix} = \begin{pmatrix} x_2 \\ y_2 \end{pmatrix} - \begin{pmatrix} x_1 \\ y_1 \end{pmatrix} = \begin{pmatrix} x_2 - x_1 \\ y_2 - y_1 \end{pmatrix} = \begin{pmatrix} -x_1 - y_1 \\ x_1 - y_1 \end{pmatrix}.$$

Mit den einfacheren Notationen $x_1 = x$ und $y_1 = y$ ergibt sich für die Kurve von Hund Nr. 1 das folgende lineare, homogene Differentialgleichungssystem:

$$\left. \begin{array}{rcl} x' &=& -x - y \\ y' &=& x - y \end{array} \right\}.$$

Für die Anfangsposition $(x(0), y(0)) = (1,0)$ lautet die Lösung

$$\vec{r}(t) = \begin{pmatrix} x(t) \\ y(t) \end{pmatrix} = e^{-t} \begin{pmatrix} \cos t \\ \sin t \end{pmatrix},$$

wie durch Einsetzen verifiziert werden kann.

Bei der Kurve handelt es sich um die **logarithmische Spirale** $r(\varphi) = e^{-\varphi}$ mit Parameter $a = -1$.
Für den konstanten Winkel φ zwischen Ortsvektor und seiner Ableitung in Richtung der Tangente gilt bekanntlich (vgl. Aufgabe 28)

$$\cos(\varphi) = \frac{a}{\sqrt{1+a^2}} = \frac{-1}{\sqrt{2}} \implies \varphi = 135°.$$

Kontrolle im Startpunkt $(1,0)$: Der Winkel zwischen dem Ortsvektor des Hundes Nr. 1 und seiner Momentangeschwindigkeit in Richtung des Hundes Nr. 2 beträgt $180° - 45° = 135°$.

Im Folgenden berechnen wir die Länge der Spirale.
Wegen

$$dx = \frac{dx}{dt} \cdot dt, \qquad dy = \frac{dy}{dt} \cdot dt \implies d\ell = \sqrt{dx^2 + dy^2} = \sqrt{\dot{x}^2 + \dot{y}^2} dt$$

und

$$c = \cos t, \quad s = \sin t, \quad \frac{dx}{dt} = e^{-t}(-c - s), \quad \frac{dy}{dt} = e^{-t}(c - s) \text{ erhalten wir}$$

$$d\ell = e^{-t}\sqrt{(-c-s)^2 + (c-s)^2} dt = e^{-t}\sqrt{2(c^2+s^2)} dt = e^{-t}\sqrt{2} dt$$

und schließlich die Länge

$$\ell = \sqrt{2} \cdot \int_0^\infty e^{-t} \cdot dt = \sqrt{2}.$$

Obwohl die Länge endlich ist, windet sich die logarithmische Spirale unendlich oft um den Mittelpunkt (ohne ihn je zu erreichen)!

Die folgende Figur mit endlich vielen Schritten wurde vom damals 12-jährigen Lok Fey Chan[7] im Rahmen eines Kurses für besonders begabte Kinder des Kantons Bern gezeichnet:

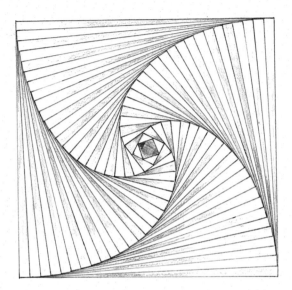

4.10 Gekoppelte Pendel

Wir betrachten zwei identische Pendel gleicher Länge ℓ und gleicher Masse m, welche durch eine Feder gekoppelt sind. Von früher wissen wir, dass bei einem gewöhnlichen Pendel für den Winkel $\varphi(t)$ in Abhängigkeit der Zeit t gilt

$$\ddot{\varphi} = -\frac{g}{\ell}\varphi,$$

falls die Auslenkungen nicht zu groß sind.

Nun verwenden wir die horizontale Auslenkung $x(t)$: Für kleinere Auslenkungen können wir die Bogenlänge praktisch mit $x(t)$ gleichsetzen: $x(t) = \ell \cdot \varphi(t)$.
Also

$$\ddot{x}(t) = \ell \cdot \ddot{\varphi}(t) = -g\varphi(t) = -\frac{g}{\ell} \cdot x(t).$$

Oder etwas einfacher notiert

$$\ddot{x} = -\omega_0^2 \cdot x \quad \text{mit} \quad \omega_0^2 = \frac{g}{\ell}.$$

---

[7] Mit freundlichem Einverständnis von ihm und den Eltern.

Jetzt betrachten wir die gekoppelte Situation mit der Federkonstanten D gemäß der vorangehenden Figur. Die horizontale Auslenkung der Masse rechts bezeichnen wir mit y.

Wir formulieren die Newtonschen Bewegungsgesetze für beide Pendel. Zusätzlich zur rücktreibenden Kraft der Gewichte müssen wir die Federkraft berücksichtigen. In der gezeichneten Situation wirkt die Federkraft auf die Masse links nach rechts und auf die Masse rechts nach links. Somit gilt

$$\left.\begin{array}{l} m\ddot{x} = -m\omega_0^2 \cdot x + D \cdot (y - x) \\ m\ddot{y} = -m\omega_0^2 \cdot y - D \cdot (y - x) \end{array}\right\} .$$

Division durch m ergibt mit der Abkürzung $k = \frac{D}{m}$ das folgende lineare und homogene Differentialgleichungssystem 2. Ordnung:

$$\left.\begin{array}{l} \ddot{x} = -\omega_0^2 \cdot x + k \cdot (y - x) \\ \ddot{y} = -\omega_0^2 \cdot y - k \cdot (y - x) \end{array}\right\} . \tag{4.10}$$

Wir haben es in diesem Fall mit zwei Anfangsauslenkungen und zwei Anfangsgeschwindigkeiten zu tun.

Es zeigt sich, dass es für die physikalische Diskussion genügt, die Situation mit den folgenden Anfangsbedingungen gemäß Figur zu betrachten:

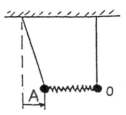

$$x(0) = A , \quad y(0) = \dot{x}(0) = \dot{y}(0) = 0 . \tag{4.11}$$

Die Lösung des AWP von (4.10) und (4.11) besteht aus einer additiven Überlagerung mit den beiden Kreisfrequenzen ω_0 und $\omega_1 = \sqrt{\omega_0^2 + 2k}$ und lautet (Verifikation vgl. Aufgabe 75):

$$x(t) = \frac{A}{2}[+\cos(\omega_1 t) + \cos(\omega_0 t)],$$

$$y(t) = \frac{A}{2}[-\cos(\omega_1 t) + \cos(\omega_0 t)]. \tag{4.12}$$

Nun ist es so, dass bei der Diskussion einer schwachen Dämpfung ($k \ll \omega_0$) die beiden Frequenzen $\omega_1 > \omega_0$ fast gleich groß sind.
Deshalb ist es vorteilhaft, die Lösungen in der Produktform unter Verwendung der trigonometrischen Formeln

$$\cos\alpha + \cos\beta = 2\cos\frac{\alpha - \beta}{2} \cdot \cos\frac{\alpha + \beta}{2}, \quad \cos\alpha - \cos\beta = -2\sin\frac{\alpha - \beta}{2} \cdot \sin\frac{\alpha + \beta}{2}$$

mit $\alpha = \omega_1 \cdot t$ und $\beta = \omega_0 \cdot t$ zu schreiben:

$$x(t) = A \cdot \cos\left(\frac{\omega_1 - \omega_0}{2} \cdot t\right) \cdot \cos\left(\frac{\omega_1 + \omega_0}{2} \cdot t\right) , \tag{4.13}$$

$$y(t) = A \cdot \sin\left(\frac{\omega_1 - \omega_0}{2} \cdot t\right) \cdot \sin\left(\frac{\omega_1 + \omega_0}{2} \cdot t\right) . \tag{4.14}$$

Die vorderen Faktoren weisen eine sehr kleine Frequenz $\dfrac{\omega_1 - \omega_0}{2}$ auf im Vergleich zu den hinteren Faktoren mit der Frequenz $\dfrac{\omega_1 + \omega_0}{2} \approx \omega_0$.

Wir haben es bei (4.13) und (4.14) mit einer sogenannten **Amplitudenmodulation** zu tun, wie folgende Grafik zeigt:

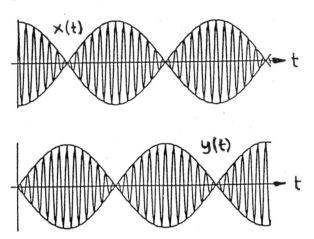

Es findet ein Energieaustausch statt. Wenn das eine Pendel praktisch in Ruhe ist, so schwingt das andere maximal und umgekehrt.

In der Akustik nennt man dieses Phänomen **Schwebung**.

4.11 Räuber-Beute-Problem

Das **Lotka-Volterra-Modell** wurde durch den Chemiker Alfred Lotka (1880-1949) und den Physiker Vito Volterra (1860-1940) vorgeschlagen. Es ist in der Biologie und Ökologie von Bedeutung.

Ein typisches Beispiel ist das **Räuber-Beute-Problem**. Es handelt sich um das folgende nicht-lineare autonome Differentialgleichungssystem, das die Dynamik von zwei Tierarten beschreibt, etwa Füchse (Räuber) und Hasen (Beute).
Dabei ist $f(t)$ die Population der Räuber in Abhängigkeit der Zeit und $h(t)$ diejenige der Beute.

$$\left.\begin{array}{l} \dot{h} = a \cdot h - b \cdot h \cdot f \\ \dot{f} = -c \cdot f + d \cdot h \cdot f \end{array}\right\} . \qquad (4.15)$$

Man bezeichnet (4.15) als **dynamisches System**.
Die konstanten Parameter a, b, c, d sind alle positiv. Die vier Terme rechts haben folgende Bedeutungen:

- $a \cdot h$ wäre die Reproduktionsrate der Beutetiere ohne Räuber bei großem Nahrungsangebot.
- $-c \cdot f$ wäre die Sterberate der Räuber, wenn keine Beutetiere mehr vorhanden wären.
- $d \cdot h \cdot f$ wäre die Reproduktionsrate der Räuber ohne Sterberate.
- $-b \cdot h \cdot f$ wäre die Dezimierungsrate der Beutetiere ohne Reproduktionsrate.

Die Produktterme $b \cdot h \cdot f$ und $d \cdot h \cdot f$ drücken aus, dass die betreffenden Raten proportional sind zu der Anzahl Begegnungen der Raubtiere und der Beutetiere.

Das Differentialgleichungssystem ist nicht geschlossen analytisch lösbar. Deshalb wird mit numerischen Methoden gearbeitet.

Auch klar ist, dass es sich um ein idealisiertes Modell handelt (kein Einfluss von einer andern Tierart, äußere Einflüsse bleiben konstant).

Lotka und Volterra haben bewiesen, dass die **Lösungen periodisch** sind, wobei die Räuberpopulation ein zeitlich verzögertes Verhalten zeigt: Die Maxima der Räuberpopulation erfolgen später als die Maxima der Beutepopulation. Grund: Bei hoher Beutezahl ist die Vermehrungsrate bei den Räubern hoch. Aber bis die Jungtiere zur Welt kommen, dauert es eine gewisse Zeit. Mit steigender Anzahl Räuber nimmt die Beutepopulation ab. Mit abnehmender Beuteanzahl sinkt aber der Jagderfolg der Räuber, sodass die Räuberpopulation wegen Nahrungsmangel sinkt. Das lässt wiederum die Beutepopulation ansteigen.

Die beiden Codezeilen
```
b = c = d = 1; a = 2;
StreamPlot[{a h − b h f, −c f + d h f}, {h, 0, 5}, {f, 0, 5}]
```
welche die rechte Seiten des Vektorfeldes von (4.15) enthalten, liefert den folgenden sogenannten **Phasenplot** (mit Abszisse h und Ordinate f):

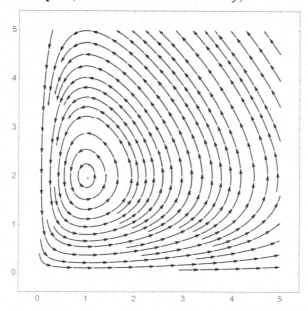

Es handelt sich um parametrisierte Kurven, welche den **stabilen Gleichgewichtspunkt** $(h, f) = (1, 2)$ im Gegenuhrzeigersinn umfahren. Man spricht auch von einem **stabilen Fixpunkt**, weil er zeitlich fix bleibt. In seiner Nähe handelt es sich nahezu um Ellipsen (vgl. Aufgabe 80).
Den Koordinaten des Fixpunktes entspricht also die konstante Lösung

$$h = 1, \quad f = 2$$

Allgemein heißt (etwas ungenau ausgedrückt) ein **Gleichgewichtspunkt stabil,** wenn jede Lösung mit einer Anfangsbedingung nahe genug beim Fixpunkt in seiner Nähe bleibt. Asymptotisch stabil ist also ein Spezialfall von stabil.

Der nachfolgende Input löst das Differentialgleichungssystem (4.15) für die Anfangswerte $h(0) = 3$ und $f(0) = 2$ numerisch und liefert die Grafik der beiden Funktionen h und f[8].

```
eq1 = h′[t] == a * h[t] − b * h[t] * f[t];
eq2 = f′[t] == −c * f[t] + d * h[t] * f[t];
eq3 = h[0] == 3;
eq4 = f[0] == 2;
loes = Flatten[NDSolve[{eq1, eq2, eq3, eq4, h[t], f[t]}, {t, 0, 15}]];
{hh[t_], ff[t_]} = {h[t], f[t]}/.loes;
Plot[{hh[t], ff[t]}, {t, 0, 15}]
```

Bemerkungen:

(a) Die gewählten numerischen Werte für die Parameter a, b, c, d sind unrealistisch. Das Beispiel zeigt aber das qualitative Verhalten recht gut.
(b) Das Modell kann mit Recht kritisiert werden. Eine mögliche Verfeinerung bietet sich in Aufgabe 95.
(c) Eine weitere wichtige Erkenntnis nebst der Periodizität der Lösungen ist der Umstand, dass die **durchschnittlichen Populationsgrößen konstant** sind.

---

[8] Das Buch [35] erklärt an vielen Problemstellungen den Einsatz des Computeralgebra-Systems *Mathematica* für das jeweilige Lösen.

Beispiel 4.40

Laut den Fangaufzeichnungen der Hudson's Bay Company, welche über die Jahre ca. 1845–1930 gemacht wurden, schwankten die Anzahl der Felle von Luchsen (Räuber) und von Schneehasen (Beute) periodisch mit einer Periodendauer von 9,6 Jahren. Allerdings wurde dieses System durch einen zweiten Räuber beeinflusst: die Jäger der Hudson's Bay Company.

Zwar hat im Beispiel der erwähnten Company die jährlich abgelieferte Anzahl Felle von Luchsen zwischen 1 000 und 70 000 und von Schneehasen zwischen 2 000 und 160 000 extrem geschwankt, aber die Mittelwerte über mehrere Perioden von 9,6 Jahren lagen jeweils bei etwa 20 000 Luchsfellen bzw. 80 000 Schneehasenfellen.

$$\diamond$$

4.12 Periodische Lösungen und Grenzzyklen

Die theoretische Grundlage liefert der Satz von Poincaré [9] [10]

Das Räuber-Beute-Problem fällt unter besagte Kategorie mit periodischen Lösungen.

Nun wollen wir zum Thema Grenzzyklen folgendes Differentialgleichungssystem in kartesischen Koordinaten $(x(t), y(t))$ in Abhängigkeit der Zeit t betrachten:

$$\dot{x} = x - y - x \cdot \sqrt{x^2 + y^2} \,,$$
$$\dot{y} = x + y - y \cdot \sqrt{x^2 + y^2} \,.$$

Das Problem kann mittels Polarkordinaten (r, φ) analytisch gelöst werden:

$$x\dot{x} + y\dot{y} = x^2 + y^2 - (x^2 + y^2)\sqrt{x^2 + y^2} = r^2 - r^3 \,. \tag{4.16}$$

Weiter gilt
$$\frac{\mathrm{d}}{\mathrm{d}t}\left(x^2 + y^2\right) = 2x\dot{x} + 2y\dot{y} = \frac{\mathrm{d}}{\mathrm{d}t}\left(r^2\right) = 2r\dot{r} \,.$$

Eingesetzt in (4.16) resultiert
$$r\dot{r} = r^2 - r^3 \implies \dot{r} = r(1 - r) \,.$$

Rechts steht die logistische Differentialgleichung mit $a = b = 1$, allerdings für die Polarkoordinate r. Die allgemeine Lösung gemäß Aufgabe 66(b), Kapitel 3 lautet

---

[9] Henri Poincaré (1854–1912) war ein hervorragender Mathematiker, Physiker, Astronom und Philosoph. Die Poincarésche Vermutung war eine der berühmtesten ungelösten Probleme der Mathematik. Für dessen Lösung wurde ein Preis von einer Million Dollar ausgesetzt. Der russische Mathematiker Grigori Perelman (geboren 1966) löste dieses Milleniumproblem im Jahre 2002. Er lehnte sowohl das Preisgeld als auch die Fields-Medallie (entspricht dem Nobelpreis) ab.

[10] Der schwedische Mathematiker Ivar Bendixson (1861–1935) bewies den Satz in einem allgemeineren Kontext als Poincaré. Er besagt, dass für eine gewisse Klasse von autonomen Differentialgleichungssystemen periodische Lösungen oder Grenzzyklen als Lösungen existieren. Es handelt sich um einen Existenzsatz der keine Aussage macht, wie solche Lösungen berechnet werden können. Informationen dazu finden Sie in [4].

$$r(t) = \frac{1}{1 + De^{-t}} \quad \text{mit} \quad D > -1 \, .$$

Nun geht es noch darum, den Übergang vom Parameter t zum Winkel φ zu bestimmen. Analog zu vorher erhalten wir

$$y\dot{x} - x\dot{y} = -x^2 - y^2 = -r^2 \, . \tag{4.17}$$

Mit $x = r \cdot \cos\varphi, y = r \cdot \sin\varphi$ gilt unter Berücksichtigung, dass sowohl $r(t)$ als auch $\varphi(t)$ von t abhängig sind (Abkürzungen: $c = \cos\varphi$, $s = \sin\varphi$)

$$y\dot{x} - x\dot{y} = sr(c\dot{r} - s\dot{\varphi}r) - cr(\dot{\varphi}cr + s\dot{r}) = -(c^2 + s^2)\dot{\varphi}r^2 = -\dot{\varphi}r^2 \, .$$

Eingesetzt in (4.17) resultiert $-\dot{\varphi}r^2 = -r^2 \Longrightarrow \dot{\varphi} = 1 \Longrightarrow \varphi(t) = t + C$.

Da der Faktor e^{-C} in der Konstanten D berücksichtigt ist, gilt für die Lösungen in Polarform

$$r(\varphi) = \frac{1}{1 + De^{-\varphi}} = \frac{1}{1 \pm e^{-\varphi + \varphi_0}} \quad \text{mit} \quad D > -1 \, .$$

Ihre Graphen nähern sich im Gegenuhrzeigersinn asymptotisch spiralförmig von außen wie von innen dem Einheitskreis, der eine periodische Lösung ist ($D = 0$). Es handelt sich beim Kreis um einen **stabilen Grenzzyklus**.

In der Figur mit $\varphi_0 = k\frac{\pi}{2}$, $k = 0, 1, 2, 3$ ist die Rotationssysmmetrie schön ersichtlich. Der Ursprung ist offensichtlich ein **instabiler Gleichgewichtspunkt**.

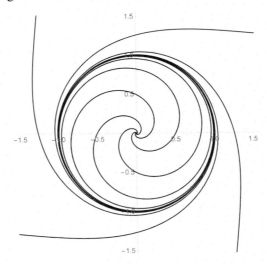

Die Darstellung der Lösungen in der (x, y)-Ebene heisst **Phasendiagramm**.

Ein Anwendungsbereich ist der sogenannte Brüsselator,[11] ein Modell für chemische Oszillatoren, etwa die Belousov-Zhabotinsky-Reaktion. Dabei handelt es sich um vier Reaktionsgleichungen, wobei die Konzentrationen von zwei Stoffen ein zeitlich periodisches Verhalten zeigen (siehe [42]). Der Name Brüsselator ist eine Verkettung der Wörter Brüssel (wo die Theorie entwickelt wurde) und Oszillator.

---

[11] In diesem Zusammenhang ist der Nobelpreisträger für Chemie Ilya Prigogine (1917–2003), ein russisch-belgischer Physiker, Chemiker und Philosoph zu nennen: Er hat bedeutende Arbeiten über dissipative Strukturen, Selbstorganisation und Irreversibilität gemacht. In [11] wird auf das Thema Bifurkation eines Brüsselator mit symmetrischer Baustruktur eingegangen.

4.13 Zweikörperproblem der Himmelsmechanik

Wir wollen uns zum Abschluss des Kapitels einem Problem zuwenden, welches die Menschen seit Jahrhunderten beschäftigt hat.

4.13.1 Historische Bemerkungen

Aus [36] entnommen. Ein dänischer Astronom, Tycho Brahe (1546–1601), finanzierte seine Forschungen als Adliger weitgehend selbst und errichtete auf der ihm vom dänischen König überlassenen Insel Hven zwei reich ausgestattete Sternwarten, die „Uraniborg" und später die „Stjerneborg". Dort führte er mehr als 20 Jahre lang mit verbesserten und neu erfundenen Instrumenten Beobachtungen und Messungen durch. Er erreichte die höchste je erzielte Beobachtungsgenauigkeit vor der Erfindung des Fernrohrs und konnte den Fehlerumfang von Winkelmessungen in Einzelfällen auf 30 Sekunden, also etwa $0,01°$ begrenzen.
Seine Daten umfassen über 1000 Fixsternpositionen, die Entdeckung von Unregelmäßigkeiten der Mondbewegung sowie umfangreiche und genaue Messungen über Planetenbewegungen.
Im Jahre 1597 verließ Brahe seine Heimat und erhielt schließlich nach einigen Zwischenstationen vom deutschen Kaiser Rudolf II. eine Anstellung und ein Schloss für das Arbeiten in der Nähe von Prag. Zur Auswertung seines Beobachtungsmaterials fand Brahe zwei Assistenten, den Dänen Longomontanus und im Jahre 1600 Johannes Kepler (1571–1630), einen deutscher Mathematiker, Naturphilosophen, Astronomen, Astrologen und Theologen.
Brahe selbst betrachtete nicht seine Beobachtungstätigkeit als Hauptleistung, sondern seine Aufstellung eines neuen Weltbildes: Er hielt sich an die Vorstellung einer im Mittelpunkt der Welt stehenden Erde, wollte aber dem Ansatz des heliozentrischen Weltbildes insofern Rechnung tragen, als er zwar noch die Sonne um die Erde kreisen ließ, andererseits aber die Sonne in den Mittelpunkt aller anderen Planetenbahnen rückte.

Noch auf dem Totenbett beschwor er Kepler, für das tychonische Weltbild zu kämpfen. Doch gerade Brahes Beobachtungsdaten brachten Kepler zur Überzeugung, jede Form von geozentrischen Modellen endgültig zu verwerfen.

Als Kepler seine Arbeit bei Brahe aufnahm, verfügte er bereits einen Namen als Mathematiker und Astronom: Im Jahre 1596 war sein „Weltgeheimnis" (Mysterium Cosmographicum) erschienen, eine faszinierende Mischung aus Spekulation und Wissenschaft. Den fünf platonischen Körpern (reguläres Tetraeder, Würfel, Oktaeder, Ikosaeder, Dodekaeder) werden sechs Sphären zugeordnet, auf denen die kreisförmig gedachten Bahnen der damals bekannten Planeten verlaufen. Im Mittelpunkt steht dabei die Sonne. Begeisterte Zustimmung erhielt er von Galileo Galilei (1564–1643) aus Padua, kritische Hinweise von Brahe.

Unter dem Druck der Daten Brahes revidierte Kepler die Kreis-Idee. Schließlich postulierte er die drei berühmten, nach ihm benannten

Keplerschen Gesetze:

1. Die Planetenbahnen sind eben und es sind Ellipsen, wobei sich die Sonne in einem ihrer Brennpunkte befindet.

2. Der Fahrstrahl eines jeden Planeten überstreicht pro Zeiteinheit immer denselben Flächeninhalt (Flächensatz).

3. Das Quadrat der Umlaufzeit T^2 eines Planeten um die Sonne ist proportional zur dritten Potenz a^3 der großen Halbachse der Ellipse: Äquivalent formuliert: Für zwei Planeten Nr. 1 und 2 gilt

$$\frac{T_1^2}{T_2^2} = \frac{a_1^3}{a_2^3} \ .$$

Das dritte Gesetz wurde von ihm erst viel später als die beiden ersten gefunden, nämlich am 18. Mai 1618, fünf Tage vor dem zweiten Prager Fenstersturz, der den Beginn des Dreißigjährigen Krieges markierte.

Die folgende Grafik[12] illustriert das 2. Keplersche Gesetz:

Benachbarte Punkte auf der Ellipse weisen eine konstante Zeitdifferenz Δt auf und alle Dreiecke (mit einer gekrümmten Seite) denselben konstanten Flächeninhalt.

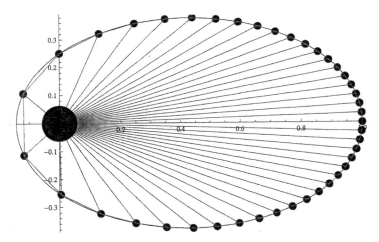

Nur 13 Jahre nach Keplers Tod wurde Newton (1643–1727) geboren. Er schloss aus den Keplerschen Gesetzen zurück auf die Existenz der Gravitation und lehrte deren rechnerische Beherrschung beim Aufbau seiner Himmelsmechanik. Dazu entwickelte er selbst die Infinitesimalrechnung.

---

[12] Aus einer Arbeit meiner ehemaligen Studenten Amrein und Graf im Rahmen des Mathematik-Labors am Departement Technik und Informatik der Berner Fachhochschule.

4.13.2 Beweis des 2. Keplerschen Gesetzes

Die folgenden Berechnungen sind korrekt für ein abgeschlossenes Zweikörperproblem. Damit ist gemeint, dass keinerlei Störkräfte wirken, beispielsweise durch einen weiteren Himmelskörper. Dies ist recht gut erfüllt für

- Sonne und Planet
- Erde und Satellit

Begründung: Andere Himmelskörper haben unter Berücksichtigung von Masse und Distanz keine Relevanz.

Die Berechnungen beziehen sich auf Polarkoordinaten mit der Position der Sonne als Koordinatenursprung.
Den variablen Geschwindigkeitsvektor beschreiben wir ebenfalls in Polarkoordinaten:

- radiale Komponente: $v_r = \dot{r}(t)$.
- tangentiale Komponente: $v_\varphi = r \cdot \dot{\varphi}$.

Für den Drehimpuls $\vec{D}$ gilt der Erhaltungssatz:

$$\vec{D} = \vec{r} \times m\dot{\vec{r}} = \overrightarrow{\text{const.}}$$

Also liegen Geschwindigkeitsvektor und Ortsvekor immer in derselben Ebene. Daraus folgt, dass es sich um eine **ebene** Bewegung handelt.
Der Betrag D des Drehimpuls ist

$$D = mr^2 \dot{\varphi}(t) = \text{const.} \tag{4.18}$$

Für den Flächenanteil gemäß der Figur rechts mit $\Delta\varphi$ klein gilt

$$\Delta A \approx \frac{1}{2} r \cdot r \cdot \Delta\varphi \Longrightarrow \frac{\Delta A}{\Delta t} = \frac{1}{2} r^2 \frac{\Delta\varphi}{\Delta t} = \frac{D}{2m} = \text{const.}$$

Mit dem Grenzwert unter Verwendung von (4.18) folgt

$$\frac{dA}{dt} = \frac{1}{2} r^2 \dot{\varphi} = \frac{D}{2m} = \text{const.}$$

Diese Beziehung drückt mathematisch das 2. Keplersche Gesetz aus. Denn es folgt daraus, **dass $A(t)$ eine lineare Funktion ist.** Somit ist ΔA für jede feste endliche Zeitspanne Δt gleich groß.

4.13.3 Beweis des 1. Keplerschen Gesetzes

Wir betrachten die dominante Masse eines Zweikörperproblems in Ruhe, studieren also die Bewegung des zweiten Körpers relativ zum dominanten Körper.
Der Energieerhaltungssatz besagt: Die Summe von kinetischer Energie T und potentieller Energie V bleibt für alle Zeiten konstant, wenn keine Reibungsverluste auftreten. Diese Voraussetzung ist beim Zweikörperproblem praktisch erfüllt:

$$T + V = \frac{1}{2}mv^2 - G\frac{M \cdot m}{r} = \text{const} = E = \text{totale Energie.}$$

Dabei ist $G = 6.6725985 \cdot 10^{-11} \text{Nm}^2\text{kg}^{-2}$ die universelle Gravitationskonstante. Sie ist eine der am genauesten messbaren Konstanten der Naturwissenschaften.

Wir drücken v^2 in Polarkoordinaten aus:

$$v^2 = v_r^2 + v_\varphi^2 = \dot{r}^2 + (r\dot{\varphi})^2 = (\frac{dr}{d\varphi} \cdot \dot{\varphi})^2 + r^2\dot{\varphi}^2 = \dot{\varphi}^2[(\frac{dr}{d\varphi})^2 + r^2] = \left(\frac{D}{mr^2}\right)^2 (r'^2 + r^2).$$

Die letzte Gleichheit gilt wegen (4.18). Zu beachten sind die Kurznotationen $' = \frac{d}{d\varphi}$ und $\dot{} = \frac{d}{dt}$.

Wir setzen das Schlussresultat für v^2 in die obere Gleichung der Energieerhaltung ein und erhalten

$$\frac{1}{2}m \cdot \frac{D^2}{m^2r^4}[r'^2 + r^2] - G\frac{mM}{r} = E.$$

Multiplikation mit $2m/D^2$ ergibt

$$\frac{1}{r^4}r'^2 + \frac{1}{r^2} - 2G\frac{m^2M}{D^2} \cdot \frac{1}{r} = \frac{2mE}{D^2}. \tag{4.19}$$

Wir substituieren den Reziprokwert $u(\varphi) = 1/r(\varphi)$. Daraus ergibt sich durch Ableiten

$$\frac{du}{d\varphi} = -\frac{1}{r(\varphi)^2} \cdot \frac{dr}{d\varphi} \implies (\frac{du}{d\varphi})^2 = \frac{1}{r(\varphi)^4} \cdot (\frac{dr}{d\varphi})^2.$$

Eingesetzt in (4.19) ergibt:

$$(\frac{du}{d\varphi})^2 + u(\varphi)^2 - 2\left(\frac{Gm^2M}{D^2}\right)u(\varphi) = \frac{2mE}{D^2}.$$

Die positive Konstante in der großen Klammer bezeichnen wir mit $1/p$ und die positive Konstante rechts mit λ. Damit erhalten wir die separable Differentialgleichung

$$\frac{du}{d\varphi} = \sqrt{\lambda - u(\varphi)^2 + \frac{2}{p} \cdot u(\varphi)}.$$

Also gilt

$$\int \frac{du}{\sqrt{\lambda - u(\varphi)^2 + \frac{2}{p} \cdot u(\varphi)}} = \int d\varphi + C.$$

Die Integration ist etwas trickreich (Mathematica schafft es nicht):

$$\varphi = \arccos\left(\frac{1/p - u}{\sqrt{1/p^2 + \lambda}}\right) + C.$$

Bemerkung: Mit Differenzieren kann man die Richtigkeit der Integration hinreichend verifizieren.

Da es nur um den Orbit geht, ist der Beginn der Winkelmessung willkürlich, also setzen wir die Integrationskonstante $C = 0$ und lösen schrittweise nach u auf:

$$\cos\varphi = \frac{1/p - u}{\sqrt{1/p^2 + \lambda}} \Longrightarrow \cos\varphi \cdot \sqrt{1/p^2 + \lambda} = 1/p - u.$$

Somit gilt weiter

$$u = 1/p - \cos\varphi\sqrt{1/p^2 + \lambda} = \frac{1}{p}[1 - \cos\varphi \cdot \sqrt{1 + \lambda p^2}].$$

Die Wurzel ist eine Konstante und lautet unter Verwendung der Bedeutungen der Symbole p, λ

$$\varepsilon = \sqrt{1 + \lambda p^2} = \sqrt{1 + \frac{2D^2}{G^2 m^3 M^2} E}.$$

Mit $r = 1/u$ erhalten wir den Kegelschnitt

$$r(\varphi) = \frac{p}{1 - \varepsilon\cos\varphi}.$$

Es gilt:

$$\varepsilon \begin{cases} < 1 : & \text{Ellipse} \\ = 1 : & \text{Parabel} \\ > 1 : & \text{Hyperbel} \end{cases} \Longleftrightarrow \text{totale Energie} \quad E \begin{cases} < 0 \\ = 0 \\ > 0 \end{cases}$$

mit **Ursprung = Brennpunkt**. Damit ist aber das 1. Keplersche Gesetz (und mehr) bewiesen.

Bemerkungen: Die Polarformen der verbleibenden Kegelschnitte Hyperbel und Parabel können analog gerechnet werden.
Ist $\varepsilon \geq 1$ so sieht man, dass r unbegrenzt wachsen kann.

4.13.4 Beweis des 3. Keplerschen Gesetzes

Die numerische Exzentrizität wurde definiert als

$$\varepsilon = \frac{e}{a} = \frac{\sqrt{a^2 - b^2}}{a} \ .$$

Es gilt $\quad \varepsilon^2 = 1 - \dfrac{b^2}{a^2} \Longrightarrow \dfrac{b^2}{a^2} = (1 - \varepsilon^2) \Longrightarrow b^2 = a^2(1 - \varepsilon^2) \ ,$

was wir im Folgenden verwenden:

$$p = \frac{b^2}{a} = a(1 - \varepsilon^2) = \frac{D^2}{m^2 MG} \ .$$

Die zweite Gleichheit für p wurde früher definiert.

Wegen $\dot{A} = \frac{1}{2} r^2 \dot{\varphi}(t) = \text{const}$ und der Erhaltung des Drehimpulses
$D = mr^2 \dot{\varphi}(t) = \text{const}$ gilt weiter $D = 2m\dot{A}$, was wir in der obigen p-Gleichung einsetzen:

$$p = a(1 - \varepsilon^2) = \frac{4m^2 \dot{A}^2}{m^2 MG} \ .$$

Kürzen mit m^2 und Auflösung nach $\dot{A}$ ergibt:

$$\dot{A} = \frac{1}{2} \sqrt{aMG(1 - \varepsilon^2)} \ .$$

Nun setzen wir dieses Resultat in den folgenden Ausdruck für die Berechnung der Umlaufzeit T ein:

$$T = \frac{\text{Ellipsenflaeche}}{\dot{A}} = \frac{\pi ab}{\dot{A}} = \frac{\pi a^2 \sqrt{1 - \varepsilon^2}}{\dot{A}} = \frac{2\pi a^2}{\sqrt{aMG}} = \frac{2\pi}{\sqrt{MG}} \cdot a^{3/2}.$$

Daraus folgt das 3. Keplersche Gesetz

$$\frac{T^2}{a^3} = \frac{4\pi^2}{MG} = \text{const.}$$

Etwas anders ausgedrückt gilt für zwei Planeten mit Umlaufzeiten T_i und großen Halbachsen a_i mit $i = 1,2$

$$\frac{T_1^2}{T_2^2} = \frac{a_1^3}{a_2^3}.$$

Beispiel 4.41
Aus der Umlaufzeit $T_{\text{Pluto}} = 247,7$ Jahre von Pluto (2006 wurde er zum Zwergplaneten heruntergestuft) und der großen Halbachse $a_{\text{Erde}} = 149,6 \cdot 10^6$ km der Erde können wir die große Halbachse der Bahn von Pluto berechnen:

$$247,7^2 = \frac{a_{\text{Pluto}}^3}{a_{\text{Erde}}^3} \Longrightarrow a_{\text{Pluto}} = 247,7^{(2/3)} a_{\text{Erde}} = 5910 \cdot 10^6 \text{ km} \qquad \diamond$$

4.14 Übungen Kapitel 4

72. Mechanischer Schwinger. Berechnen Sie für den freien ungedämpften mechanischen Schwinger die allgemeine Lösung und ihre Amplitude A des AWP

$$\ddot{y} + \omega^2 y = 0$$

für die Anfangsauslenkung $y(0) = y_0$ und die Anfangsgeschwindigkeit $\dot{y}(0) = v_0$.

73. Spielzeug-Oszillator. Hängt man an eine schwache Feder mit der Federkonstanten D ein Objekt der Masse m, beispielsweise eine Kugel oder eine kleine Puppe, so schwingt das Objekt nach einer Auslenkung periodisch auf und ab.
In einem konkreten Fall wurde die Zeitdauer $T = 0,90$ s für eine Aufwärts- und Abwärtsbewegung und die Masse $m = 80$ g gemessen. Formulieren Sie die entsprechende Differentialgleichung und berechnen Sie danach D.

74. Kindertraum. Interessanterweise wird ein Massenpunkt der Masse m innerhalb einer bezüglich Dichte homogenen Vollkugel der Masse M gegen die Kugelmitte hin durch eine Kraft angezogen, welche **linear** von der Distanz r zur Kugelmitte abhängt.[13]
Nun nehmen wir an, durch die homogene und im Inneren kalt vorausgesetzte Erde sei ein gerades Loch durch die ganze Erde gebohrt worden, welches durch die Kugelmitte geht.
Was würde passieren, wenn Sie in das Loch fallen? Zeigen Sie, dass Sie unter Vernachlässigung von Reibung zwischen beiden Enden des Loches harmonisch oszillieren würden.
Berechnen Sie zudem Kreisfrequenz ω, Schwingungsdauer T und maximale Geschwindigkeit $v_{\max}$ Ihrer Bewegung. Die Kenntnis des Erdradius $R = 6380$ km genügt zur Lösung.

75. Schwach gedämpfter Schwinger und gekoppeltes Pendel. Verifizieren Sie die Richtigkeit der Lösung

(a) für den freien schwach gedämpften Schwinger (4.7) mit den Anfangsbedingungen $y(0) = y_0$, $\dot{y}(0) = v_0$.
(b) für das gekoppelte Pendel (4.12) mit den Anfangsbedingungen (4.11).

76. Federbruch. Eine Masse von 10 kg wird an eine Feder gehängt, welche dadurch um 10 cm länger wird. Oszilliert die Masse frei, so verkleinert sich die Amplitude pro Schwingungsperiode um 3 %. Es sei bekannt, dass die Feder zerstört wird, falls die Amplitude den Wert von 8 cm übersteigt.
Frage: Ist es möglich, dass die Feder bricht, wenn periodisch mit der Kraft $F = \cos(\Omega t)$ N, also einer Amplitude von 1N angeregt wird?
Hinweis: Berechnen Sie zuerst die Federkonstante D und die Schwingungsdauer T.

---

[13] Für eine Masse m außerhalb der Masse M mit Abstand r ist ihre Anziehungskraft bekanntlich proportional zu $1/r^2$.

77. Festival hyperbolischer Funktionen.

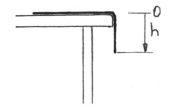

Ein vollkommen biegsames Seil oder ein glattes Band der Länge ℓ mit Masse m gleite reibungsfrei über eine Tischkante gemäß Figur. Zum Zeitpunkt $t = 0$ wird das Seil oder Tuch mit der Anfangshöhe $h(0) = h_0$ losgelassen.

(a) Gesucht ist die Bewegungsgleichung für die Höhe $h(t)$, deren Lösung und der Geschwindigkeitsverlauf $v(t)$.

(b) Berechnen Sie den Zeitpunkt t_{ende}, an dem das Seil oder Tuch die Tischkante verlässt.

(c) Berechnen Sie für den Fall $\ell = 1,5$ m die Zeit t_{ende} und die Geschwindigkeit $v(t_{ende})$ für folgende 2 Anfangsbedingungen: $h_0 = 0,5$ m und $0,05$ m.

78. Magnetfeld eines geraden Leiters, Biot-Savart-Gesetz.

Ein unendlich langer gerader Leiter ℓ mit dem elektrischen Strom i generiert gemäß Figur ein rotationssymmetrisches $\vec{H}$-Feld um ihn.

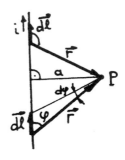

Das Biot-Savart-Gesetz besagt $\overrightarrow{dH} = \frac{i}{4\pi} \frac{\overrightarrow{d\ell} \times \vec{r}}{r^3}$.

Der Vektor $\overrightarrow{dH}$ steht senkrecht zur Ebene durch den Leiter und den Punkt P. Die Feldlinien bilden konzentrische Kreise mit Radius a um den Leiter. Berechnen Sie den Betrag des Magnetfeldes $H(a)$ durch Integration bezüglich der Variablen φ.

79. RC-Schaltkreis.

Dem ungeladenen Kondensator werde zum Zeitpunkt $t = 0$ eine konstante Eingangsspannung U zugeschaltet.

Berechnen Sie den Ladungsverlauf $q(t)$ sowie den Stromverlauf $i(t)$ und skizzieren Sie ihre Graphen.

80. Räuber-Beute-Modell.

Wir gehen vom nicht-linearen Differentialgleichungssystem (4.15) aus und wollen es für eine kleine Umgebung des stabilen Gleichgewichtspunktes $P(h_0, f_0)$ näherungsweise lösen.

Vorgehen:

(a) Berechnen Sie h_0, f_0 aus den gegebenen positiven Parametern a, b, c, d.

(b) Führen Sie ein neues verschobenes Koordinatensystem $(x, y) = (h - h_0, f - f_0)$ mit dem Ursprung $P(h - h_0, f - f_0)$ ein.
Schreiben Sie das System um auf die neuen Variablen x, y und linearisieren Sie das System durch Weglassen der Produktterme $x \cdot y$, die für betragsmäßig kleine Werte gegenüber den linearen Termen vernachlässigbar sind.

(c) Bilden Sie $\frac{dy/dt}{dx/dt} = y'(x)$ und zeigen Sie, dass die Lösungen der Differentialgleichung für $y(x)$ näherungsweise lauter ähnliche Ellipsen mit Mittelpunkt P sind und deren Hauptachsen sich verhalten wie $\left(\frac{b}{d}\sqrt{\frac{c}{a}}\right) : 1$.

81. Coriolis-Kraft in der südlicher Hemisphäre. Lösen Sie das Problem (4.3), (4.2) für $f < 0$ für die südliche Hemisphäre und interpretieren Sie diese geometrisch. Hinweis: $\omega = -f > 0$ setzen.

82. Anfangswertproblem modellieren. Eine Masse mit Gewicht 19.6 N dehnt eine Feder um 4 cm. Die Masse wird um 5 cm aus der Ruhelage ausgelenkt. Es wirke eine äußere periodische Kraft von $F = 10\cos(3t)$ N praktisch ohne Dämpfung. Formulieren Sie das AWP unter Angabe der verschiedenen Dimensionen.

83. Schwache Dämpfung. Betrachten Sie das AWP

$$\ddot{y} + 0.125\dot{y} + y = 3\cos(\Omega t).$$

(a) Begründen Sie, dass es sich um ein schwach gedämpftes Schwingungsphänomen handelt.

(b) Berechnen Sie Resonanzamplitude und Resonanzfrequenz.

84. Differentialgleichungssystem. Gegeben sei das Anfangswertproblem

$$\left.\begin{array}{rcl} x'(t) &=& 2x(t) - 3y(t) \\ y'(t) &=& y(t) - 2x(t) \\ x(0) &=& 8 \\ y(0) &=& 3 \end{array}\right\}.$$

Verifizieren Sie die Richtigkeit der Lösung $x(t) = 5e^{-t} + 3e^{4t}, \quad y(t) = 5e^{-t} - 2e^{4t}$.

85. Perfekte Resonanz. Gegeben sei das Anfangswertproblem

$$\left.\begin{array}{rcl} \ddot{y}(t) + \omega^2 y(t) &=& A\cos\Omega t \\ y(0) &=& \alpha \\ \dot{y}(0) &=& \beta \end{array}\right\}.$$

(a) Verifizieren Sie die Richtigkeit der Lösung

$$y(t) = \frac{A(\cos\Omega t - \cos\omega t)}{\omega^2 - \Omega^2} + \alpha\cos\omega t + \frac{\beta}{\omega}\sin\omega t.$$

(b) Interpretieren Sie ω physikalisch.

(c) Diskutieren Sie das Lösungsverhalten im Spezialfall $\alpha = \beta = 0$ für $\Omega \approx \omega$. Zwischen welchen Werten oszilliert y?

86. Schwebung. Schreiben Sie die Funktion

$$f(t) = \cos(17t) - \cos(19t).$$

als Produkt zweier trigonometrischer Funktionen und plotten Sie diese von Hand im Intervall $0 \leq t \leq 4\pi$.

87. LCR-Schaltkreis. Zur Zeit $t = 0$ wird der Schaltkreis mit der Inputspannung $E(t)$ bei ungeladenem Kondensator $q(0) = 0$ geschlossen.

(a) Formulieren Sie das AWP mit den Parametern L = 2 H,   C = 0.02 F,   R = 16 Ω für den Ladungsverlauf $q(t)$.

(b) Gegeben sei die konstante Eingangsspannung $E(t) = 300$ Volt. Verifizieren Sie die Lösung

$$q(t) = 6 - e^{-4t}(6\cos 3t + 8\sin 3t)$$

durch Einsetzen und berechnen Sie den Stromverlauf $i(t)$.

(c) Nun wird die Wechselspannung $E(t) = 100 \cdot \sin(3t)$ Volt eingegeben. Berechnen Sie durch Ableiten der Ladungsgleichung aus (a) die Differentialgleichung für den Stromverlauf $i(t)$. Verifizieren Sie danach die Richtigkeit der Lösung mit

$$i(t) = \frac{75}{52}(2\cos 3t + 3\sin 3t) - \frac{25}{52}e^{-4t}(17\sin 3t + 6\cos 3t)$$

und bestimmen Sie die stationäre Lösung nach dem Einschwingvorgang in der Form $i_{st}(t) = A\sin(\omega t + \varphi)$.

88. Planetenbahnen. Beweisen Sie für kreisförmige Planetenbahnen mit Radius r und Umlaufzeit T das 3. Keplersche Gesetz $\dfrac{T^2}{r^3} = $ const unter Verwendung der Zentrifugalkraft $m\dfrac{v^2}{r}$ und dem Gravitationsgesetz $F = G\dfrac{mM}{r^2}$.

Kapitel 5
Numerische Verfahren, Mathematische Modelle

5.1 Grundsätzliches

Numerische Methoden erlauben es, fast „beliebig" komplizierte gewöhnliche Differentialgleichungen[1] zu lösen und grafisch darzustellen. Mit ihnen hat man den großen Vorteil, nicht vom Problem der analytischen Integration abhängig zu sein, welche ja oft nicht geschlossen elementar ausgedrückt werden kann: zweifellos ein Gewinn an Flexibilität der numerischen Methoden gegenüber den analytischen. Das ist für praktische Probleme, die oft komplizierter sind als „Schulbeispiele", von entscheidender Bedeutung.

Allerdings gibt es auch zwei gewichtige Nachteile gegenüber den analytischen Lösungen:

- Numerische Verfahren erlauben keine Parameter als Symbole. Damit fällt die unmittelbare Interpretation einer Lösung in Abhängigkeit der Parameter weg.
- Numerische Methoden sind immer Näherungsverfahren. Deswegen muss sichergestellt werden, dass der Fehler klein genug gehalten werden kann, damit die numerische Approximation als Lösung überhaupt brauchbar ist. Ein solches Unterfangen kann ohne größere Erfahrung und Kenntnis der entsprechenden Algorithmen problematisch sein [2]!

Das erste Problem kann allenfalls etwas entschärft werden, indem für eine Serie verschiedener numerischer Parameterwerte dieselbe Differentialgleichung mehrfach gelöst wird und Grafiken verglichen werden. Wenn allerdings zwei oder sogar mehrere Parameter im Problem stecken, wird eine brauchbare Diskussion von Lösungen schwierig bis unmöglich!

---

[1] Für partielle Differentialgleichungen, bei denen es sich um Funktionen mehrerer unabhängiger Variablen handelt, existieren sogenannte Diskretisationsmethoden als numerische Methoden, siehe beispielsweise [11].

[2] Siehe Beispiel unter *Pitfalls* in [35].

© Springer-Verlag GmbH Deutschland, ein Teil von Springer Nature 2020
A. Fässler, *Schnelleinstieg Differentialgleichungen*,
https://doi.org/10.1007/978-3-662-62146-2_5

5.2 Euler-Verfahren

Wir gehen von der allgemeine Differentialgleichung 1. Ordnung mit einer Anfangs-bedingung aus (wobei wir in diesem Kapitel in der Regel x als unabhängige Variable wählen):

$$y' = f(x,y), \quad y(x_0) = y_0.$$

Gegeben ist also eine „beliebig komplizierte" stückweise stetige Funktion $f(x,y)$ mit den beiden unabhängigen Variablen x,y sowie ein Punkt (x_0,y_0), welcher der Anfangsbedingung für die gesuchte Lösung $y(x)$ entspricht.

Die Eulersche Idee ist einfach: Wir starten im Punkt (x_0,y_0) mit einer kleinen Schrittlänge $\Delta x = h$ in Richtung der Tangente mit der bekannten Steigung $m = f(x_0,y_0)$ und erhalten so einen approximativen Punkt (x_1,y_1) der gesuchten Lösung.

Es ist also

$$y_1 = y_0 + h \cdot f(x_0,y_0)$$

$$x_1 = x_0 + h.$$

Nun wiederholen wir dieses Vorgehen vom gerechneten und damit gegebenen Punkt (x_1,y_1) zum Punkt (x_2,y_2) usw. Also lautet die **Euler-Methode** einfach

$$y_{k+1} = y_k + h \cdot f(x_k,y_k)$$

$$x_{k+1} = x_k + h$$

$$\text{mit } k = 0,1,2,\ldots,n-1.$$

Die Größen $y_k = y(x_k)$ beschreiben die approximative Lösung. Die lineare Interpolation zwischen den einzelnen Punkten führt zu einem Polygonzug als Approximation der Lösung.

Unter der vorerst idealisierten Annahme, dass der Computer mit reellen Zahlen exakt rechnen kann (also rechnen mit unendlich vielen Stellen) erwarten wir von jedem numerischen Verfahren mit Schrittweite h, dass für $h \to 0$ die gerechneten Werte gegen die exakte Lösung konvergieren.

Wir testen das Euler-Verfahren in diesem Sinn an folgendem Modellproblem:

$$y' = y \text{ mit } y(0) = 1$$

mit der exakten Lösung $y(x) = e^x$. Das beschriebene Euler-Verfahren liefert für n Schritte:

$y_1 = 1 + h$
$y_2 = y_1 + y_1 \cdot h = y_1(1 + h) = (1 + h)^2$
$y_3 = y_2 + y_2 \cdot h = y_2(1 + h) = (1 + h)^3$
$\dots$
$y_n = (1 + h)^n$

Nun betrachten wir eine **feste Stelle** $x = n \cdot h$ und führen den folgenden bekannten Grenzübergang $n \to \infty$ für y_n durch:

$$\lim_{n \to \infty} \left(1 + \frac{x}{n}\right)^n = e^x.$$

In der Tat gewinnen wir damit die exakte Lösung des Anfangswertproblems.

Analytische Untersuchungen zeigen, dass das Euler-Verfahren nicht nur für unser einfaches Modellproblem, sondern auch im allgemeinen Fall gegen die exakte Lösung konvergiert.

5.3 Fehlerbetrachtungen

Nun ist es aber natürlich schon aus Zeitgründen unsinnig zu argumentieren, dass wir einfach die Schrittlänge h gegen 0 streben lassen sollen. Denn damit geht der Rechenaufwand gegen ∞! Zudem haben wir nebst den oben diskutierten **Verfahrensfehler M** bei endlicher Arithmetik auch **Rundungsfehler R**. Leider können sich diese im Laufe des Rechenprozesses unter Umständen bedenklich akkumulieren.

Je kleiner die Schrittlänge, umso größer der zu erwartende akkumulierte Rundungsfehler! Damit ergibt sich folgende qualitative Situation, wenn wir realistischerweise die beiden Fehlerquellen summieren:

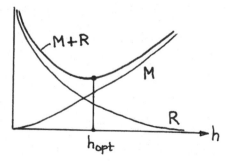

Daraus resultiert eine optimale Schrittlänge h_{opt}. Diese ist aber leider nicht nur abhängig von der Art des numerischen Verfahrens, sondern insbesondere natürlich auch von der Differentialgleichung selbst: Es liegt auf der Hand, dass bei rasch oszillierendem Verhalten einer Lösung die Schrittlänge kleiner gemacht werden sollte, da sonst der Verfahrensfehler zu groß würde.

Es ist aber analytisch unmöglich, die Rundungsfehler für den allgemeinen Fall brauchbar abzuschätzen. Deshalb spielen numerische Erfahrungen an Beispielen, welche eine exakte analytische Lösung zulassen, eine wichtige Rolle.

5.4 Verfahren von Heun

Die Idee von Heun:[3] Nachdem ein Euler-Schritt berechnet ist, wird für den definitiven Euler-Schritt das arithmetische Mittel von zwei Steigungen gemäß Figur genommen:

$$Y = y_k + h \cdot f(x_k, y_k)$$

$$y_{k+1} = y_k + \frac{h}{2} \cdot [\underbrace{f(x_k, y_k)}_{m_1} + \underbrace{f(x_{k+1}, Y)}_{m_2}]$$

mit $k = 0, 1, 2, \ldots$

Beispiel 5.42 Wir berechnen mit beiden Methoden für das Modellproblem

$$y' = y \text{ mit } y(0) = 1$$

den Funktionswert $y(1)$ mit 100 Schritten (h=0,01) und mit 50 Schritten (h=0,02) und betrachten deren Differenz $y(1) - e$ gegenüber der exakten Lösung:

- Euler-Verfahren:
  für 50 Schritte: Fehler $= 2,6915880 - 2,7182818 = -0,0267$
  für 100 Schritte: Fehler $= 2,7048138 - 2,7182818 = -0,0135$
  Halbierung der Schrittlänge halbiert etwa den ursprünglichen Fehler.
- Heun-Verfahren:
  für 50 Schritte: Fehler $= 2,7181033 - 2,7182818 = -0,000179$
  für 100 Schritte: Fehler $= 2,7182369 - 2,7182818 = -0,000045$
  Halbierung der Schrittlänge verkleinert den Fehler auf den vierten Teil.

Zudem sind die Heun-Werte über 100 mal genauer als die Euler-Werte!   ◇

Wenn wir vom Rundungsfehler absehen und nur Verfahrensfehler betrachten, spricht man von einem Verfahren p. Ordnung, wenn sich bei Halbierung der Schrittweite der Verfahrensfehler mit dem Faktor 2^{-p} verkleinert.
Die Verfahrensfehler beziehen sich auf kleine Schrittlängen h. Je kleiner h, umso besser wird das Verhältnis der Fehler, sich bei Halbierung der Schrittlänge dem Faktor 2^{-p} zu nähern.

---

[3] Karl Heun (1859–1929) studierte Mathematik und Physik in Göttingen und unterrichtete danach an einer Landwirtschaftlichen Schule.

Allgemein gilt, was im Beispiel experimentell festgestellt wurde:

- Das Euler-Verfahren hat Ordnung 1.
- Das Heun-Verfahren hat Ordnung 2.

5.5 Runge-Kutta-Verfahren

Ein weiter verfeinertes Euler-Verfahren, welches oft in numerischen Algorithmen implementiert ist.

Ohne genauere Herleitung (sie ist aufwendig) sei hier das **Runge-Kutta-Verfahren 4. Ordnung**[4] wiedergegeben: Ausgehend vom Punkt (x_k, y_k) erhält man den nächsten Punkt (x_{k+1}, y_{k+1}) algorithmisch durch die folgenden Berechnungsschritte in der Reihenfolge wie beim Lesen eines Buches:

$$k_1 = f(x_k, y_k) \qquad\qquad y_a = y_k + \tfrac{h}{2}k_1$$
$$k_2 = f(x_k + \tfrac{h}{2}, y_a) \qquad\qquad y_b = y_k + \tfrac{h}{2}k_2$$
$$k_3 = f(x_k + \tfrac{h}{2}, y_b) \qquad\qquad y_c = y_k + hk_3$$
$$k_4 = f(x_k + h, y_c)$$

$$y_{k+1} = y_k + \tfrac{h}{3}\left(\tfrac{1}{2}k_1 + k_2 + k_3 + \tfrac{1}{2}k_4\right)$$
$$x_{k+1} = x_k + h$$

Ein Runge-Kutta-Schritt besteht also aus vier Euler-Schritten.

Um das beschriebene Verfahren 4. Ordnung besser zu verstehen, können wir die einzelnen Werte in folgender Grafik interpretieren:

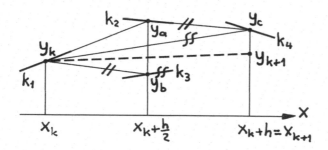

Die k_i-Werte sind die Steigungen des Richtungsfeldes in den vier Punkten. Während der Ausgangspunkt schon bekannt ist, wurden die weiteren drei jeweils durch einen Euler-Schritt aus dem Ausgangspunkt (x_k, y_k) vorgängig berechnet.

---

[4] Carl Runge (1856–1927) und Wilhelm Kutta (1867–1944) waren deutsche Mathematiker.

Schließlich gewinnen wir den neuen Punkt (x_{k+1}, y_{k+1}) durch den letzten Euler-schritt mit einer aus den vier Steigungen k_1, k_2, k_3, k_4 berechneten mittleren Steigung mit den Gewichten $\frac{1}{6}, \frac{1}{3}, \frac{1}{3}, \frac{1}{6}$.[5]

Beispiel 5.43 Für das Modellbeispiel $y' = y$ mit $y(0) = 1$ liefert das Runge-Kutta-Verfahren folgende Differenzen $y(1) - e$:

- für 50 Schritte: $2,71827974 - e = -2,088 \cdot 10^{-6}$
- für 100 Schritte: $2,71828169 - e = -1,385 \cdot 10^{-7}$

Vergleich der Fehler: $\dfrac{1,3845 \cdot 10^{-7}}{2,088 \cdot 10^{-6}} = \dfrac{1}{15,08}$, also etwa $\dfrac{1}{2^4} = \dfrac{1}{16}$.

Sie unterscheiden sich um den Faktor 15,08.

Unabhängig von der Differentialgleichung kann analytisch bewiesen werden, dass mit $h \to 0$ der Faktor gegen 16 konvergiert: Das Runge-Kutta-Verfahren hat Fehler-ordnung 4.

Da ein Runge-Kutta-Schritt etwa vier Euler-Schritten entspricht, liegt der Rechen-aufwand bei 40 bzw. 80 Euler-Schritten.

Aber vor allem: Die Fehler mit Runge-Kutta sind etwa um den Faktor 100000 klei-ner als bei Euler und um den Faktor $\sqrt{100000} \approx 333$ kleiner als bei Heun!   ◇

Gewisse Algorithmen arbeiten adaptiv mit einer automatischen Schrittweitensteue-rung: In Umgebungen, wo eine Funktion stark variiert, wird die Schrittweite kleiner gewählt als an Stellen mit kleinerer Variation.

5.6 Numerik von Differentialgleichungssystemen

Für Differentialgleichungssysteme 1. Ordnung können die besprochenen Verfahren direkt übernommen werden.

Wir wollen uns am Fall mit zwei unbekannten Funktionen überzeugen, wie das numerische Verfahren funktioniert:

$$\left.\begin{array}{l} \dot{x} = f(t,x,y) \\ \dot{y} = g(t,x,y) \end{array}\right\}$$

$$\text{mit } x(t_0) = a, \ y(t_0) = b.$$

Es geht also darum, mittels einer gewählten Schrittweite h diskrete Funktionswerte der beiden Funktionen zu berechnen.

Aus der folgenden Grafik wird klar, dass mit der Kenntnis der beiden Startwerte und den dort bekannten Steigungen die Funktionswerte x_1 und y_1 an der Stelle $t = h$ berechnet werden können.

---

[5] In [23] finden sich verschiedene Algorithmen, darunter einer zum Runge-Kutta-Verfahren.

Auch für den nächsten Schritt sind nun beide Steigungen bekannt und die Funktionswerte x_2 und y_2 an der Stelle $t = 2h$ können gerechnet werden und so weiter.

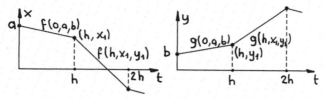

Es liegt auf der Hand, dass das Verfahren auch im Falle von n unbekannten Funktionen analog funktioniert.

Da bekanntlich eine Differentialgleichung n. Ordnung auf ein Differentialgleichungssystem 1. Ordnung mit n Funktionen umgeschrieben werden kann, ist damit klar, dass auch Differentialgleichungen höherer Ordnungen mit dem Runge-Kutta-Verfahren numerisch gelöst werden können.

Beispiel 5.44 Lorenz-Attraktor.

Ein berühmt gewordenes Modell des
Meteorologen Edward N. Lorenz (1917-
2008), das wesentliche Erkenntnisse zur
Theorie des **deterministischen Chaos** brachte. Es wird durch das folgende nichtlineare Differentialgleichungssystem beschrieben:

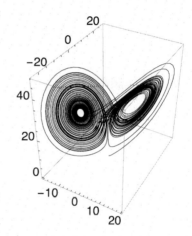

$$\left.\begin{array}{rl} \dot{x} = & a(y-x) \\ \dot{y} = & x(b-z)-y \\ \dot{z} = & xy-cz \end{array}\right\} .$$

Die Figur[6] zeigt die grafisch dargestellte numerische Lösung für die Parameterwerte $a = 10, b = 28, c = 8/3$ mit den Anfangswerten $(x(0), y(0), z(0)) = (0, 1, 0)$.

Lorenz entdeckte mit seinem Modell, dass schon kleine Änderungen der Anfangsbedingungen nach kurzer Zeit zu großen Abweichungen der Lösungen führen kann, was auch erklärt, dass Wetterprognosen über längere Zeit kaum möglich sind. Er stellte aber auch fest, dass verschiedene Lösungen sich in einem eng begrenzten Teil das Raumes befinden, also eine gewisse Struktur vorliegt. Mehr darüber in [2].

$\diamond$

---

[6] Unter Verwendung der Mathematica-Befehle `NDSolve` und `ParametricPlot3D`.

5.7 Flugbahnen von Tennisbällen

5.7.1 Modellierung

Wir analysieren die Flugbahn eines Tennisballs. Dieses Thema wurde durch [20] angeregt und Daten daraus mit freundlicher Genehmigung von Walter Gander entnommen.

Drei Kräfte greifen am Ball an gemäß der Figur:

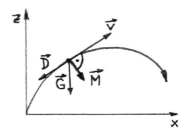

(a) das Gewicht $\vec{G}$ senkrecht nach unten,

(b) der Luftwiderstand $\vec{D}$, der dem Geschwindigkeitsvektor $\vec{v}$ entgegengesetzt ist,

(c) die Magnus-Kraft $\vec{M}$, verursacht durch die Rotation des Balles mit einer konstant angenommenen Winkelgeschwindigkeit $\vec{\omega}$. Sie ist eine Folge des Überdrucks

   (i) über dem Ball beim Topspin, verursacht durch eine Aufwärtsbewegung des Rackets, das den Ball nahezu tangential trifft und dadurch eine Vorwärtsrotation bewirkt,

   (ii) unter dem Ball beim Slice, verursacht durch eine Abwärtsbewegung des Rackets, das den Ball nahezu tangential trifft und dadurch eine Rückwärtsrotation bewirkt.

Die Magnus-Kraft steht orthogonal zu $\vec{\omega}$ und $\vec{v}$. Beim Topspin ist sie nach unten, beim Slice nach oben gerichtet.

Für die Beträge von (b) und (c) gilt

$$D(v) = C_D \frac{1}{2} \frac{\pi d^2}{4} \rho v^2 \qquad M(v) = C_M \frac{1}{2} \frac{\pi d^2}{4} \rho v^2$$

$$\text{mit} \quad C_D = 0.508 + \left[\frac{1}{22.053 + 4.196 \cdot (v/w)^{2.5}} \right]^{0.4} \quad C_M = \frac{1}{2.022 + 0.981 \cdot v/w} \, .$$

Dabei bezeichnet ρ die Luftdichte und $w = \frac{d}{2} \cdot \omega$ die als konstant vorausgesetzte Umfangsgeschwindigkeit.

Die Koeffizienten C_D und C_M wurden in [20] experimentell bestimmt und gelten für folgende Bereiche:

- für v zwischen 13.6 m/s und 28 m/s.
- für w zwischen $w_1 = 2.64$ m/s und $w_2 = 10.6$ m/s, was 13.3 U/s und 53.2 U/s bzw. 800 U/min und 3250 U/min entspricht.

Die Bahn des Tennisballes ist dreidimensional und wird beschrieben durch die Lösung der Newtonschen Bewegungsgleichung mit den drei angreifenden Kräften $\vec{G}, \vec{D}, \vec{M}$:

$$m \cdot \ddot{\vec{r}}(t) = \vec{G} - D\frac{\vec{v}}{v} + M\frac{\vec{\omega} \times \vec{v}}{\omega \cdot v}. \tag{5.1}$$

Die Anfangsbedingungen lauten

$$\vec{r}(0) = \vec{r}_0, \quad \dot{\vec{r}}(t) = \vec{v}_0.$$

Wir beschäftigen uns im Folgenden mit dem Spezialfall ebener Flugbahnen in der (x, z)-Ebene, wenn $\vec{\omega}$ orthogonal zur besagten Ebene und damit zur Anfangsgeschwindigkeit $\vec{v}_0$ ist. Der Vektor $\vec{\omega}$ ist also parallel zur y-Achse.

Damit wird aus (5.1) nach Division durch m mit $\alpha = \dfrac{\rho \pi d^2}{8m}$ und $v = \sqrt{\dot{x}^2 + \dot{z}^2}$ und $\eta = \pm 1$ für Topspin bzw. Slice

$$\begin{pmatrix} \ddot{x} \\ \ddot{z} \end{pmatrix} = \begin{pmatrix} 0 \\ -g \end{pmatrix} - \alpha \cdot C_D \cdot v \begin{pmatrix} \dot{x} \\ \dot{z} \end{pmatrix} + \eta \cdot \alpha \cdot C_M \cdot v \begin{pmatrix} \dot{z} \\ -\dot{x} \end{pmatrix} \tag{5.2}$$

weil gilt

$$\left| v \cdot \begin{pmatrix} \dot{x} \\ \dot{z} \end{pmatrix} \right| = \left| v \cdot \begin{pmatrix} \dot{z} \\ -\dot{x} \end{pmatrix} \right| = v^2 .$$

Die Magnus-Kraft steht senkrecht zum Geschwindigkeitsvektor. Für den Topspin ($\eta = 1$) ist sie nach unten gerichtet (wie in der vorangehenden Figur gezeigt), für den Slice ($\eta = -1$) nach oben.

Anfangsbedingungen:

$$x(0) = 0, \quad z(0) = h, \quad \dot{x}(0) = v_0 \cos \theta, \quad \dot{z}(0) = v_0 \sin \theta .$$

mit v_0 = Anfangsgeschwindigkeit, θ = Abschusswinkel gegenüber der Horizontalen.

5.7.2 Daten und Kräftevergleich

(a) Balldurchmesser d = 6,3 cm = 0,063 m, Ballmasse 0,050 kg, $\rho = 1,29$ kg/m^3.

(b) Es wurde immer die Anfangsgeschwindigkeit $v_0 = 25$ m/s gewählt.

(c) Für die Umfangsgeschwindigkeit wurden die beiden Werte $w_1 = 2.64$ m/s und $w_2 \approx 4 \cdot w_1$ gewählt, was 800 U/min und 3250 U/min entspricht.

Die folgende Grafik zeigt die Berechnung des Lufwiderstandes D für w_1 und $4w_1$:

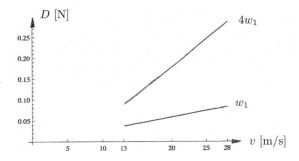

Die folgende Grafik zeigt die Berechnung der Magnus-Kraft M für w_1 und $4w_1$:

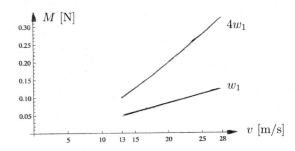

Im Vergleich dazu das Ballgewicht $G \approx 0.5$ N.

5.7.3 Mathematica-Programm für Berechnungen und Grafiken

Umschreiben des Systems (5.2) auf ein System 1. Ordnung mit denselben Bezeichnungen wie im folgenden Programm unter `eq1, ..., eq4` mit den zeitabhängigen Geschwindigkeitskomponenten $v_x(t), v_z(t)$ liefert

$$\left.\begin{array}{l}
\dot{x}(t) = v_x(t) \\
\dot{v}_x(t) = -\alpha \cdot C_D \cdot v(t) \cdot v_x(t) + \eta \cdot \alpha \cdot C_M \cdot v(t) \cdot v_z(t) \\
\dot{z}(t) = v_z(t) \\
\dot{v}_z(t) = -g - \alpha C_D \cdot v(t) \cdot v_z(t) - \eta \cdot \alpha \cdot C_M \cdot v(t) \cdot v_x(t)
\end{array}\right\}.$$

Das folgende Programm `traject[w,θ]` berechnet für beliebig gewählte Anfangswerte die Bahn und liefert auch deren Grafik:

- die beiden Größen w, θ werden als Parameter beim Aufruf übergeben,
- v_0 kann in der 2. Zeile gesetzt werden und die Abschusshöhe `z[0]` unter `in2`.

Für Slice-Bahnen ist in der 2. Zeile $\eta = -1$ zu setzen.
NDSolve[...] berechnet die Lösung, ParametricPlot[...] liefert die Grafik.

```
traject[w_, θ_] :=
(g = 9.81; d = 0.063; m = 0.05; ρ = 1.29; α = Pi * ρ * d²/(8m); η = 1; v0 = 25;
v[t_] = (x'[t]² + z'[t]²) ∧ (1/2);
Cd = 0.508 + (1/(22.503 + 4.196(v[t]/w) ∧ (5/2))) ∧ (2/5);
Cm = 1/(2.202 + 0.981(v[t]/w));
eq1 = x'[t] == vx[t];
eq2 = vx'[t] == -Cdαv[t]vz[t];
eq3 = z'[t] == vz[t];
eq4 = vz'[t] == -g - Cdαv[t]vz[t] - ηCmαv[t]vx[t];
in1 = x[0] = 0;
in2 = z[0] = 1.0;
in3 = vx[0] = v0Cos[θ];
in4 = vz[0] = v0Sin[θ];
sol = Flatten[NDSolve[eq1, eq2, eq3, eq4, in1, in2, in3, in4,
{x[t], z[t], vx[t], vz[t]}, {t, 0, 4}]];
{xx[t_], zz[t_]} = {x[t], z[t]}/.sol;
{vvx[t_], vvz[t_]} = {vx[t], vz[t]}/.sol;
speed[t_] := (vvx[t]² + vvz[t]²)^(1/2);
ParametricPlot[{xx[t], zz[t]]}, {t, 0, 1.3}, AspectRatio- > Automatic,
AxesOrigin- > {0, 0}, Ticks- > {{0, 5, 10, 18, 20, 23}, {1, 2}}])
```

Mit den folgenden Befehlen wurden die Topspinbahnen berechnet und geplottet:

```
T1 = traject[2.64, 17Degree];
T2 = traject[10.55, 17Degree];
Show[{T1, T2}, PlotRange- > All]
```

5.7.4 Topspin-Bahnen

Abschusswinkel $= 17°$, Abschusshöhe $= 1$ m, $\eta = 1$:

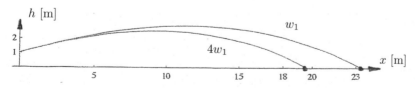

- für w_1: Flugdauer $t = 1,30$ s, Betrag der Aufprallgeschwindigkeit $v = 15,3$ m/s.
- für $w_2 \approx 4w_1$: Flugdauer $t = 1,10$ s, Betrag der Aufprallgeschw. $v = 14,8$ m/s.

5.7.5 Slice-Bahnen

Abschusswinkel $= 0°$, Abschusshöhe $= 1{,}4$ m, $\eta = -1$:

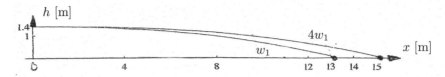

- für w_1: Flugdauer $t = 0{,}615$ s, Betrag der Aufprallgeschwindigkeit $v = 19{,}0$ m/s.
- für $w_2 \approx 4w_1$: Flugdauer $t = 0{,}76$ s, Betrag der Aufprallgeschw. $v = 16{,}6$ m/s.

5.7.6 Vergleich Topspin-Bahn mit Flugbahn im Vakuum

Die parabelförmige Flugbahn im Vakuum

$$\begin{pmatrix} x(t) \\ y(t) \end{pmatrix} = \begin{pmatrix} \cos(17°) \cdot 25 \cdot t \\ 1 + \sin(17°) \cdot 25 \cdot t - \frac{g}{2}t^2 \end{pmatrix}$$

mit denselben Werten für Abschusshöhe $= 1{,}0$ m, Abschusswinkel $= 17°$, Anfangsgeschwindigkeit $v_0 = 25$ m/s wie beim Topspin ergäbe eine Flugdauer von $t = 1{,}617$ s, eine Aufprallgeschwindigkeit $\vec{v} = 25{,}4$ m/s und eine große Flugweite von $x = 38{,}7$ m.

Bemerkung: Die totale Länge eines Tennisplatzes beträgt $23{,}8$ m.

5.8 Mathematisches Modell für einen Fallschirmabsprung

Wir wollen ein mathematisches Modell für die Berechnung des Geschwindigkeitsverlaufes $v(t)$ eines kompletten Fallschirmabsprungs vom Verlassen des Flugzeugs bis zur Landung auf dem Boden aufstellen.

Wir setzen voraus, dass der Fall vertikal erfolgt und für die von der Schnelligkeit v abhängige Luftwiderstandskraft W gilt:

$$|W(v)| = \rho_L \cdot A \cdot C_W \cdot v^2 = k \cdot v^2.$$

Dabei ist

(a) $\rho_L = 1{,}29$ kg/m^3 die Luftdichte,

(b) A die Querschnittsfläche des angeströmten Körpers in Quadratmeter senkrecht zur Strömungsrichtung,

(c) C_W der Widerstandsbeiwert, eine dimensionslose Zahl, welche die Geometrie der Form berücksichtigt.

Annahmen:

- Der Springer habe eine Totalmasse $m = 80$ kg inklusive Material.
- Während des freien Falls wird eine horizontale Körperlage mit einem Anströmquerschnitt von $A_1 = 0,72$ m^2 eingenommen, dabei sei $C_{W1} = 0,28$.
- Nach dem Öffnen des Fallschirms betrage der Anströmquerschnitt $A_2 = 17$ m^2, dabei sei $C_{W2} = 0,9$.

Die Newtonsche Bewegungsgleichung für dieses eindimensionale Problem lautet

$$m\dot{v} = mg - W(v) \implies \dot{v} = g - \frac{1}{m}W(v) .$$

5.8.1 Analytisches Modell

Autonome Differentialgleichung mit einer Fallunterscheidung:

- **Vor dem Öffnen des Schirms**

$$\dot{v} = g - k_1 v^2 \text{ mit } k_1 = \frac{\rho_L \cdot A_1 \cdot C_{W1}}{m} = \frac{1,29 \frac{\text{kg}}{\text{m}^3} \cdot 0,72 \text{ m}^2 \cdot 0,28}{80 \text{ kg}} = 0,003251 \text{ m}^{-1} .$$

Mit $g - k_1 v^2 = 0$ erhalten wir die konstante partikuläre Lösung

$$v_\infty = \sqrt{\frac{g}{k_1}} = 54,9 \text{ m/s} .$$

Es handelt sich um die Grenzgeschwindigkeit, wenn Luftwiderstand und Gewicht gleich groß sind.

Eine autonome Differentialgleichung ist separabel. Somit gilt

$$\int \frac{dv}{g - k_1 v^2} = \int 1 \cdot dt + C .$$

Wegen $v_\infty^2 = \frac{g}{k_1}$ und $v < v_\infty$ gilt für das Integral

$$\frac{1}{k_1} \int \frac{dv}{v_\infty^2 - v^2} = t + C \implies \frac{1}{2k_1 v_\infty} \ln \frac{v_\infty + v}{v_\infty - v} = t + C ,$$

das man aus einer Integraltafel oder mit dem Befehl NSolve[...] erhält. Zum Exponenten mit Basis e erheben liefert

$$\ln \frac{v_\infty + v}{v_\infty - v} = \lambda_1 \cdot t + C \implies \frac{v_\infty + v}{v_\infty - v} = \beta e^{\lambda_1 t} \quad \text{mit } \lambda_1 = 2v_\infty \cdot k_1 = 0,3568$$

Wegen der Anfangsbedingung $v(0) = 0$ (zum Zeitpunkt $t = 0$ geschehe der Sprung aus dem Flugzeug) folgt $\beta = 1$. Auflösen nach v ergibt

$$v_\infty + v = (v_\infty - v)e^{\lambda_1 t} \Rightarrow v(1 + e^{\lambda_1 t}) = v_\infty e^{\lambda_1 t} - v_\infty \Rightarrow v(t) = \frac{e^{\lambda_1 t} - 1}{e^{\lambda_1 t} + 1} \cdot v_\infty .$$

Somit lautet die Lösung

$$v(t) = \frac{1 - e^{-\lambda_1 t}}{1 + e^{-\lambda_1 t}} \cdot v_\infty \quad \text{mit } \lambda_1 = 0,3568 .$$

- **Nach dem Öffnen des Schirms**

$$\dot{v} = g - k_2 v^2 \text{ mit } k_2 = \frac{\rho_L \cdot A_2 \cdot C_{W2}}{m} = \frac{1.29 \text{ kg/m}^3 \cdot 17 \text{ m}^2 \cdot 0.90}{80 \text{ kg}} = 0.2467 \text{ m}^{-1}.$$

Mit $g - k_2 v^2 = 0$ erhalten wir die konstante partikuläre Lösung

$$v_L = \sqrt{\frac{g}{k_2}} = 6.30 \text{ m/s} .$$

Sie ist die Landegeschwindigkeit, wenn Luftwiderstand und Gewicht gleich groß sind.

Die Berechnung ist analog zum Fall vor dem Öffnen des Schirm. Allerdings handelt es sich hier um einen Bremsvorgang von v_∞ abnehmend bis v_L. Für die Integration gilt also der Fall $v > v_L$, welcher zu einem unterschiedlichen Integral führt:

$$\frac{1}{k_2} \int \frac{dv}{v_L^2 - v^2} = t + C \Longrightarrow \frac{1}{2k_2 v_L} \ln \frac{v + v_L}{v - v_L} = t + C .$$

$$\ln \frac{v + v_L}{v - v_L} = \lambda_2 \cdot t + C \Longrightarrow \frac{v + v_L}{v - v_L} = \gamma e^{\lambda_2 t} \text{ mit } \lambda_2 = 2v_L \cdot k_2 = 3.12$$

Wegen $v(0) = v_\infty$ folgt

$$\gamma = \frac{v_\infty + v_L}{v_\infty - v_L} .$$

Auflösen nach v ergibt

$$v + v_L = (v - v_L)e^{\lambda_2 t}\gamma \Rightarrow v_L(1 + e^{\lambda_2 t}\gamma) = v(e^{\lambda_2 t}\gamma - 1). \Rightarrow v(t) = \frac{e^{\lambda_2 t}\gamma + 1}{e^{\lambda_2 t}\gamma - 1} \cdot v_L$$

Oder, mit einem Zeit-Shift von 15 s versehen, nach der $v = v_\infty$ praktisch erreicht ist

$$v(t) = \frac{\gamma + e^{-\lambda_2(t-15)}}{\gamma - e^{-\lambda_2(t-15)}} \quad \text{mit} \quad \lambda_2 = 3.12 \quad \text{und} \quad \gamma = \frac{v_\infty + v_L}{v_\infty - v_L} \cdot v_L .$$

Der Mathematica-Code für die fallabhängige Funktion $v(t)$ vor und nach dem Öffnen des Fallschirms zum Zeitpunkt $t = 15$ s inklusive Graph lautet:

```
eig1[t_] := Exp[−0.3568t];
eig2[t_] := Exp[−3.120t];
vlimit = 54.9; vlanding = 6.3;
gamma = (vlimit + vlanding)/(vlimit − vlanding);
v[t_] := 54.9(1 − eig1[t])/(1 + eig1[t]) /; t <= 15;
v[t_] := 6.3(gamma + eig2[t − 15])/(gamma − eig2[t − 15]) /; t > 15;
Plot[v[t], {t, 0, 24}, AspectRatio− > 0.4, AxisOrigin− > {0, 0},
     PlotRange− > All, AxesLabel− > {"t [s]", "v [m/s]"}}];
```

Hier ist die Grafik von v:

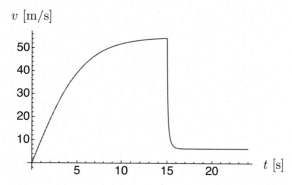

Die Geschwindigkeit ändert sich um den Öffnungszeitpunkt $t = 15$ s am stärksten. Ein Zoom für das Zeitintervall $[15.0001$ s, 15.2 s$]$ ergibt folgende Grafik:

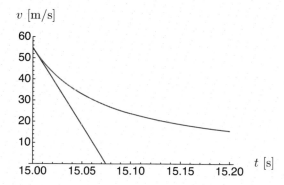

Die Tangentensteigung in der Figur entspricht der maximalen Beschleunigung von $\approx 53/0.08 > 600$ m/s^2, also von über 60 g. Das überlebt kein Mensch. Unser Modell ist für den Öffnungsvorgang unbrauchbar! Die Änderung der Luftwiderstandskraft wirkt nicht schlagartig, der Fallschirm braucht eine gewisse Zeitspanne, um sich zu öffnen.
In der folgenden numerischen Behandlung wollen wir das Modell verbessern.

5.8.2 Numerisches Modell

Wir haben angenommen, dass sich der Fallschirm schlagartig öffnet. Diesen Mangel soll behoben werden, indem wir annehmen, dass der Öffnungsvorgang 3.0 s dauert und sich die Widerstandskraft im besagten Zeitintervall $[15.0$ s, 18.0 s$]$ stetig ändert. Wir wollen das AWP　　$m \cdot \dot{v} = m \cdot g - k(t) \cdot v^2$　　mit $v(0) = 0$ für die folgende stetige, stückweise lineare Funktion lösen:

$$k(t) = \begin{cases} 0.26 & \text{falls } t < 15 \\ 0.260 + 19.54 \cdot (t-15)/3 & \text{falls } 15 \le t \le 18 \\ 19.8 & \text{falls } t > 18 \end{cases}$$

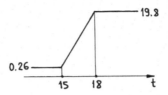

Der oberste Wert ergibt sich durch $k_1 \cdot m = 0.003251 \cdot 80 = 0.260$, der unterste durch $k_2 \cdot m = 0.2467 \cdot 80 = 19.8$

Mit dem folgenden Mathematica-Code wird das Anfangswertproblem schmerzlos numerisch gelöst und die Lösung grafisch dargestellt.
Dabei ist in NDSolve[...] (Numerical Differential Equation Solver) zu beachten, dass der Befehl Which[...] den entsprechenden fallabhängigen Faktor $k(t)$ beschreibt.

```
m = 80; g = 9.81;
sol = NDSolve[{mv1′[t] == mg − v1[t]² Which[t < 15, 0.26,
t < 18, 0.26 + 19.54(t − 15)/3, t >= 18, 19.8], v1[0] == 0}, v1, {t, 0, 22}];
v1[t_] = v1[t]/.sol;
Plot[v1[t], {t, 0, 22}];
```

Die Lösung ist überall glatt, auch beim scheinbaren Knick, wie der Zoom rechts für $14.95 < t < 15.05$ verdeutlicht.

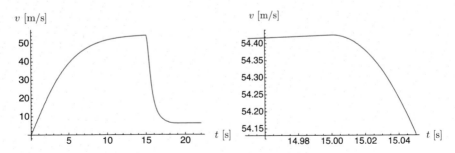

Schließlich wollen wir noch den Beschleunigungsverlauf

$$a(t) = \dot{v}(t) = g - v^2$$

berechnen und plotten:

```
acc[t_] := g − v1[t]²
Which[t < 15, 0.26,  t < 18, 0.26 + (19.8 − 0.26)(t − 15)/3,  t >= 18, 19.8]/m;
Plot[acc[t], {t, 0, 22}], AxesLabel− > {″t [s]″,″v [m/s]″}
```

Hier ist die Grafik der Beschleunigung a:

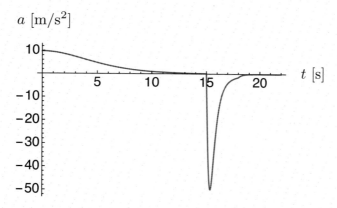

Ihr Maximalwert liegt also etwa bei $5g$. Innerhalb von ca. 0.4 s erfährt der Springer also ein Ansteigen der Beschleunigung von 0 auf $5g$.

Natürlich stellt sich die Frage, ob der Öffnungsvorgang allenfalls noch besser modelliert werden könnte. Dazu wären genauere Analysen über den Öffnungsvorgang notwendig, um dann die Funktion $k(t)$ entsprechend anzupassen.

Die numerische Lösung zeigt schön auf, dass sie entschieden besser ist als die analytische, zudem flexibler gegenüber Modifikationen und, *last but not least*, mit bedeutend weniger Aufwand zu haben ist!

5.9 Erdnahe Satellitenbahnen

Wegen der Rotation ist die Erde leicht abgeplattet gegenüber einer Kugel mit einen Wulst um den Äquator. Die Distanz der Pole zum Erdmittelpunkt ist etwa um 20 km kleiner als der Äquatorradius R= 6378 km. Der Unterschied beträgt nur etwa $0,31\%$. Zwei Körper mit den Massen M und m ziehen sich an. Dabei ist der Betrag der Anziehungskraft

$$|\vec{F}| = G\frac{M \cdot m}{r^2} \quad \text{mit } G = 6,6741 \cdot 10^{-11}\frac{\text{m}^3}{\text{kg} \cdot \text{s}^2}.$$

Mit dem Zentrum der Erdmasse $M = 5,9722 \cdot 10^{24}$ kg im Ursprung und dem Satelliten mit Masse m an der variablen Position $\vec{r}$ gilt also die Newtonsche Bewegungsgleichung

$$m\ddot{\vec{r}}(t) = -\vec{F} \quad \Longrightarrow \quad \ddot{\vec{r}}(t) = \frac{-G \cdot M}{r^3} \cdot \vec{r}.$$

deren Kepler-Lösungen wir bereits diskutiert haben.

Der Erdwulst für erdnahe Satellitenbahnen gibt Anlass zu einer Störkraft.[7]

---

[7] Näherung durch Kugelfunktionen.

Wegen der Symmetrie des Erdwulstes bezüglich der Äquatorebene gibt es Satellitenbahnen in der Äquatorebene. Wir studieren im Folgenden nur solche Bahnen.

Die Newtonsche Bewegungsgleichung dafür lautet

$$\ddot{\vec{r}}(t) = \left(\frac{-\mu}{r^3} - J \frac{\mu R^2}{r^5} \right) \cdot \vec{r}$$

mit den Konstanten $\mu = M \cdot G = 398600 \ \mathrm{km^3/s^2}$, $J = 1{,}083 \cdot 10^{-3}$.

In Koordinaten haben wir folgendes Differentialgleichungssystem:

$$\left. \begin{array}{l} \ddot{x}(t) = -\mu \dfrac{x}{r^3} - \mu J R^2 \dfrac{x}{r^5} \\[2mm] \ddot{y}(t) = -\mu \dfrac{y}{r^3} - \mu J R^2 \dfrac{y}{r^5} \end{array} \right\} \quad \text{mit } r = \sqrt{x^2 + y^2} \ .$$

Nun ein Ausschnitt aus einer Projektarbeit-Arbeit:[8]

Die Aufgabe bestand darin, eine erdnahe Satellitenbahn in der Äquatorebene unter Berücksichtigung des Erdwulstes zu berechnen und grafisch darzustellen und anschließend zu bestimmen, wie groß die Perihelwanderung pro Umlauf ist.

Im Folgenden wird vorerst die Bahnberechnung gezeigt und nach der Grafik die Bestimmung der Perihelpunkte. Die Grafik zeigt die Perihelwanderung der rosettenartigen, nicht mehr geschlossenen Bahn. Die einzelnen Schleifen sind leicht gestörte Ellipsen. Die Störung wird durch den Erdwulst verursacht.

Konstanten:
```
Abtastwerte=5000, μ=398600, R=6378, J2=0,01623
```

Bemerkung: Um den Effekt besser herauszuholen, wurde mit $J2 = 0{,}01623$ der 15-fache Wert gegenüber dem richtigen $J1 = 0{,}001083$ gewählt.

Codierung des AWP:

$$\texttt{Diff}[\texttt{vx0\_}, \texttt{vy0\_}, \texttt{x0\_}, \texttt{y0\_}] =$$
$$\{$$
$$\texttt{x}''[\texttt{t}] == -\mu * \frac{\texttt{x}[\texttt{t}]}{\left(\sqrt{\texttt{x}[\texttt{t}]^2 + \texttt{y}[\texttt{t}]^2}\right)^3} - \mu * \texttt{J2} * \texttt{R}^2 * \frac{\texttt{x}[\texttt{t}]}{\left(\sqrt{\texttt{x}[\texttt{t}]^2 + \texttt{y}[\texttt{t}]^2}\right)^5},$$
$$\texttt{y}''[\texttt{t}] == -\mu * \frac{\texttt{y}[\texttt{t}]}{\left(\sqrt{\texttt{x}[\texttt{t}]^2 + \texttt{y}[\texttt{t}]^2}\right)^3} - \mu * \texttt{J2} * \texttt{R}^2 * \frac{\texttt{y}[\texttt{t}]}{\left(\sqrt{\texttt{x}[\texttt{t}]^2 + \texttt{y}[\texttt{t}]^2}\right)^5},$$
$$\texttt{x}'[0] == \texttt{vx0}, \quad \texttt{y}'[0] == \texttt{vy0}, \quad \texttt{x}[0] == \texttt{x0}, \quad \texttt{y}[0] == \texttt{y0}$$
$$\}$$

Die Berechnung der Lösung mit Anfangsposition $(x0, y0) = (6600 \ \mathrm{km}, 0 \ \mathrm{km})$ und Anfangsgeschwindigkeit $(vx0, vy0) = (0 \ \mathrm{km/s}, 7 \ \mathrm{km/s})$ erfolgt durch:

---

[8] Von meinen ehemaligen Studenten Reber und Dellenbach im Rahmen des Mathematik-Labors am Departement Technik und Informatik der Berner Fachhochschule.

```
sol = Flatten[NDSolve[{Diff[6600,0,0,7]},{x[t],y[t]},{t,0,5000}]];
```

Der Strichpunkt am Schluss unterdrückt den Output. Der Befehl für die folgende Grafik (ohne die fünf Perihelpunktemarkierungen) lautet:

```
orbit=ParametricPlot[Evaluate[{x[t], y[t]} /.sol],
{t,0,5000},AspectRatio->Automatic];
```

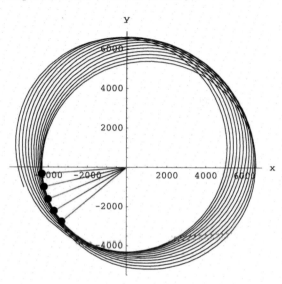

Vorgehen für die Perihelpunkte:

(a) Extrahieren von 5001 diskreten Punkten $(x[t], y[t])$ für $t = 0, 1, 2, \ldots, 5000$ aus der Lösung:
```
DiffMatrix=Table[NDSolve[{x[t],y[t]}/sol, {t,0,5000}]];
```

(b) Berechnen der 5001 Distanzen $r(t) = \sqrt{x[t]^2 + y[t]^2}$:
```
NormMatrix=Table[Norm[DiffMatrix[[i]], {i,1,5000}]];
```

(c) daraus für die fünf kleinsten Distanzen die Positionen extrahieren:
```
MinimalPositionsMatrix=Ordering[NormMatrix,5]
```

(d) schließlich Zugriff auf die fünf Koordinatenpaare und Berechnen der Zwischenwinkel mit Skalarprodukt.

Kommentar zur Grafik:
Die rosettenartige Bahn mit ellipsenähnlichen Umläufen schließt sich nicht. Die Perihelwanderung pro Umlauf beträgt 8.8°.

Kritik: Die Bahn befindet sich nicht immer außerhalb der Erde. Die Anfangsbedingungen müssten entsprechend geändert werden.

Bemerkung: Eine Analyse mit der sogenannten Mittelungsmethode[9] von Bogoljubov (russischer theoretischer Physiker 1909–1992) und Mitropolskij (russischer Mathematiker 1917–2008) kommt in [10] zum Schluss, dass eine Satellitenbahn in der Äquatorebene eine Perihelwanderung im Bogenmaß von $\Delta\varphi \approx 3\pi J(R/p)^2$ pro Umlauf aufweist. Dabei ist $p = \frac{b^2}{a}$ der Ellipsenparameter mit den Halbachsen $a \geq b$ und R der Erdradius.

Für eine erdnahe Satellitenbahn mit $R \approx a \approx b$ (da fast kreisförmig), ergibt sich

$$\Delta\varphi \approx 3\pi J \approx 1,02 \cdot 10^{-2}.$$

Das entspricht $3,67°$ pro Umlauf. In der vorangehenden Figur sind, wie schon erwähnt, fünf aufeinanderfolgende Perihel markiert.

---

[9] Sie dient in der analytischen Störungsrechnung bei Anwendungen von fast periodischen Vorgängen und ist auch unter dem Begriff *Averaging Method* bekannt und in [3] abgehandelt.

5.10 Übungen Kapitel 5

89. Euler- und Heunverfahren. Das AWP $y' = \sqrt{y}$ mit $y(2) = 1$ hat bekanntlich die Lösung $y(x) = \frac{1}{4}x^2$.
Berechnen Sie mit $h = 0.1$ für $x = 2.10$ den Euler-Wert und den Heun-Wert für y und vergleichen Sie die beiden Werte mit dem exakten Wert (Genauigkeit: 6-ziffrig gerundet).

90. Diskretisation. Für das AWP　　$y' = y$ mit $y(0) = 1$
ist mit einem Schritt der Größe h symbolisch zu berechnen

(a) der Wert $y_e(h)$ nach der Methode von Euler,
(b) der Wert $y_h(h)$ nach der Methode von Heun,
(c) der Wert $y_{rk}(h)$ nach der Methode von Runge-Kutta.

Vergleichen Sie diese mit dem exakten Wert

$$e^h = 1 + h + \frac{1}{2!}h^2 + \frac{1}{3!}h^3 + \frac{1}{4!}h^4 + \dots$$

und erstellen Sie eine einzige Grafik, in der Sie alle vier Funktionen gemeinsam auf dem Intervall $0 \leq h \leq 1$ plotten.

91. Konkurrenz zweier Arten von Lebewesen. Die Problemstellung wurde aus [27] entnommen. Es geht um ein einfaches Modell einer Konkurrenz zweier Arten um eine gemeinsame Nahrungsquelle, also um die Wechselwirkung eines ökologischen Systems.
Für $i = 1, 2$ gelte:
Die Anzahl Lebewesen der beiden Populationen seien p_i.
Die prozentualen Wachstumsraten bei unbegrenztem Nahrungsangebot seien a_i.
Die pro Individuum und pro Zeiteinheit benötigten Nahrungsmengen seien b_i.

Da die Nahrungsquelle beschränkt ist, werden die Wachstumsraten a_i um ein λ_i-faches von $b_1 p_1 + b_2 p_2$ verkleinert.
Damit lauten die Wachstumsgleichungen in Abhängigkeit der Zeit t für die beiden Populationen

$$\dot{p}_1 = [a_1 - \lambda_1(b_1 p_1 + b_2 p_2)] \cdot p_1$$
$$\dot{p}_2 = [a_2 - \lambda_2(b_1 p_1 + b_2 p_2)] \cdot p_2$$

Es handelt sich also um ein gekoppeltes, autonomes, nicht-lineares Differentialgleichungssystem.
Simulieren Sie dieses Populationsmodell für verschiedene Sätze von numerischen Parametern, welche die Ungleichung $\dfrac{a_1}{a_2} > \dfrac{\lambda_1}{\lambda_2}$ erfüllen. Eine Möglichkeit ist beispielsweise

$a_1 = 0,5$　　$\lambda_1 = 0,4$　　$b_1 = 0,005$　　$p_1(0) = 500$
$a_2 = 0,1$　　$\lambda_2 = 0,2$　　$b_2 = 0,001$　　$p_2(0) = 700$
Die beiden Anfangsbedingungen $p_i(0)$ können beliebig gewählt werden.

Zeigen Sie mit den verschiedenen Simulationen experimentell, dass interessanterweise immer gilt

$$\lim_{t\to\infty} (p_1(t), p_2(t)) = \left(\frac{a_1}{\lambda_1 b_1}, 0 \right),$$

wobei der Punkt rechts ein stabiler Gleichgewichtspunkt des Differentialgleichungssystems ist.

Also stirbt die eine Population aus ($p_2 = 0$). Man spricht vom Volterraschen Ausschlussprinzip:

Vermehrt sich eine Population stärker als die andere, so wird die eine schließlich ganz ausgelöscht.

Die Theorie dazu finden Sie in [27] und in [2].

92. Raketenstart mit Luftwiderstand. Es geht darum, ein mathematisches Modell für einen vertikalen Raketenstart bis auf eine Höhe von ca. 80 km in Form von einer Differentialgleichung aufzustellen. Dabei soll sowohl die Geschwindigkeit $v(t)$ als auch die Höhe $h(t)$ in Abhängigkeit der Zeit numerisch berechnet werden für sinnvoll gewählte Parameter.

Typische Daten wie Leermasse, Treibstoffmasse, Schubkraft, C_W-Wert und Anströmquerschnitt entnehme man aus der Literatur oder dem Internet. Die Luftdichte $\rho(h)$ ist in Aufgabe 93 beschrieben.

93. Meteoritenbahnen. Hier sind einige Daten und vage Informationen: Zur Berechnung des variablen Luftwiderstandes wird die Luftdichte $\rho(h)$ in Abhängigkeit der Höhe h über Meer benötigt. Bis auf eine Höhe von etwa 100 km beschreibt das exponentielle Verhalten

$$\rho(h) = \rho_0 e^{-h/H} \text{ mit } H \approx 6000 \text{ m}$$

und $\rho_0 \approx 1.29$ kg/m^3 die standardisierte Atmosphäre recht gut.

Meteoriten haben im Bereich des Erdorbits eine maximale heliozentrische Geschwindigkeit von etwa 42 km/s. Da die Bahngeschwindigkeit der Erde etwa 30 km/s beträgt, sind Relativgeschwindigkeiten gegenüber der Erdatmosphäre zwischen 12 km/s und 72 km/s möglich.

Die Bahn ist abhängig von der Eintrittsgeschwindigkeit v_0 (Annahme: Eintrittshöhe $h_0 \approx 80$ km), dem Eintrittswinkel α, dem Gewicht G, der Geometrie des Meteoriten und der Größe des Anströmquerschnittes A und dem Luftwiderstandsbeiwert C_W.

In der Literatur werden für große Meteoriten Aufprallgeschwindigkeiten zwischen 2 und 4 km/s erwähnt. Von kleineren wird gesagt, dass sie wegen der starken Bremswirkung möglicherweise sogar im freien Fall mit Aufprallgeschwindigkeiten zwischen 60 und 80 m/s auf der Erdoberfläche aufschlagen können.

Der größte je gefundene Meteorit mit Namen Hoba-Meteorit befindet sich in Namibia: Die Angaben über das Gewicht schwanken zwischen 50 und 60 Tonnen. Er ist etwa quaderförmig $(2,70\ m \times 2,70\ m \times 0,90\ m)$, schlug vor ungefähr 80000 Jahren auf der Erde ein und liegt immer noch in der ursprünglichen Position. Sein geschätztes Alter beträgt 190 bis 410 Millionen Jahre. Er besteht zu ca. 82% aus Eisen, zu ca. 16% aus Nickel und zu ca. 1% aus Kobalt.

Ein kleinerer kugelförmiger Meteorit mit ca. 10 cm Durchmesser und ähnlicher Zusammensetzung wie der Hoba-Meteorit hat eine Masse von ca. 8 kg.

Ein Meteorit kann unter Umständen während seines Fluges an Masse und Größe verlieren. Dieser Effekt kann recht stark sein. Kleinere Meteoriten verglühen in der Atmosphäre komplett. Beim Hoba-Meteoriten wurde allerdings kaum ein Materialverlust festgestellt.

Ein **erstes Testbeispiel** für das Modell liefert ein Ausschnitt aus [30]:

„Am Abend des 6. April 2002 bot sich zahlreichen Beobachtern in Zentraleuropa ein unheimliches Schauspiel: Ein Feuerball zischte über den Himmel und tauchte das Firmament für kurze Zeit in grelles Licht. In Bayern klirrten die Fenster, der Boden zitterte, die Polizei erhielt Dutzende Anrufe. Je nach Mentalität meinten Augenzeugen, abstürzenden Weltraummüll, ein Flugzeugunglück oder gar ein Ufo gesehen zu haben.
Doch bald stellte sich heraus, dass die seltsame Erscheinung ein Meteorit war. Überwachungskameras des *European Fireball Network* hatten die Leuchtspur des Himmelskörpers aufgezeichnet, anhand der Aufnahmen konnten Forscher das vermutliche Einschlaggebiet berechnen. Über drei Monate später wurde sechs Kilometer von Schloss Neuschwanstein entfernt ein 1,75 Kilogramm schweres Bruchstück gefunden.

Der Meteorit, kurzerhand auf den Namen des Schlosses getauft, hat Seltenheitswert: Er ist erst der vierte, der mit Hilfe von Fotos entdeckt werden konnte, die noch während seines Fluges entstanden. Astronomen können diese Bilder nutzen, um die Eintrittsbahn des abgestürzten Felsbrockens zu rekonstruieren — und damit seine Herkunft im Sonnensystem.

Gemeinsam ermittelten das Deutschen Zentrum für Luft- und Raumfahrt und das Astronomische Institut der tschechischen Akademie der Wissenschaften, dass die Leuchtspur in 85 Kilometer Höhe, etwa zehn Kilometer nordöstlich von Innsbruck, begann. In 21 Kilometer Höhe blitzte es auf — offenbar brach der anfangs etwa 300 Kilogramm schwere Brocken auseinander, bevor sich seine Spur westlich von Garmisch-Partenkirchen in 16 Kilometer Höhe verlor."

Ein **zweites Testbeispiel** für das Modell:

Am 15. Februar 2013 wurde der **größte Meteorit seit 100 Jahren im russischen Uralgebiet in der Region Tscheljabinsk** mit Eintrittswinkel 16° beobachtet und auch im Internet gut dokumentiert und mit Fotos und Videos untermauert. Er explodierte und bescherte einen Meteoritenschauer, der zu vielen Schäden führte.

Projektablauf:

(a) In Abhängigkeit der erwähnten fünf Parameter v_0, α, G, A, C_W das entsprechende Anfangswertproblem formulieren.

(b) Numerisches Lösen des AWP mit Einsatz eines Computeralgebrasystems, welches eine zeitabhängige Lösung für sinnvoll gewählte Parameter liefert.

(c) Die Bahn und den zeitlichen Bewegungsablauf als Plot darstellen. Damit ist auch die Reichweite von der Höhe von 80 km bis zum Aufprall bekannt.

(d) Bestimmen der Zeitdauer bis zum Aufprall.

(e) Berechnen des Betrags des zeitlich abnehmenden Geschwindigkeitsverlaufs $v(t)$, insbesondere auch die Aufprallgeschwindigkeit.

Zum Modellieren gehört auch das sich Auseinandersetzen mit C_W-Werten, damit diese möglichst realitätsnah gewählt werden.

Hinweis: Mögliche Starthilfen für die Modellbildungen finden Sie in den Abschnitten 4.4 (Wurfbahnen mit Luftwiderstand), 5.7 (Flugbahnen von Tennisbällen) und 5.8 (Mathematisches Modell für einen Fallschirmabsprung).

94. Flugbahn von Tennisbällen. Modellieren Sie folgende Fälle:

(a) Bahn eines Tennisballs mit Luftwiderstand aber ohne Spin (also ohne Magnuskraft: $\eta = 0$). Vergleichen Sie das Resultat mit denjenigen in Abschnitt 5.7. Überzeugen Sie sich davon, dass die Flugzeit kleiner ist als mit Slice oder Topspin.

(b) Bahnen für Slice und Topspin mit Wind und Gegenwind.

(c) Bahnen verursacht durch Slices, welche mit einer Racketbewegung nahezu parallel zum Netz ausgeführt werden mit dem Effekt, dass der Ball seitlich wegspringt. Variieren Sie den Winkel zwischen Netz und Racketbewegung. Analysieren Sie auch Stopbälle mit kleineren Anfangsgeschwindigkeiten.

95. Verfeinertes Räuber-Beute-Modell.
Falls keine Räuber vorhanden sind, soll für die Beutepopulation das logistische Wachstumsmodell gelten. Damit wird aus (4.15) mit dem Zusatzterm $-k \cdot h^2$

$$\left. \begin{array}{l} \dot{h} = a \cdot h - k \cdot h^2 - b \cdot h \cdot f \\ \dot{f} = -c \cdot f + d \cdot h \cdot f \end{array} \right\} .$$

Wählen Sie die Parameter und Anfangsbedingungen möglichst realistisch basierend auf Daten, die Sie persönlich beschaffen. Ihre Wahl soll die Bedingung $\frac{a}{k} >> \frac{c}{d}$ erfüllen.

(a) Verifizieren Sie, dass $\quad (h, f) = \left(\dfrac{c}{d}, \dfrac{a - kc/d}{b} \right) \quad$ Fixpunkt des Systems ist.

(b) Generieren Sie verschiedene grafische Lösungen mit unterschiedlichen Anfangsbedingungen, indem Sie den Code von (4.15) mit Berücksichtigung des Zusatzterms übernehmen. Was stellen Sie für $t \to \infty$ fest?

Kapitel 6
Klimawandel, Epidemien, Signalverarbeitung

6.1 Klimawandel

6.1.1 Das Nulldimensionale Energie-Gleichgewichts-Modell

Hier führen wir das einfachste Modell ein, auch bekannt unter dem Namen **Zero-dimensional Energy Balance Model**. Es handelt sich **ausschließlich um global gemittelte Größen.**

Die Theorie basiert auf voneinander unabhängigen Arbeiten von Budyko (1920–2001)[1] und Sellers (1955–2016).[2]

Die Wärmegleichung eines Körpers von beliebiger Form ist gegeben durch

$$\frac{\mathrm{d}Q}{\mathrm{d}t} = P_{\text{Gewinn}} - P_{\text{Verlust}}.$$

Die Größe $Q = C \cdot M \cdot T$ bezeichnet die Wärmemenge mit der Temperatur T in Kelvin, der Masse M des Wärme austauschenden Körpers und seiner mittleren Wärmekapazität C.

Als Nächstes bestimmen wir die Leistung des Wärmegewinns P_{Gewinn} und des Wärmeverlustes P_{Verlust} der Erde. Die totale von der Erde absorbierte Leistung ist gleich der kurzwelligen Sonneneinstrahlung, also gilt

$$P_{\text{Gewinn}} = \pi R^2 \cdot S_0 \cdot (1 - \alpha).$$

Dabei ist πR^2 der Flächeninhalt der Kreisscheibe mit R = Radius der Erdkugel, $S_0 = 1370$ W/m^2 die totale Sonneneinstrahlung pro Quadratmeter (Total Solar Irradiance, TSI) und $\alpha \approx 0.32$ der Bruchteil des reflektierten Teils der Strahlung, das sogenannte planetarische Albedo.

---

[1] Mikail Iwanowitsch Budyko war ein russischer Klimatologe, Geophysiker und Geograph. Er galt als einer der führenden Klimaforscher. Zahlreiche Modelle und Voraussagen zur globalem Erwärmung gehen auf seine Forschungsarbeiten zurück.

[2] Piers John Sellers war amerikanisch-britischer Klimaforscher und Astronaut. Nach seinen drei Raumflügen im All zwischen 2002 und 2010 wurde er Direktor der geowissenschaftlichen Forschungsabteilung am Goddard Space Flight Center der NASA.

© Springer-Verlag GmbH Deutschland, ein Teil von Springer Nature 2020
A. Fässler, *Schnelleinstieg Differentialgleichungen*,
https://doi.org/10.1007/978-3-662-62146-2_6

Die totale Verlustleistung, verursacht durch die ausgehende langwellige Strahlung, ist gegeben durch das **Stefan-Boltzmann Gesetz** [3]

$$P_{\text{Verlust}} = 4\pi R^2 \cdot \varepsilon \cdot \sigma \cdot g \cdot T^4.$$

Dabei ist $\varepsilon = 0.97$ das Emissionsvermögen, $\sigma = 5.67 \cdot 10^{-8} \frac{W}{m^2 K^4}$ die Boltzmann-Konstante, T die Temperatur der Erdoberfläche in Kelvin und g der beeinflussbare entscheidende Abstrahlungsfaktor, der den Treibhausgaseffekt modelliert.[4]

Ungefähr $\frac{3}{4}$ der Erdoberfläche ist durch Wasser bedeckt mit einer Wärmekapazität von $4187 \frac{J}{kg \cdot K}$. Unter Berücksichtigung der Tatsache, dass die verschiedenen Materialien der Erdkruste kleinere Wärmekapazitäten haben, wird die globale mittlere Wärmekapazität auf $C \approx 3440 \frac{J}{kg \cdot K}$ geschätzt.

Somit ändert sich die Temperatur in Abhängigkeit der Zeit t pro Sekunde gemäß der Gleichung

$$4\pi R^2 \cdot \Delta R \cdot \rho \cdot C \cdot \frac{dT}{dt} = P_{\text{Gewinn}} - P_{\text{Verlust}}.$$

Dabei ist ρ die mittlere Dichte der Schicht der Erdoberfläche mit der mittleren Dicke ΔR, welche am Wärmeaustausch beteiligt ist. Schätzung: $\rho \approx 1500 \text{ kg/m}^3$.
Nach Division durch $4\pi R^2$ resultiert daraus die nichtlineare autonome Differentialgleichung für die Funktion $T(t)$, welche sich auch in [14], Teilabsch. 3.2.1 findet:[5]

$$C_E \cdot \frac{dT}{dt} = \frac{S_0}{4}(1 - \alpha) - \varepsilon \cdot \sigma \cdot g \cdot T^4.$$

---

[3] Josef Stefan (1835–1893) war österreichischer Mathematiker und Physiker mit slowenischen Wurzeln, Ludwig Boltzmann (1844–1906) war österreichischer Physiker.

[4] Der Skalierfaktor g ist das Resultat der Tatsache, dass die Emissionstemperatur in der realen Atmosphäre, das heißt die Temperatur, welche man vom All aus sehen würde, nicht der Temperatur auf der Erdoberfläche entspricht.
    Der Grund liegt darin, dass ein großer Anteil der durch die Erdoberfläche emittierten Infrarotstrahlung die Atmosphäre nicht verlässt, da sie durch Treibhausgase, hauptsächlich durch Wasserdampf und CO_2, in der Atmosphäre absorbiert wird. Diese Teilchen strahlen die absorbierte Energie in alle Richtungen ab, auch nach unten zurück zur Erde. Dadurch heizt sich die Erdoberfläche auf und durch Konvektion wird damit auch die ganze Atmosphäre aufgeheizt.
    In der konvektiven Atmosphäre nimmt die Temperatur mit zunehmender Höhe ab (siehe Teilabsch. 3.11.2), hauptsächlich deshalb, weil sich die Luft bei abnehmendem Druck adiabatisch ausdehnt.
    Wegen der Infrarotstrahlung zurück ins All, welche abhängig ist von der Höhe, kann das System Erde die Balance zwischen einfallender und ausfallender Strahlung auch mit der Präsenz der Treibhausgase. aufrecht erhalten. Mit der aktuellen Konzentration des Treibhausgases findet die Infrarotstrahlung ins All auf einer Höhe von 5 km statt. In unserem einfachen Energie-Gleichgewichts-Modell berücksichtigen wir den Wärmeverlust durch die Infrarotemission mit einem Abstrahlungsfaktor $g < 1$. Es ist zu beachten, dass seine genaue Größe von vielen Feedbacks im System Erde abhängt, beispielsweise von einem Anstieg der Menge Wasserdampf in der Atmosphäre, wenn sich die Erde damit aufheizt.

[5] Referenz durch Prof. Dr. Stefan Brönnimann, Gruppe für Klimatologie am Geographischen Institut der Universität Bern.

Die Konstante $C_E = \Delta R \cdot \rho \cdot C$ kann als Wärmekapazität pro m^2 interpretiert werden. Gemäß den Klimawissenschaften wird die vorherrschende Einstrahlungsleistung $\frac{S_0}{4}(1 - \alpha)$ in Zukunft wegen Rückkoppelungen in der Atmosphäre bedingt durch das Treibhausgas um den sogenannten **Strahlungsantrieb** (radiative Forcing)

$$\Delta F = 5.35 \frac{W}{m^2} \cdot \ln \left(\frac{c}{c_0} \right)$$

erhöht. Dabei ist $c_0 = 280$ ppm [6] die relative vorindustrielle Referenzbelastung der Atmosphäre durch die CO_2-Teilchen und c die aktuelle relative Belastung.
Somit lautet die autonome Diffentialgleichung mit dem Strahlungsantrieb

$$C_E \cdot \frac{dT}{dt} = \frac{S_0}{4}(1 - \alpha) + \Delta F - \varepsilon \cdot \sigma \cdot g \cdot T^4. \tag{6.1}$$

Die folgende aus [46] entnommene **Keeling-Kurve**[7] zeigt die c-Werte zwischen den Jahren 1958 und 2020:

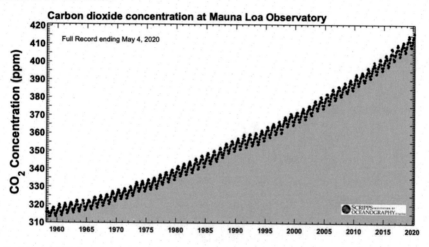

Monthly mean CO2 concentrations measured at Mauna Loa Observatory, Hawaii, from 1958 through to 4 May 2020.

Während der kurzen Zeitspanne von 59 Jahren hat sich der c-Wert um ca. 30 % erhöht!
Für den im Jahre 2020 aktuellen Wert c = 450 ppm ist also

$$\Delta F = 5.35 \frac{W}{m^2} \cdot \ln \left(\frac{450}{280} \right) = 2.54 W/m^2.$$

---

[6] ppm ist die Abkürzung für parts per million (Anteile pro Million), 1 ppm = 10^{-6}.

[7] Charles Davis Keeling (1928–2005) war als US-amerikanischer Klimaforscher Professor für Chemie an der Scripps Institution for Oceanography bei San Diego. Gastprofessuren an den Universitäten Heidelberg (1969–1970) und Bern (1979–1980).

Wegen $C_E \cdot \dfrac{dT}{dt} = \dfrac{S_0}{4}(1-\alpha) + \Delta F - \varepsilon \cdot \sigma \cdot g \cdot T^4 = 0$ folgt für die numerisch gegebenen Parameter in Abhängigkeit des Abstrahlungsfaktors g die stationäre Lösung

$$T_\infty(g) = \sqrt[4]{\frac{S_0(1-\alpha)/4 + \Delta F}{4 \cdot \varepsilon \cdot \sigma \cdot g}} = \sqrt[4]{\frac{1370 \cdot 0.68/4 + 2.54}{0.97 \cdot 5.67 \cdot 10^{-8}} \cdot \frac{1}{\sqrt[4]{g}}} = \frac{255.8}{\sqrt[4]{g}} \text{ K.} \quad (6.2)$$

Wir wollen den für die Menschheit entscheidenden Temperaturanstieg Δ gegenüber der mittleren Oberflächentemperatur $T_1 = (273.15 + 14.65)$ K $= 287.8$ K, wie sie im Jahre 2020 nach der folgenden Grafik geherrscht hat, für verschiedene Szenarien analysieren.

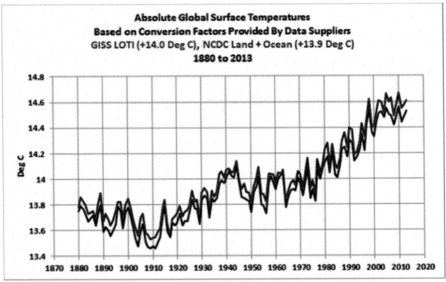

Quelle: Europäisches Institut für Klima & Energie (EIKE), Bob Tisdale.

Für den stationären Temperaturanstieg $\Delta_\infty(g)$ gilt mit (6.2) also

$$\Delta_\infty(g) = \frac{255.8}{\sqrt[4]{g}} - 287.8 \quad \text{in } °\text{C.}$$

Aus der Gleichung $\Delta_\infty(g) = 0$ folgt der g-Wert

$$g_0 = \left(\frac{255.8}{287.8}\right)^4 = 0.624$$

zum zeitlich konstanten Temperaturverlauf $\Delta(t) = 0$.

$$32$$

Ohne Treibhausgas ($g = 1$) wäre $\Delta_\infty(1) = 255.8 - 287.8 = -32 \,°\text{C}$!

Um das quantitative Verhalten von $T(t)$ zu berechnen, benötigen wir den numerischen Wert von C_E.

Die Eindringtiefe von Licht in Wasser ist abhängig von der Wellenlänge. Sie variiert zwischen 5 m (für rotes Licht) und 60 m (für blaues Licht). Aber die relevante Wasserschicht ist hauptsächlich durch die Konvektionstiefe gegeben, welche sich zwischen 10 m und über 100 m bewegt. Man nennt sie Mischschicht. Ihre mittlere Dicke wird beeinflusst durch den Wind (Impulsantrieb) und durch die Änderung der Wasserdichte an der Oberfläche, die durch Warmwasser- und Frischwasserflüsse (sogenannte Auftriebskräfte) verursacht wird.

Unter Berücksichtigung, dass 1/4 der Erdoberfläche durch ihre Kruste bedeckt ist, schätzen wir die Dicke der mittleren globalen Mischschicht auf $\Delta R \approx 40$ m und erhalten

$$C_E \approx 40 \text{ m} \cdot 1500 \, \frac{\text{kg}}{\text{m}^3} \cdot 3440 \, \frac{\text{J}}{\text{kg} \cdot \text{K}} = 2.06 \cdot 10^8 \, \frac{\text{J}}{\text{m}^2 \cdot \text{K}}.$$

6.1.2 Linearisiertes Modell

Es sei $T(t) = T_1 + \Delta(t)$ mit $T_1 = 287.8$ K. Da Δ im Vergleich zu T klein ist, gilt unter Verwendung des binomischen Lehrsatzes in guter Näherung

$$T^4 = (T_1 + \Delta)^4 \approx T_1^4 + 4T_1^3 \cdot \Delta.$$

Weil sich $T(t)$ und $\Delta(t)$ nur um die additive Konstante T_1 voneinander unterscheiden, ist $\frac{d\Delta}{dt} = \frac{dT}{dt}$. Somit resultiert aus (6.1) die linearisierte Differentialgleichung für $\Delta(t)$

$$C_E \cdot \frac{d\Delta}{dt} = A - B \cdot \Delta \tag{6.3}$$

mit
$$A(g) = \frac{S_0}{4}(1 - \alpha) + \Delta F - \varepsilon \cdot \sigma \cdot T_1^4 \cdot g \quad \text{und} \quad B(g) = 4 \cdot \varepsilon \cdot \sigma \cdot T_1^3 \cdot g.$$

Um g-Werte berechnen zu können, werden im Folgenden die numerischen Werte aller Parameter außer g eingesetzt. Damit erhalten wir unter Verwendung von

$$\frac{S_0}{4}(1 - \alpha) + 2.54 = \frac{1370}{4} \cdot 0.68 = 235.4, \quad \varepsilon \cdot \sigma = 0.97 \cdot 5.67 \cdot 10^{-8} = 5.500 \cdot 10^{-8}$$

$$T_1^4 = 6.8606 \cdot 10^9, \quad T_1^3 = 2.3838 \cdot 10^7$$

die linearen Abhängigkeiten

$$A(g) = 235.4 - 377 \cdot g \quad \text{und} \quad B(g) = 5.24 \cdot g.$$

Der Grenzwert Δ_∞ von $\Delta(t)$ für $t \to \infty$, in Abhängigkeit von g ergibt sich wegen $\frac{d\Delta}{dt} = 0$ aus der Nullstelle der rechten Seite von (6.3):

$$\Delta_\infty(g) = \frac{A(g)}{B(g)} = \frac{235.4 - 377g}{5.24 \cdot g} \quad \text{in } °\text{C}. \tag{6.4}$$

Hier bietet sich eine Kontrolle für $\Delta_\infty = 0$. Es muss $A(g) = 0$ gelten. Daraus ergibt sich erneut $g = g_0 = 0.624$.

Nun können wir die g-Werte für die beiden viel diskutierten Temperaturanstiege aus Gleichung (6.4) berechnen:

- $\Delta_\infty = 2\ ^\circ\mathrm{C}$ ergibt $g_2 = 0.608$,
- $\Delta_\infty = 1.5\ ^\circ\mathrm{C}$ ergibt $g_{1.5} = 0.612$.

Der Vergleich $g_2 = 0.608 < g_{1.5} = 0.612 < g_0 = 0.624$ bestätigt natürlich, dass ein größerer g-Wert eine kleinere Temperatur Δ_∞ bewirkt.

Zeitlicher Temperaturverlauf für das Szenario einer globalen Erwärmung um 2.0 °C ab dem Jahr 2020.

Es sei vorausgesetzt, dass der g-Wert zeitlich konstant sei mit $g = g_2$. Dann gilt wegen (6.3)

$$\frac{\mathrm{d}\Delta}{\mathrm{d}t} = \frac{A(g_2)}{C_E} - \frac{B(g_2)}{C_E} \cdot \Delta = \frac{6.37}{C_E} - \frac{3.18}{C_E}\Delta \qquad \text{mit } \Delta(0) = 0.$$

Kontrolle der Grenztemperatur: $6.37/3.18 = 2.00$. Der Zeitpunkt $t = 0$ bezieht sich auf das Jahr 2020.

Die Lösung des Anfangswertproblems lautet

$$\Delta(t) = 2.0 \cdot \left[1 - \exp\left(-\frac{3.18}{C_E} \cdot t\right)\right]. \tag{6.5}$$

Wir wollen sie von t Sekunden auf τ Jahre umrechnen:

$1\ \text{Jahr} = 365 \cdot 24 \cdot 3600\ \mathrm{s} = 3.15 \cdot 10^7\ \mathrm{s}$.

Mit der neuen Konstanten im Exponenten $-\dfrac{3.18 \cdot 3.15 \cdot 10^7}{2.06 \cdot 10^8} = -0.4740$ resultiert daraus

$$\Delta(\tau) = \Delta_\infty(g) \cdot (1 - e^{-0.4740 \cdot \tau}). \tag{6.6}$$

Bereits nach $T_{1/2} = 1.46$ Jahren wäre $\Delta = 1.0\ ^\circ\mathrm{C}$. Schon nach der 5-fachen Halbwertszeit $T_{1/2}$, also nach 7.3 Jahren, wäre $\Delta = 1.94\ ^\circ\mathrm{C}$!

Bemerkungen:

- Mit allenfalls an realen Daten besser angepasstem zeitlich veränderlichem $g(t)$ kann das Problem durch Einsetzen der Funktion $g(t)$ in (6.3) entsprechend modelliert und numerisch gelöst werden. Selbstverständlich auch für Fälle mit anderen Grenzwerten, etwa für 1.5 °C.
- In einem Zeitbereich von ca. 20 Jahren ist die berechnete Konstante C_E vernünftig. Für größere Zeiträume bis zu Jahrzehnten und Jahrhunderten müsste berücksichtigt werden, dass die Erwärmung der Meere bis in viel größere Tiefen erfolgt, also die Größe ΔR ein Vielfaches von 40 m betragen würde.

6.1.3 Zunahme des Treibhausgases

Betrachtet man die Keeling-Kurve so stellt sich die Frage, ob der Anstieg des CO_2-Anteils in der Atmosphäre während der vergangenen Jahrzehnte durch den Menschen verursacht wurde. Die Antwort heißt völlig unmissverständlich: Ja!

Begründung:
Messungen der Konzentration des Kohlenstoffisotops C14 im Vergleich zu C12 in der CO_2-Atmosphäre zeigen, dass das Verhältnis C14 / C12 in den vergangenen Dekaden signifikant gesunken ist.

Die Konzentration in der Atmosphäre, verursacht durch kosmische Strahlung, war jedoch über Tausende von Jahren praktisch konstant (die C14-Altersbestimmung beruht auf dieser Tatsache, siehe die Abschn. 3.3.2 und 3.3.3).

Das Abbrennen fossiler Brennstoffe produziert **kein** C14, sondern ausschließlich C12. Das intensive Abbrennen fossiler Brennstoffe in den vergangenen Dekaden hat die Konzentration von C14 in der Atmosphäre deutlich verdünnt.

Dies sogar trotz des Umstandes, dass Atombombentests in den 1950er und 1960er Jahren das Verhältnis C14 / C12 für kürzere Zeitabschnitte sogar stark erhöht haben!

Dazu dient auch die folgende aus [43] entnommene Grafik

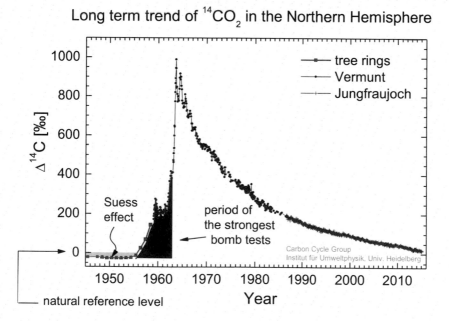

mit der Definition

$$\Delta^{14}C = f \cdot \frac{n^{14}}{n^C} - 1000. \tag{6.7}$$

Dabei ist $f = 8.19 \cdot 10^{14}$ eine dimensionslose Konstante. n^{14} bezeichnet die Anzahl C14-Atome und n^C die Anzahl CO_2-Moleküle in einem gegebenen Volumen der Atmosphäre.

Das Jungfraujoch befindet sich auf einer Höhe von 3466 m über Meer, Vermunt in Österreich auf 2000 m über Meer.

- Für die vor 1950 während Jahrtausenden geltende praktisch konstante C14-Konzentration $r = \dfrac{n^{14}}{n^C} = 1.22 \cdot 10^{-12}$ gilt $\Delta^{14}C = 0$.
- Für die doppelte C14-Konzentration $2r = 2.44 \cdot 10^{-12}$ gilt $\Delta^{14}C = 1000$.
- Für die 1.5-fache C14-Konzentration $1.5r = 1.83 \cdot 10^{-12}$ gilt $\Delta^{14}C = 500$.

Bemerkenswert ist die Tatsache, dass die bekannten globalen Daten $\Delta^{14}C \approx 19\%$ und $\Delta^{14}C \approx 2\%$ aus den Jahren 1987 und 2017 praktisch mit den europäischen Werten der Grafik übereinstimmen.

Fazit: Es besteht kein Zweifel, dass der Anteil an CO_2 in der Atmosphäre vom Menschen verursacht wurde! Mehr Informationen finden Sie in [22].

Aus der Analyse von Eisbohrkernen kann die CO_2-Konzentration in der Atmosphäre auf Hundertausende von Jahren zurückverfolgt werden. Hier ist eine von mehreren Grafiken aus [45]:

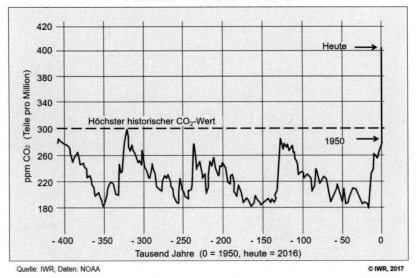

Sie zeigt den bedenklichen einmaligen Anstieg in jüngster Zeit in einem extrem kurzen Zeitintervall, der durch die vorangehende Keeling-Kurve gezoomt ist.

Die Argumentation, dass es ja schon immer Schwankungen gab ist sinnlos, da es sich um Zeitintervalle der Größenordnung von 100 000 Jahren handelt, im Gegensatz zu einem solchen der Länge von lediglich einigen Jahrzehnten!

6.1.4 Kohlenstoffbudget für den Grenzwert von 2 °C

Es geht darum, für das Einhalten des Grenzwertes 2 °C der globalen mittleren Temperaturerhöhung

- die maximal zulässige emittierte Menge an Kohlenstoff in die Atmosphäre zu berechnen, das sogenannte Kohlenstoffbudget.
- die Zeitdauer zu bestimmen, bis das Kohlenstoffbudget ausgeschöpft ist.

Dazu verwenden wir ein einfaches Modell, das den zeitlichen Verlauf des globalen Kohlenstoffbudgets beschreibt:

$$\Delta W = \Delta F - \Delta R \qquad \text{in } \frac{W}{m^2}.$$

- ΔW bezeichnet die Größe der durch die Erde (hauptsächlich durch die Ozeane) aufgenommenen Nettoleistung.
- $\Delta F = f \cdot \ln\left(\frac{c}{c_0}\right)$ mit $f = 5.35\frac{W}{m^2}$ bezeichnet wie zuvor die Größe des Strahlungsantriebs, verursacht durch den Anstieg der Treibhausgaskonzentration und anderer atmosphärischen Einflüsse.
- ΔR bezeichnet die Größe der reflektierten Leistung in die Atmosphäre.

In erster Näherung sind ΔW und ΔR proportional zur Temperaturerhöhung ΔT:

$$\Delta W = \kappa \cdot \Delta T, \qquad \Delta R = \lambda \cdot \Delta T.$$

Eine Analyse der beobachteten Erwärmung mit Berücksichtigung der Wärmeaufnahme der Ozeane unter Verwendung von Klimamodellen liefert die approximativen Parameter $\kappa = 0.6\frac{W}{m^2K}$ und $\lambda = 1.4\frac{W}{m^2K}$.

Zuerst geht es darum, die CO_2-Konzentration c_2 für die international vereinbarte Temperaturerhöhung $\Delta T = 2$ °C zu berechnen:

$$\Delta F = \Delta W + \Delta R = f \cdot \ln\left(\frac{c}{c_0}\right) = (\kappa + \lambda) \cdot \Delta T.$$

Hier sind jedoch die Nicht-CO_2-Strahlungsantriebe[8] noch nicht berücksichtigt. Vorausgesetzt, dass laut Report [6] des Weltklimarates dadurch ungefähr 0.5 °C Erwärmung verursacht wird, müssen wir deshalb für die folgende Berechnung von $c = c_2$ die Größe ΔT um 0.5 reduzieren:

$$c_2 = c_0 \cdot \exp\left(\frac{(\kappa + \lambda) \cdot 1.5}{f}\right) = 280 \cdot \exp\left(\frac{(1.6 + 0.4) \cdot 1.5}{5.35}\right) = 490.6 \text{ ppm}.$$

Bekannt ist, dass bei einer Zunahme des c-Wertes um 1 ppm die reine Kohlenstoffmasse (ohne Sauerstoff) M in der Atmosphäre um $a = 2.1$ Gt[9] zunimmt.

Zur Präzisierung sei hier bemerkt, dass die CO_2-Masse gegenüber der C-Masse um den Faktor $(2 \cdot 16 + 12)/12 = 3.67$ größer ist, denn die relative Atommasse beträgt 16 für Sauerstoff O und 12 für Kohlenstoff C.

---

[8] Es geht dabei um den Beitrag von Methan CH_4 und Lachgas N_2O, also um Treibhausgase die wie CO_2 wirken, aber durch andere Quellen in die Atmosphäre kommen und auch auf andere Art aus der Atmosphäre verschwinden.

[9] 1 Gt = 1 Gigatonne = 1 Millarde Tonnen = 10^9 Tonnen.

Kohlenstoffsenken im Ozean und in den Wäldern entfernten durchschnittlich etwa die Hälfte der emittierten Masse M_{em}. Damit verblieb nur ca. die Hälfte der Emissionen in der Atmosphäre, ein Verhältnis, das man als atmosphärischer Anteil f_{air} (airborne fraction) bezeichnet. Die Größe f_{air} blieb in den vergangenen Jahrzehnten ziemlich konstant bei 0.5. Modellsimulationen zeigen aber, dass f_{air} mit zunehmender Temperaturerhöhung ΔT um etwa 5 % pro Grad Erwärmung ansteigt.

Zwischen der gesamten ausgestoßenen reinen Kohlenstoffmasse M_{em} und der in der Atmosphäre verbleibenden Kohlenstoffmasse M gilt somit die Beziehung

$$\frac{M}{M_{em}} = f_{air} = 0.5 + 0.05 \cdot \Delta T.$$

Für $\Delta T = 2\,^\circ C$ mit $f_{air} = 0.6$ bedeutet dies, dass 60 % von M_{em} in der Atmosphäre bleibt und 40 % durch die Ozeane und die Biosphäre aufgenommen wird.

Somit liegt durch die Erhöhung der Konzentration der Atmosphäre von c_0 auf c_2 die Kapazität der gesamten Emissionsmasse bei

$$M_{em} = \frac{a \cdot (c_2 - c_0)}{0.6} = \frac{2.1\,\text{Gt/ppm} \cdot (490.6 - 280)\,\text{ppm}}{0.6} = 737\,\text{Gt}.$$

Etwa 540 Gt wurden bis zum Jahr 2020 bereits emittiert. Somit beträgt das Budget, das danach noch ausgestoßen werden kann

$$\Delta M_{em} = (737 - 540)\,\text{Gt} = 197\,\text{Gt}.$$

Mit der aktuellen Ausstoßmenge von etwa 10 Gt pro Jahr ergäbe sich nach 2020 eine verbleibende Zeitspanne von etwa 20 Jahren.

Bedenkenswert: Die zugrunde liegenden Parameter in der Berechung sind so bemessen, dass die Wahrscheinlichkeiten für eine effektive Temperaturerhöhung unter 2.0 °C etwa 50 % beträgt.

Für die höhere Sicherheit von ca. 66 % muss mit $\kappa + \lambda = 1.8\,\frac{W}{m^2 K}$ gerechnet werden mit einer verbleibenden Zeitspanne von lediglich 10 Jahren!

Coronavirus-Pandemie 2020 und Klimaerwärmung[10]

Die International Energy Agency IEA schätzt, dass die CO_2-Emissionen im Jahr 2020 gegenüber dem Jahr 2019 um 2,6 Milliarden Tonnen sinken werden. Das entspricht einem **Rückgang von 8 %** mit einer emittierten CO_2-Masse von insgesamt 33 Milliarden Tonnen.

Die CO_2-Konzentration nimmt trotzdem zu: Die Emissionen sammeln sich seit der Industrialisierung in der Atmosphäre an. Das erklärt ein scheinbares Paradox: Obwohl wir 2020 weniger emittieren werden als im Vorjahr, wird die CO_2-Konzentration in der Atmosphäre so hoch sein wie nie zuvor.

Damit sich die Erde mit einer Wahrscheinlichkeit von 66 % um nicht mehr als 1.5 °C erwärmt, müssen die globalen Emissionen aber während der **nächsten zehn Jahre jährlich um 7.6 % sinken**, schätzt das Umweltprogramm der Vereinten Nationen.

Einen guten Überblick zum Thema Klimaänderung liefert das Buch [25].

---

[10] Entnommen aus dem Beitrag „Das Virus rettet das Klima nicht" von R. Fultener, *Neue Zürcher Zeitung vom 7. Mai 2020.*

6.2 Epidemiologie

Mit Epidemien und Pandemien wurden Menschen in ihrer Geschichte immer wieder konfrontiert. Die Spanische Grippe hat 1918–1920 zwischen 25 und 50 Millionen Menschen dahingerafft. In jüngster Zeit traten in Asien SARS (2002, verursachte eine atypische Lungenentzündung), die Vogelgrippe (1983 und 1997) und die Schweinegrippe (2009) auf. In Afrika gab es in den Jahren 1976, 2014, 2016, 2018, 2020 mehrmals eine Ebola-Epidemie.
Seit 2019/2020 ist die Menschheit mit dem verheerenden Corona-Virus (Covid-19) konfrontiert.

6.2.1 SIR-Modell

Das SIR-Modell stammt von den beiden schottischen Epidemiologen W. O. Kermack und A. G. McKendrick aus dem Jahr 1927. Später wird dann das erweiterte SEIR-Modell diskutiert, das für die Coronavirus-Pandemie verwendet wird.
Es werden drei disjunkte Personengruppen S, I, R aus einer zeitlich konstanten Bevölkerung von N Individuen unterschieden:

- S besteht aus den infizierbaren Personen, welche noch nicht mit der betrachteten Krankheit in Kontakt gekommen sind *(susceptible individuals)*.

- I besteht aus den mit der Krankheit infizierten Personen *(infectious individuals)*, welche ansteckend sind für die Gruppe S.

- R besteht aus denjenigen Personen, welche gegenüber der Krankheit immun geworden oder wegen der Krankheit verstorben sind *(removed individuals)*.

Es bezeichnen $S(t), I(t), R(t)$ die Anzahl Personen der jeweiligen Gruppe S, I, R in Abhängigkeit der Zeit t.

Das SIR-Modell besteht aus dem nichtlinearen Differentialgleichungssystem

$$\dot{S} = -a \cdot \frac{I}{N} \cdot S \tag{6.8}$$

$$\dot{I} = a \cdot \frac{I}{N} \cdot S - b \cdot I \tag{6.9}$$

$$\dot{R} = b \cdot I \tag{6.10}$$

mit den Anfangsbedingungen $S(0) = S_0$, $I(0) = I_0$, $R(0) = R_0$. Zu Beginn einer Epidemie ist typischerweise $S_0 \approx N$, $I_0 \approx 0$, $R_0 = 0$, was beim Ausbruch einer zweiten Welle aber nicht mehr der Fall sein muss.

Dabei ist **a die Infektionsrate** und **b die Immunitätsrate**. Es handelt sich um Mittelwerte, die durch das Virus charakterisiert sind.

Die relativ kleinen Geburts- und Todeszahlen gegenüber der Gesamtbevölkerung werden vernachlässigt für Epidemien, welche im Zeitbereich von Monaten wirken.

Zum besseren Verständnis dient folgende Grafik:

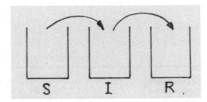

Individuen können nur von S nach I und von I nach R wechseln. Es wird damit eine Krankheit modelliert mit der Eigenschaft: einmal immun, dann zumindest während der Dauer der Epidemie weiterhin immun.

Beschreibungen der Differentialgleichungen:

Die Wahrscheinlichkeit, dass eine bestimmte Person aus der Gruppe S (nennen wir sie Eva) irgendeine Person der Gruppe I trifft, beträgt I/N.

Trifft Eva f Personen pro Tag, so ist die Wahrscheinlichkeit, dass sie pro Tag eine infizierte Person trifft $f \cdot \frac{I}{N}$.

Unter der Voraussetzung, dass eine Infizierung mit einer Übertragungswahrscheinlichkeit (auch Transmissionswahrscheinlichkeit genannt) von p% stattfindet, beträgt die Wahrscheinlichkeit, dass Eva an einem bestimmten Tag infiziert wird, $P = p \cdot f \cdot \frac{I}{N}$.

Schließlich gibt es bei Betrachtung aller S Personen pro Tag insgesamt $P \cdot S = p \cdot f \cdot \frac{I}{N} \cdot S = a \cdot \frac{I}{N} \cdot S$ Personen, welche infiziert werden. Mit dem Faktor -1 versehen, ist es der negative Term der 1. Gleichung (6.8) (Abnahme von S pro Tag) und der positive Term der 2. Gleichung (6.9) (Zunahme von I pro Tag) mit der

$$\text{Infektionsrate} \quad a = f \cdot p, \tag{6.11}$$

wobei f die Anzahl Kontakte einer Person/Tag und p die Transmissionswahrscheinlichkeit ist.

Die Immunitätsrate b entspricht der mittleren Wahrscheinlichkeit, dass eine Person pro Tag immun wird oder stirbt, und kann betrachtet werden als Kehrwert der Infektions- oder Heilungsdauer T_i in Tagen:

$$b = \frac{1}{T_i}. \tag{6.12}$$

Heilung bedeutet hier, dass die Krankheit nicht mehr weitergegeben werden kann. Der Term $b \cdot I$ ist gleich der Anzahl Personen pro Tag, welche immun geworden oder verstorben sind. Er muss als abnehmende Rate der infizierten Personen in der 2. Gleichung (6.9) subtrahiert werden und tritt in der 3. Gleichung (6.10) als zunehmende Rate auf.

Addition der rechten Seiten des Differentialgleichungssystems ergibt 0. Somit gilt

$$S(t) + I(t) + R(t) = \text{konstant} = S_0 + I_0 + R_0 = N.$$

Die Summe der drei Funktionen ergibt die konstante Gesamtpopulation N.

Die sogenannte **Basisreproduktionszahl**[11] ist folgendermaßen definiert:

$$R_0 = \frac{a}{b}.$$

Eine Epidemie tritt genau dann auf, wenn

$$\dot{I}(0) = I_0 \left(\frac{a}{N} \cdot S_0 - b \right) > 0 \quad \Leftrightarrow \quad S_0 > \frac{N}{R_0}.$$

Der Anfangswert S_0 muss also größer sein als der sogenannte **Schwellenwert** $\frac{N}{R_0}$. Notwendig ist also $R_0 > 1$.

Die Infektionsrate a entspricht bei einer Bevölkerung ohne Immunisierte der Wahrscheinlichkeit, dass eine infizierte Person an einem bestimmten Tag eine andere Person infiziert. Deshalb gilt wegen

$$R_0 = a \cdot \frac{1}{b} = a \cdot T_i,$$

$R_0 = $ **Anzahl Menschen, die eine infektiöse Person im Mittel ansteckt bezüglich einer Population, in der keine Person gegenüber dem Erreger immun ist (suszeptible Population = Gesamtbevölkerung).**

Der Quotient zwischen Eingangs- und Ausgangsrate der Gruppe I, also der beiden Terme der rechten Seite von (6.9)

$$R(S) = R_0 \frac{S}{N}$$

heißt **Reproduktionszahl**, manchmal auch Nettoreproduktionszahl genannt. Mit dem abnehmenden S-Wert nimmt auch sie vom Maximalwert R_0 ab.

Damit sich eine Epidemie nicht weiter ausbreiten kann, muss gelten:

$$\dot{I} = I \cdot \left(\frac{a}{N} \cdot S - b \right) \leq 0 \quad \Longleftrightarrow \quad S \leq \frac{b}{a} \cdot N = \frac{N}{R_0}.$$

Wenn also S unter den Schwellenwert sinkt, stoppt die Ausbreitung. Mit anderen Worten, wenn die Reproduktionszahl $R(S) \leq 1$ unter den Wert von 1 fällt.

Für den Fall mit $R_0 = 2$ würde die Anzahl der Infizierten erst dann abklingen, wenn S auf die Hälfte der Bevölkerung zurückgegangen ist.

Beim Schwellenwert $S = S_{\max} = \frac{N}{R_0}$ ist die Zahl der Infizierten maximal. Auf ihre Berechnung wird später eingegangen.

Während der Anfangsphase einer Epidemie ist $S(t) \approx N$ praktisch konstant. Deshalb führt (6.9) auf $\dot{I} = (a\frac{S}{N} - b) \cdot I \approx (a - b) \cdot I$ und daher mit der Anfangsbedingung $I(0) = I_0$ auf die Lösung

$$I(t) \approx I_0 \cdot e^{(a-b) \cdot t}.$$

Sie zeigt **zu Beginn der Epidemie ein exponentielles Wachstum.**

---

[11] Reproduktionszahlen werden in der Schriftart Sans Serif notiert und sind klar zu unterscheiden gegenüber der Funktion R und ihrem Anfangswert $R(0) = R_0$.

Beispiel 6.45 [12]

Mit $N = 8.33$ Millionen (Einwohnerzahl der Schweiz im Jahr 2020), den beiden Parametern $a = 0.8$, $b = 0.5$, der Basisreproduktionszahl $R_0 = 1.6$ und den Anfangsbedingungen $S_0 = N$, $I_0 = 1$, $R_0 = 0$ resultiert aus der numerischen Lösung des Differentialgleichungssystems die folgende Grafik mit der Zeit in Tagen:

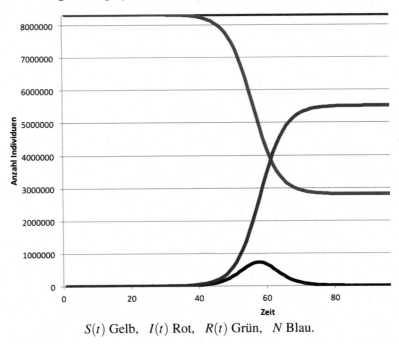

$$S(t) \text{ Gelb,} \quad I(t) \text{ Rot,} \quad R(t) \text{ Grün,} \quad N \text{ Blau.}$$

$\Diamond$

(S,I)-Trajektorie und maximale Anzahl Infizierte

Division von (6.9) durch (6.8) ergibt

$$\frac{\mathrm{d}I}{\mathrm{d}S} = \frac{N}{R_0} \cdot \frac{1}{S} - 1. \tag{6.13}$$

Im Folgenden betrachten wir I als Funktion der Variablen S wohlwissend, dass wir eigentlich eine neue Funktionsbezeichnung einführen müssten, um sie von der früheren Funktion $I(t)$ zu unterscheiden. Der Einfachheit halber wird aber darauf verzichtet.

Der Maximalwert an Infizierten tritt an der Nullstelle $S = \frac{N}{R_0} = S_{\max}$ der rechten Seite von (6.13) und damit beim Schwellenwert auf.

Integration dieser separablen Differentialgleichung nach S führt auf

$$I(S) = \frac{N}{R_0} \cdot \ln S - S + C.$$

---

[12] Dieses und das nächste Beispiel wurden mit Einverständnis des Autors aus ([16]) entnommen.

Mit $I(S_0) \approx 0$ und $S_0 \approx N$ muss gelten $0 \approx \frac{N}{R_0} \cdot \ln N - N + C$. Einsetzen von C in $I(S)$ ergibt die Trajektorie

$$I(S) \approx \frac{N}{R_0} \cdot \ln S - S + N - \frac{N}{R_0} \cdot \ln N = \frac{N}{R_0} \cdot \ln \left(\frac{S}{N} \right) + N - S. \qquad (6.14)$$

Für $S = \frac{N}{R_0}$ erhalten wir die maximale Anzahl I_{max} infizierter Personen:

$$I_{max} = \left[1 - \frac{1}{R_0} \cdot (1 + \ln R_0) \right] \cdot N. \qquad (6.15)$$

Beispiel 6.46

Parameter und Anfangsbedingungen sind dieselben wie im ersten Beispiel mit Ausnahme von $b = 0.4$ und

$$R_0 = \frac{a}{b} = \frac{0.8}{0.4} = 2.$$

Die Formel (6.15) liefert für $I_{max} = 0.154 \cdot N = 1.28$ Millionen an der Stelle $S_{max} = N/2 = 4.16$ Millionen, wie der rote Graph der (S, I)-Trajektorie (6.14) mit der I-Achse nach oben bestätigt:

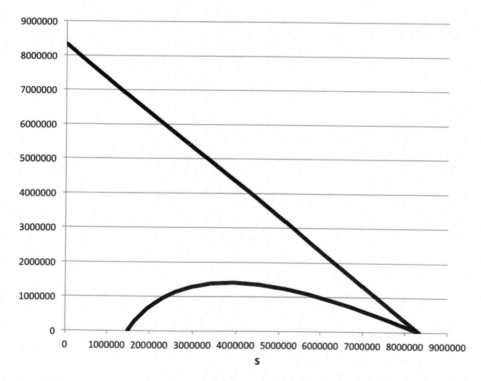

Zum Vergleich: Im ersten Beispiel ist $R_0 = 1.6$ kleiner als hier und damit auch I_{max}, wie der früheren roten Kurve entnommen werden kann.   ◇

Die (S,I)-Trajektorie kann als eine parametrisierte Kurve aufgefasst werden, die mit der Zeit t als Parameter vom Endpunkt $S_0 \approx N$ rechts mit $t = 0$ zum Endpunkt S_∞ links mit $t = \infty$ auf der horizontalen Koordinatenachse verläuft. Wegen $I + S \leq N$ befindet sie sich unterhalb der blauen Geraden $I + S = N$.

Für den relativen Anteil $i_{\max} = I_{\max}/N$ gilt also

$$i_{\max} = 1 - \frac{1}{R_0} \cdot (1 + \ln R_0) \tag{6.16}$$

mit dem Graphen von $i_{\max}$ nach oben abgetragen:

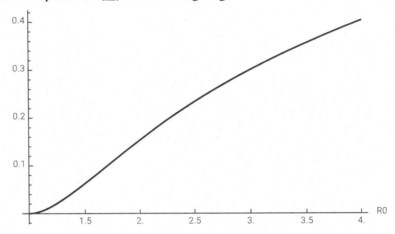

Der Punkt mit den Koordinaten $(s_{\max}, i_{\max})$ hängt also nur vom Quotienten $R_0 = \frac{a}{b}$ der beiden Parameter a und b ab.

Im ersten Beispiel mit $R_0 = 1.6$ ist $I_{\max} = 0.0813 \cdot 8.33 = 0.677$ Millionen, wie der roten glockenartigen Kurve entnommen werden kann.

Herdenimmunität und Impfstrategie

Betrachtet man die obige Kurve so stellt man fest, wie zentral die Bedeutung der Basisreproduktionsrate R_0 ist. So beträgt etwa für

- $R_0 = 3.0$ die maximale Anzahl $I_{\max} = 0.300\ N$,
- $R_0 = 1.5$ die maximale Anzahl $I_{\max} = 0.063\ N$,
- $R_0 = 1.25$ die maximale Anzahl $I_{\max} \approx 0.0215\ N$.

Falls bei einer grassierenden Epidemie beispielsweise mit $R_0 = 3.0$ keine Vorsichtsmaßnahmen ergriffen würden, so stiege die maximale Zahl an infizierten Personen auf 30 % der Gesamtbevölkerung. Bei der Covid-19-Epidemie im Jahre 2020 liegt die Größenordnung von Todesfällen unter den Infizierten bei etwa 5 %. Im Fall der Schweiz oder Österreich bedeutet das eine ethisch nicht vertretbare hohe Anzahl von etwa 120 000 Todesfällen, in Deutschland etwa das Zehnfache.[13]

---

[13] Diese Werte sind auch im SEIR-Modell gültig, wie später gezeigt wird.

Ein solches Vorgehen entspricht der Strategie zur Erreichung der sogenannten **Herdenimmunität**: Es werden keinerlei Vorsichtsmaßnahmen ergriffen nach dem Motto, dass sich die Bevölkerung ja selbst immunisiert. Bei der Coronavirus-Epidemie haben maßgebliche politische Instanzen einiger Länder noch Tage nach dem Ausbruch auf diese fatale Strategie gesetzt!

Im Gegensatz dazu steht der Lockdown mit drastischen Vorsichtsmaßnahmen wie Social Distancing, gründlichem Händewaschen, Schließen von Schulen und Veranstaltungen, Quarantänemassnahmen für Risikogruppen, welche die Basisreproduktionsrate und damit I_{max} entscheidend reduzieren.

Existiert eine **Impfung** für die Epidemie, so kann Herdenimmunität erreicht werden, indem dafür gesorgt wird, dass die Infektionsrate nur noch abnimmt. Die rechte Seite der 2. Differentialgleichung (6.9) muss also negativ sein. Das ist genau dann der Fall, wenn $S < \frac{N}{R_0}$. Realisation: Es müssen mindestens

$$N - \frac{N}{R_0} = \left(1 - \frac{1}{R_0}\right) \cdot N \quad \text{Personen geimpft werden.} \tag{6.17}$$

Ist beispielsweise $R_0 = 1.5$, so müsste etwa ein Drittel der Bevölkerung geimpft werden.

Anwendungen des SIR-Modells:

Das SIR-Modell ist geeignet für Epidemien, bei denen die Inkubationszeit extrem kurz ist wie beispielsweise bei Masern, Mumps und Röteln.

Bei der Bombay-Seuche (1905–1906) und einer Grippe-Epidemie 1998 in einem größeren englischen Internat gelang es, aus den vorgegebenen Daten der Infizierten durch geeignete Wahl der Parameter a und b jeweils eine ausgezeichnete Übereinstimmung zwischen den Daten und dem entsprechend berechneten Graphen von $I(t)$ zu realisieren. Damit wurde die Brauchbarkeit des SIR-Modells bestätigt.

Mehr dazu findet sich in [29].

6.2.2 SEIR-Modell

Das SEIR-Modell eignet sich für das Studium der Verhaltensweise der Coronavirus-Pandemie, auf die in den nächsten Abschnitten eingegangen wird.

Es ist eine Weiterentwicklung des SIR-Modells und weist eine zusätzliche vierte Gruppe auf mit dem Namen E für exponierte Personen *(exposed individuals)*, welche infiziert sind, aber erst nach einer Inkubationszeit (Präinfektionszeit) T_p andere Personen infizieren können. Zudem sei T_i die Infektionszeit.

$$\boxed{S} \longrightarrow \boxed{E} \xrightarrow{T_p} \boxed{I} \xrightarrow{T_i} \boxed{R}$$

Es besteht aus dem folgenden nichtlinearen Differentialgleichungssystem:

$$\dot{S} = -a \cdot \frac{I}{N} \cdot S \tag{6.18}$$

$$\dot{E} = a \cdot \frac{I}{N} \cdot S - c \cdot E \tag{6.19}$$

$$\dot{I} = c \cdot E - b \cdot I \tag{6.20}$$

$$\dot{R} = b \cdot I \tag{6.21}$$

Dabei ist $c = \frac{1}{T_p}$ mit der präinfektiösen Zeitdauer T_p und $b = \frac{1}{T_i}$ mit der infektiösen Zeitdauer T_i.

Da (6.11) und (6.12) auch hier gültig sind, bleibt die Basisreproduktionszahl R_0 und ihre Interpretation gleich wie im SIR-Modell.

Die Summe aller rechten Seiten beträgt ebenfalls null. Daher gilt:

$$S(t) + E(t) + I(t) + R(t) = N.$$

Das Modell setzt voraus, dass eine immun gewordene Person während der Epidemie immun bleibt. Diese Annahme ist allerdings im Falle der Coronavirus-Epidemie nicht erfüllt. Es wurden Fälle von immunen Personen bekannt, welche erneut Leute infiziert haben. Solange es sich um Einzelfälle handelt, ist das Modell jedoch brauchbar.

6.2.3 Berechnung von S_∞ und R_∞ für beide Modelle.

Es geht darum, die Anzahl Personen S_∞ für $t = \infty$ zu berechnen, welche durch die Epidemie nicht infiziert wurden. Division von (6.18) durch (6.21) oder Division von (6.8) durch (6.10) liefert für beide Modelle

$$\frac{dS}{dR} = -\frac{R_0}{N} \cdot S. \tag{6.22}$$

Im Folgenden betrachten wir S als Funktion der Variablen R wohlwissend, dass wir eigentlich eine neue Funktionsbezeichnung einführen müssten, um von der früheren Funktion $S(t)$ zu unterscheiden. Der Einfachheit halber wird aber darauf verzichtet. Die Integration von S nach R ergibt für die Anfangsbedingung $S(R = 0) \approx N$ die (R,S)-Trajektorie

$$S(R) = N \cdot \exp\left(-\frac{R_0}{N} \cdot R\right).$$

Da für $t = \infty$ nach dem Verschwinden der Epidemie $I_\infty \approx 0$ ist und im Falle des SEIR-Modells auch $E_\infty \approx 0$, so gilt für beide Modelle die Beziehung

$$S_\infty + R_\infty \approx N. \tag{6.23}$$

Daher resultiert die Lösung für S_∞ aus der nicht explizit auflösbaren Gleichung

$$S_\infty = N \cdot \exp\left(-\frac{R_\infty}{N/R_0}\right) = N \cdot \exp\left(\frac{S_\infty - N}{N/R_0}\right). \tag{6.24}$$

Beispiel 6.47

Im ersten Beispiel mit $N = 8.33$ Millionen und $R_0 = 1.6$ ist $N/R_0 = 5.21$ Millionen. Ein Solve-Befehl (beispielsweise mit Wolfram Alpha) liefert für die folgende Gleichung in Millionen

$$S_\infty = 8.33 \cdot \exp\left(\frac{S_\infty - 8.33}{5.21}\right)$$

die Lösung $S_\infty = 2.988$ Millionen, in Übereinstimmung mit der gelben Kurve.

Die implizite Gleichung für den relativen Anteil $s_\infty = S_\infty/N$ mit dem Parameter R_0 lautet also nach Division von Zähler und Nenner des Exponenten in (6.24) durch N:

$$s_\infty = \exp[R_0 \cdot (s_\infty - 1)]. \tag{6.25}$$

Die folgende Grafik zeigt s_∞ in Abgängigkeit von $R_0 \in [1, 4]$:

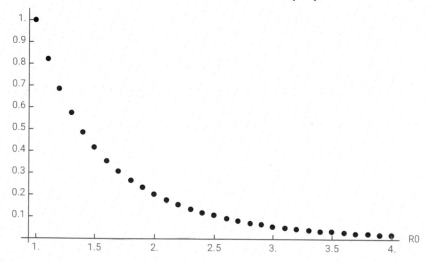

Zweite Welle: Falls nach dem Abklingen einer Epidemie eine verbleibende Zahl an infizierten Personen existieren, kann dies eine weitere Welle auslösen. Ihre Stärke hängt von der Anzahl verbleibender infizierbarer Personen S_∞ ab.

Wegen (6.23) wären die neuen Anfangsbedingungen

$$S_{neu} \approx S_\infty, \quad R_{neu} \approx N - S_\infty$$

mit I_{neu} und E_{neu} (im Falle des SEIR-Modells) vergleichsweise klein.

Sogar bei einer Annahme von 80 000 Genesenen in der Schweiz würden sich die Anfangsbedingungen für eine weitere Welle praktisch nicht ändern, da der Anteil R_{neu}/N der immunen Personen nur ca. 1 % betragen würde. Ähnliches gilt für andere Länder und Regionen.

Nur bei einer hohen Durchseuchung wäre die Situation für eine nächste Welle besser, aber mit zuvor einer hohen Anzahl an Todesfällen.

6.2.4 SEIR-Modell für die Corona-Epidemie in Deutschland

Dieser Teilabschn. wurde angeregt durch den Artikel [38] der Deutschen Gesellschaft für Epidemiologie vom 24. März 2020. Darin wurde das SEIR-Modell eingesetzt mit folgenden Parametern[14]:

- Population Deutschland: $N = 81.5$ Millionen,

- $a = R_0 \cdot b = \frac{R_0}{3}$,

- $b = \frac{1}{3}$, da infektiöse Zeitspanne $T_i = 3$ Tage,

- $c = \frac{1}{5.5}$, da präinfektiöse Zeitspanne $T_p = 5.5$ Tage,

- Anfangsbed: $E(0) = 40\,000$, $I(0) = 10\,000$, $S(0) = N - E(0) \approx N$, $R(0) = 0$.

A. Berechnung und Grafiken aller Funktionen

Der folgende Mathematica-Code mit den obigen Parametern leistet die Berechnungen der Funktionen durch numerische Integration des Differentialgleichungssystems und generiert danach deren Graphen.

Die vier Funktionen S, E, I, R sind mit den entsprechenden Kleinbuchstaben s, e, i, r bezeichnet, gli steht für die i-te Gleichung und ani für die i-te Anfangsbedingung:

```
R0 = 3.0;
N = 81500000;

gl1 = s'[t] == -(R0/3N)*i[t]*s[t];
gl2 = e'[t] == (R0/3N)*i[t]*s[t]-e[t]/5.5;
gl3 = i'[t] == e[t]/5.5-i[t]/3.0;
gl4 = r'[t] == i[t]/3.0;

an1 = s[0] == N;
an2 = e[0] == 40000;
an3 = i[0] == 10000;
an4 = r[0] == 0;

loes = Flatten[NDSolve[{gl1, gl2, gl3, gl4, an1, an2, an3, an4},
{s[t], e[t], i[t], r[t] }, {t,0,300} ]]

{ss[t_], ee[t_], ii[t_], rr[t_]}=s[t], e[t], i[t], r[t]}/.loes;

Plot[{ii[t], ee[t] }, {t,0,300}, PlotRange → All]

Plot[{ss[t], rr[t] }, {t,0,300}, PlotRange → All]
```

---

[14] Die genauen Angaben verdanke ich Dr. Veronika Jaeger von der Westfälischen Wilhelms-Universität, Institut für Epidemiologie.

Der Code liefert für die gegebenen Basisreproduktionszahlen $R_0 = 3.0, 1.5, 1.25$ je

- eine erste Grafik mit I als blaue und E als orange Kurve,
- eine zweite Grafik mit S als blaue und R als orange Kurve.

Die Zeitachsen beziehen sich auf Tage mit Beginn der Epidemie bei $t = 0$.

Kommentare und Vergleiche zu den Grafiken:

(a) Auch für das SEIR-Modell gilt, dass **die Funktion $I(t)$ zu Beginn exponentiell ansteigt** (ohne Beweis), was an anhand der Graphen verifiziert werden kann.

(b) In allen drei Fällen ist klar ersichtlich, dass I_{max} (die blaue Kurve) zeitlich um $T_p = 5.5$ Tage später auftritt als E_{max} (die orange Kurve).

(c) Verkleinern von R_0 bewirkt kleinere Werte I_{max}, E_{max} und R_∞ und eine Verlängerung der Epidemiedauer.

(d) Lösen der Gleichung (6.25) für $R_0 = 3, 1.5, 1.25$ ergibt für s_∞ die Werte 0.0595, 0.417, 0.629. Multipliziert mit $N = 81.5$ Millionen resultieren für die absoluten Größen S_∞ in Millionen die Werte 4.85, 34.0, 51.3. Sie werden mit den drei blauen S-Kurven in ihrer Richtigkeit bestätigt.

(e) Alle drei Fälle bestätigen, dass $S_\infty + R_\infty \approx N$ gilt.

(f) Der Zeitpunkt $t = 0$ für die Grafiken bezieht sich auf den 15. März 2020.

$R_0 = 3.0$

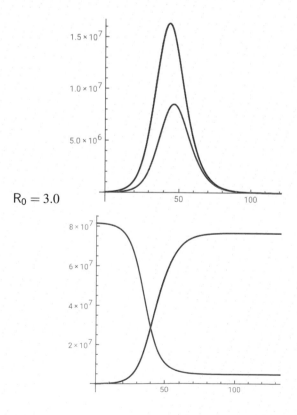

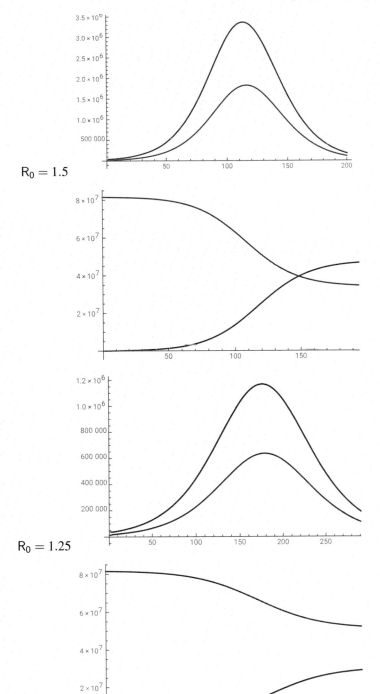

$R_0 = 1.5$

$R_0 = 1.25$

B. Totalzahl an Infizierten

Für die Totalzahl an Infizierten $J(t)$ zum Zeitpunkt t gilt
$$J(t) = E(t - T_p) + I(t),$$
denn die Personen der Gruppe E wechseln im Mittel nach der präinfektiösen Zeitdauer T_p in die Gruppe I.

Da die Zeitdifferenz T_p der Maxima der beiden Funktionen $I(t)$ und $E(t)$ relativ klein ist, arbeiten wir in der Folge mit Approximationen.

$$J(t) \approx E(t) + I(t) \quad \Rightarrow \quad J_{\max} \approx I_{\max} + E_{\max}.$$

Mit der 2. und 3. Differentialgleichung (6.19) und (6.20) folgt daraus

$$\dot{J} \approx \dot{E} + \dot{I} \approx \left(\frac{a}{N} S - b \right) \cdot I. \tag{6.26}$$

Der Maximalwert $J_{\max}$ tritt dort auf, wo $\dot{J} = 0$ ist, also wie beim SIR-Modell an der Stelle

$$S \approx S_{\max} = \frac{b}{a} \cdot N = \frac{N}{R_0}.$$

Dividiert man (6.26) durch (6.18), so erhalten wir die Differentialgleichung für die (J,S)-Trajektorie:

$$\frac{dJ}{dS} \approx N \cdot \frac{b}{a} \cdot \frac{1}{S} - 1 = \frac{N}{R_0} \cdot \frac{1}{S} - 1.$$

Es handelt sich für $J(S)$ um dieselbe Differentialgleichung (6.13) wie im SIR-Modell für $I(S)$. **Deshalb gilt (6.16) mit ihrer anschließenden Grafik näherungsweise auch für den relativen maximalen Anteil $j_{\max} = J_{\max}/N$:**

$$j_{\max} = 1 - \frac{1}{R_0} \cdot (1 + \ln R_0).$$

Sei $t_{\max}$ der approximative Zeitpunkt der Maximalwerte von E, I und J. Dann gilt

$$\dot{I}(t_{\max}) \approx 0 = c \cdot E_{\max} - b \cdot I_{\max}.$$

Daraus folgen die beiden Eigenschaften

$$\frac{E_{\max}}{I_{\max}} \approx \frac{b}{c} \approx \frac{T_p}{T_i}, \qquad J_{\max} \approx \left(\frac{T_p}{T_i} + 1 \right) \cdot I_{\max}.$$

Das formulierte Verhältnis ist einleuchtend: Der Übergang von der Gruppe E zur Gruppe I dauert T_p Tage, und derjenige von der Gruppe I zur Gruppe R dauert T_i Tage.

Beide Eigenschaften können durch Messungen der Grafiken innerhalb der Messgenauigkeit bestätigt werden. Wir beschränken uns auf den

Fall $R_0 = 1.5$:

Messungen in Millionen: $E_{\max} = 3.35$, $I_{\max} = 1.82$.

Damit ist $\frac{3.35}{1.82} = 1.84$ gegenüber $\frac{5.5}{3} = 1.83$ und $(3.35 + 1.82)/81.5 = 0.0634$ gegenüber dem gerechneten Wert $j_{\max} = 0.0630$.

Es ist plausibel, dass die maximale Anzahl Infizierter in beiden Modellen dieselbe ist.

Eine **Strategie der Herdenimmunität** im Fall $R_0 = 3.0$ mit $j_{max} = 0.300$ und einer Todesrate von geschätzten 5 % würde in Deutschland zu ethisch nicht vertretbaren 1.2 Millionen Todesfällen führen.

Numerische Experimente zeigen, dass I_{max} und E_{max} und damit auch J_{max} bezüglich Änderungen der Anfangsbedingungen von I_0 und E_0 (mit $R_0 = 0, S_0 = N$) praktisch konstant bleiben, solange sie im Vergleich zur Gesamtpopulation N relativ klein sind.

C. Mögliche Impfstrategie
Vorausgesetzt, es steht eine Impfung zur Verfügung, so stellt sich die Frage, wie viele Personen bei gegebenem Wert R_0 geimpft werden müssen, damit die Epidemie einer Population der Größe N abklingt.

Das ist dann der Fall, wenn $\dot{J} < 0$, also wenn dafür gesorgt wird, dass $S < N/R_0$ realisiert wird. Somit gilt sowohl im SIR- wie im SEIR-Modell die Aussage (6.17), was einleuchtend ist.

D. Grafiken der Deutschen Gesellschaft für Epidemiologie
Sie wurden ebenfalls mit dem SEIR-Modell und denselben Parametern generiert und [38] entnommen.

Grafik D1: Sie zeigt die Infektionskurven $I(t)$ in Übereinstimmung mit den früher mit Mathematica unter Abschn. A generierten.

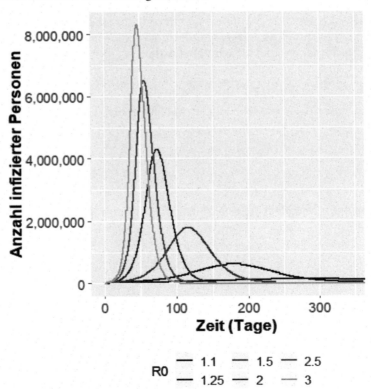

Grafik D2: Sie zeigt den Epidemieverlauf, wenn zu unterschiedlichen späteren Zeitpunkten (nach 7, 14, 21, 28, 30 Tagen) die anfängliche Reproduktionszahl von $R_0 = 2.0$ durch drastische Sicherheitsmassnahmen auf den Wert $R_0 = 0.9$ gesenkt wird. Ein rasches Eingreifen reduziert den Maximalwert entscheidend.

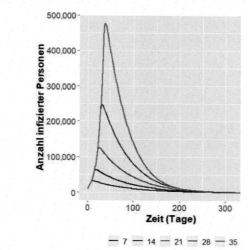

Dabei ist zu beachten, dass die Skalen jeweils zu multiplizieren sind mit dem Faktor $T_p/T_i + 1 = 5.5/3 + 1 = 2.83$, damit die Kurven die Totalzahl $J_{(t)}$ an Infizierten beschreiben.

E. Grafik des Robert Koch - Instituts

Die folgende Grafik aus [1] wurde ebenfalls mit dem SEIR-Modell erzeugt. Da eine vorbestehende Immunität nicht bekannt ist, werden zwei Fälle unterschieden:

E1. Population ohne Immunität: Dies betrifft die drei durchgezogenen Kurven in der Grafik: Die rote Kurve zeigt den Fall $R_0 = 2.0$ = konstant. Die beiden saisonalen Fälle wurden modelliert mit einer jährlichen periodischen sinusförmigen zeitlichen Abhängigkeit von $R_0(t)$ mit dem Minimum $\frac{2}{3} \cdot 2 = 1.33$ (leichte Saisonalität, blaue Kurve in der Mitte) bzw. $\frac{1}{3} \cdot 2 = 0.67$ (deutliche Saisonalität, grüne Kurve rechts) anfangs Juli und dem Maximum 2.0 zum Jahresbeginn. Sie berücksichtigen das saisonabhängige Kontaktverhalten und die klimatischen Bedingungen für die Ausbreitung des Virus.

E2. Population mit einem Drittel Immunisierter: Dies betrifft die drei gestrichelten Kurven in der Grafik. Gegenüber E1 sind die Werte für R_0 hier mit dem Faktor 1.5 vergrößert: Die rote Kurve zeigt den Fall $R_0 = 3.0$ = konstant. Für die leichte Saisonalität (blaue Kurve in der Mitte) schwankt R_0 zwischen 2.0 und 3.0, für die deutliche Saisonalität (grüne Kurve rechts) zwischen 1.0 und 3.0.

Zu Beginn werden also für $R_0 = 3.0$ im Mittel ebenfalls zwei Sekundärfälle entstehen wie in E1 mit $R_0 = 2.0$, da eine der drei Personen immun ist. Es kommt zu einem vergleichbaren Beginn der Epidemie, aber in der Folge werden die Erkrankten auf immer mehr immune Personen treffen und damit weniger Menschen infizieren.

Hier ist die erwähnte Grafik des Robert Koch -Instituts aus [1]:

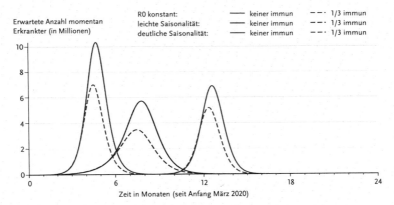

Abb. 2 | Vergleich des Verlaufs der SARS-CoV-2-Epidemie (Tages-Prävalenz).
Saisonalität führt generell zu einer Verlangsamung und Abschwächung der Epidemie, eine vorbestehende Immunität bei gleichem Beginn der Welle zu einem deutlich niedrigeren Maximum

Bemerkung: Das Maximum von ca. 10.4 Millionen für $R_0 = 2.0$ bestätigt die früher gemachten Betrachtungen über $J_{max} \approx 2.83 \cdot I_{max}$ mit dem von der blauen Kurve in D1 abgelesenen Wert $I_{max} \approx 4.4$ Millionen. Der Quotient $10.4/4.4 = 2.36$ weicht etwas ab von 2.83, weil das Robert Koch - Institut mit leicht unterschiedlichen Parametern T_i und T_p gerechnet hat.

6.2.5 Empirische Corona-Daten und SEIR-Modell

A. Schweiz

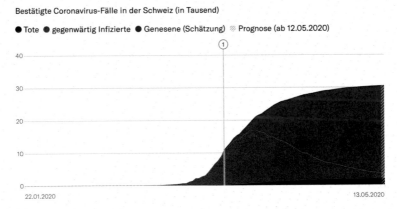

① Wechsel der Datenquelle von Johns-Hopkins-Universität (JHU) zu den Angaben der Kantone

Die Grafik vom *Bundesamt für Gesundheit der Schweiz (BAG)* zeigt einen für das SEIR-Modell typischen Verlauf der momentanen Infektionszahlen $I(t)$ (orange Kurve) mit dem wachsenden Anteil an Genesenen (violetter Anteil). Die Summe des violetten und des schwarzen Anteils entspricht der Funktion $R(t)$.

Die **Reproduktionszahl** ist im Allgemeinen sowohl zeit- als auch ortsabhängig, sei es innerhalb eines Landes oder auch im Vergleich von Mittelwerten zwischen verschiedenen Nationen. Unterschiedliche kulturelle und strategische Verhaltensweisen, saisonale Einflüsse und Infrastrukturen beeinflussen sie entscheidend. Hier ist die Grafik eines zeitlichen Verlaufs vom *BAG der Schweiz:*

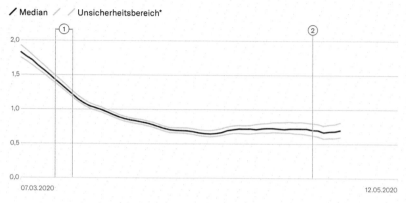

Schätzung der Reproduktionszahl, basierend auf den bestätigten Fällen in der Schweiz

/ Median / / Unsicherheitsbereich*

07.03.2020   12.05.2020

① 13. - 16. März: Grossteil der Lockdown-Massnahmen treten in Kraft
② 27. April: Erste Lockerungen treten in Kraft

* 95%-Konfidenzintervall. Die Schätzung reicht aktuell bis zum 2. 5. 2020.

Die Huazhong University of Science and Technology in Wuhan, China hat festgestellt, dass in der 11 Millionen-Stadt R_0 in der ersten Januarwoche 2020 den Wert 3.18 aufwies, im Februar nach den drastischen Sicherheitsvorkehrungen lediglich noch 0.32.

B. Österreich
Eine zur Grafik der Schweiz entsprechende Darstellung:

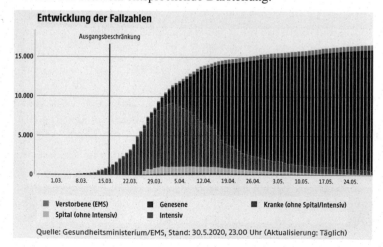

Entwicklung der Fallzahlen

Ausgangsbeschränkung

Verstorbene (EMS)   Genesene   Kranke (ohne Spital/Intensiv)
Spital (ohne Intensiv)   Intensiv

Quelle: Gesundheitsministerium/EMS, Stand: 30.5.2020, 23.00 Uhr (Aktualisierung: Täglich)

C. Kumulative Infektionskurven im Vergleich

Die kumulativen Infektionskurven entsprechen den Funktionen $R(t)$, wobei ihre Grenzwerte R_∞ gleich der Anzahlen immun gewordener oder verstorbener Personen sind.

Sechs stark betroffene Regionen im Vergleich

Bestätigte Coronavirus-Fälle (logarithmierte Skala*)

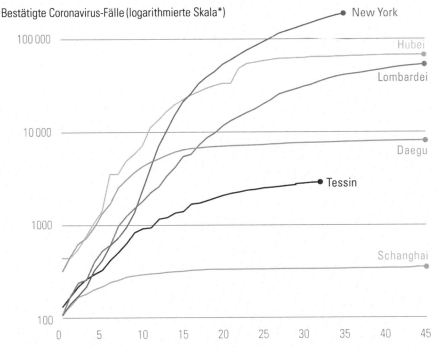

*Die vertikale Achse wurde logarithmiert, um die Veränderung der Ausbreitungsgeschwindigkeiten besser darstellen zu können.

QUELLEN: KANTON ZÜRICH, JOHNS-HOPKINS-UNIVERSITÄT, KOREA CENTERS FOR DISEASE CONTROL AND PREVENTION, GESUNDHEITSMINISTERIUM ITALIEN, «THE NEW YORK TIMES»   STAND: 13. 4. 2020

Gemäß (6.21) und (6.10) gilt mit $b = 1/T_i$ für beide Modelle

$$R(t) = \frac{1}{T_i} \cdot \int_0^t I(\tau) \cdot d\tau.$$

Die Division des Integrals durch T_i Tage berücksichtigt den Umstand, dass jede infiziert Person während durchschnittlich T_i aufeinanderfolgenden Tagen, also $T_i$mal gezählt wird.

Weil $I(t)$ zu Beginn exponentiell zunimmt, so gilt das auch für das Integral, also für die Funktion $R(t)$.

Die Kurven zeigen zu Beginn näherungsweise Geraden, bestätigen also die früher erwähnte Eigenschaft des exponentiellen Wachstums der Funktionen $I(t)$. Denn auf einer logarithmischen Skala erscheinen exponentielle Funktionen als Geraden.

6.3 Brownsche Bewegung und Langevin-Gleichung

Als vorbereitendes Beispiel für das Einführen des Kalman-Filters studieren wir die zufällige Bewegung eines Teilchens in einer Flüssigkeit, wobei die Bewegung durch zufällige Kollisionen mit sich schnell bewegenden Molekülen der Flüssigkeit verursacht wird.[15]

Der schottische Botaniker Robert Brown (1773–1858) beobachtete durch das Mikroskop Zitterbewegungen von Pollenkörnern im Wasser, bekannt als Brownsche Bewegung.

Im Folgenden werden wir zeigen, dass auch Zufallsbewegungen unter Verwendung von Statistik durch Differentialgleichungen beschrieben werden können.

Das einfachste Modell stammt von dem französischen Physiker Paul Langevin (1872–1946): Wir betrachten den 1-dimensionalen Fall eines Teilchens der Masse m, das sich in einer Flüssigkeit längs der x-Achse bewegt.

Das Newtonsche Gesetz besagt

$$m\ddot{x}(t) = F(t) - \rho \cdot \dot{x}(t). \tag{6.27}$$

Dabei ist F ist eine zufällig wirkende Kraft mit Mittelwert 0 und einer zeitlich konstanten Varianz bzw. Standardabweichung, d.h., es liegt ein sogenanntes weißes Rauschen vor. Der letzte Term drückt die Annahme aus, dass die Reibungskraft des Mediums proportional zur Geschwindigkeit des Teilchens ist. Die Viskosität der Flüssigkeit bestimmt den Parameter ρ.

Zur Lösung der Gleichung multiplizieren wir vorerst beide Seiten mit $x(t)$:

$$m\ddot{x}(t)x(t) = x(t)F(t) - \rho x(t)\dot{x}(t).$$

Dies kann ausgedrückt werden durch (beachten Sie die schwach markierten Punkte für die zeitliche Ableitung)

$$\frac{1}{2}m[(x^2)^\cdot]^\cdot - m\dot{x}^2 = xF - \frac{\rho}{2}(x^2)^\cdot, \tag{6.28}$$

weil

$$m(x\dot{x})^\cdot - m\dot{x}^2 = (m\dot{x}^2 + mx\ddot{x}) - m\dot{x}^2 = m\ddot{x}x.$$

Nun betrachten wir die Mittelwerte von (6.28) und benutzen die Tatsache, dass der Mittelwert von x^2 gleich der Varianz $V(x)$ von x ist (da der Mittelwert von x null ist), und erhalten

$$\frac{m}{2}\frac{d^2V}{dt^2} = 2\overline{E_{kin}} - \frac{\rho}{2}\frac{dV}{dt}.$$

Dabei wurde benutzt, dass F ein weißes Rauschen ist und somit xF ebenfalls den Mittelwert 0 aufweist. Der Ausdruck $\overline{E_{kin}} = \frac{m\dot{x}^2}{2}$ beschreibt die mittlere kinetische Energie. In der statistischen Mechanik bringt sie der Äquipartitionssatz (Equipartition Theorem) in folgende Beziehung zur absoluten Temperatur T des Systems

$$\overline{E_{kin}} = \frac{k_B}{2}T,$$

wobei k_B die Boltzmann-Konstante ist. Also gilt

---

[15] Der französische Physiker Paul Langevin (1972–1946) befasste sich schon früh mit stochastischen Differentialgleichungen.

$$\frac{m}{2}\frac{d^2V}{dt^2} = k_B T - \frac{\rho}{2}\frac{dV}{dt}.$$

Um diese Differentialgleichung zu lösen, setzen wir $f(t) = \frac{dV}{dt}$ und erhalten eine lineare autonome Differentialgleichung erster Ordnung:

$$\dot{f} = \frac{2k_B T}{m} - \frac{\rho}{m}f.$$

Eine partikuläre Lösung ist die Konstante $f_\infty = \frac{2k_B T}{\rho}$ und die allgemeine Lösung lautet

$$f(t) = f_\infty + C \cdot e^{-\frac{\rho}{m}t}.$$

Deswegen resultiert die folgende approximative Lösung $V(t)$ mit $V(0) = 0$ für große t-Werte

$$V(t) \approx t \cdot f_\infty = 2D \cdot t.$$

Der Mittelwert der quadrierten Distanz nimmt also für große t annähernd linear mit der Zeit t zu. Dieses Resultat wurde von Albert Einstein , Paul Langevin und dem polnischen Physiker Marian Smoluchovski (1872–1917) um das Jahr 1906 gefunden. Der Diffussionskoeffizient D ist durch die Stokes-Einstein-Gleichung gegeben:

$$D = \frac{k_B T}{\rho} = \frac{k_B T}{6\pi\eta r}.$$

Dabei ist r der hydraulische Radius des kugelförmigen Teilchens und η die Viskosität des Mediums.

6.4 Kalman-Filter

Das Kalman-[16] Filter schätzt Werte (z.B. Signale) aus indirekten, ungenauen oder ungewissen Messungen in Anwesenheit von weißem Rauschen.

6.4.1 Theorie

Wir starten mit der linearen Differentialgleichung

$$\frac{dy(t)}{dt} = -ay(t) + w(t), \tag{6.29}$$

---

[16] Rudolf E. Kálmán (1930–2016) war ein in Ungarn geborener amerikanischer Mathematiker. Er studierte am MIT, war Professor an der Stanford University und ab dem Jahre 1973 an der ETH Zürich, wo er 1997 in Pension ging. Im Jahre 2009 wurde ihm die National Medal of Science durch den damaligen Präsidenten Barack Obama verliehen.

welche ein System beschreibt mit dem Parameter $a > 0$, dem Zustand $y(t)$ zur Zeit $t \in [0, \infty)$ oder $t \in [0, t_e)$ mit Anfangsbedingung $y(0) = y_0$ und einem weißen Anregungsrauschen $w(t)$ mit Mittelwert 0 und konstanter Varianz Q.

Anwendungen:

- Für die Verarbeitung von Sprach-, Ton- und Bildsignalen ist (6.29) ein Modell für sich langsam veränderliche Signale $y(t)$, welche durch interne zufällige $w(t)$ generiert werden.
- Die Langevin-Gleichung (6.27) beschreibt die Brownsche Bewegung durch (6.29) mit $y = \dot{x}$.
- In der Automobiltechnik beschreibt(6.29) die Bewegung eines Stossdämpfers, der zufällig auftretenden Schlägen einer rauhen Straßenoberfläche ausgesetzt wird.

Ausgehend von der Beschreibung (6.29) des Systems ist es unser Ziel, den Zustand $y(t)$ so genau als möglich zu messen. Allerdings ist jede Messung $m(t)$ durch ein weißes Messrauschen $n(t)$ mit Mittelwert 0 und konstanter Varianz R behaftet, bedingt durch Ungenauigkeiten der Messausrüstung. Dieser Umstand wird modelliert durch

$$m(t) = y(t) + n(t). \qquad (6.30)$$

Das Kalman-Filter löst das folgende Problem: Für das System beschrieben durch (6.29) mit dem Messmodell (6.30) soll eine möglichst gute Schätzung $Y(t)$ von $y(t)$ berechnet werden. Es liegt auf der Hand, dass eine geeignete Mittelungsmethode über die Messungen $m(t)$ verwendet werden muss, um das Rauschen $n(t)$ herauszufiltern. Eine gute Schätzung $Y(t)$ gewinnen wir durch das Minimieren der Fehlerquadratsumme gegenüber den wahren Werten $y(t)$.
Der Kalman-Filteralgorithmus postuliert die folgende lineare Differentialgleichung für $Y(t)$:

$$\frac{dY(t)}{dt} = -aY(t) + k(t) \cdot [m(t) - Y(t)] \qquad (6.31)$$

mit einer vorerst unbekannten Funktion $k(t)$.

Was ist die Motivation hinter der Differentialeichung (6.31)? Ohne Berücksichtigung von Messungen ist es plausibel, die Funktion $k(t) = 0$ zu wählen, sodass die Schätzung $Y(t)$ übereinstimmt mit $y(t)$. Dies erklärt den ersten Term der rechten Seite.
Der zweite Term drückt aus, dass die Differenz $m(t) - Y(t)$ zwischen Messung $m(t)$ und Schätzung $Y(t)$ benutzt wird, um die Differentialgleichung für $Y(t)$ mit einem Proportionalitätsfaktor $k(t)$ zu korrigieren. Für den Fehler $e(t)$ der Schätzung gilt

$$e(t) = y(t) - Y(t). \qquad (6.32)$$

Subtraktion der Gleichung (6.31) von (6.29) unter Verwendung von (6.30) und (6.32) führt auf

$$\dot{y} - \dot{Y} = -a(y - Y) + w - k(m - Y) = -ae + w - k(y + n - Y) = -ae + w - k(e + n).$$

Mit $\dot{e} = \dot{y} - \dot{Y}$ ergibt sich daraus

$$\frac{de(t)}{dt} = -[a + k(t)] \cdot e(t) + w(t) - k(t)n(t).$$

(6.33)

Diese Differentialgleichung beschreibt den Verlauf des geschätzten Fehlers $e(t)$. Mit statistischen Betrachtungen kann gezeigt werden, dass der Zufallsterm $w(t) - k(t)n(t)$ die Varianz $Q + k(t)^2 R$ aufweist und der mittlere quadratische Fehler $P(t)$ von $e(t)$ die Differentialgleichung

$$\frac{dP(t)}{dt} = -2[a + k(t)] \cdot P(t) + Q + k(t)^2 R$$

(6.34)

erfüllt für jede beliebig gewählte Funktion $k(t)$. Um $P(t)$ bei festem t zu minimieren muss die rechte Seite von (6.34) und damit der quadratische Ausdruck

$$-2k(t)P(t) + k(t)^2 R$$

bezüglich $k(t)$ minimiert werden. Also muss die Ableitung des Ausdrucks nach k bei festem t verschwinden: $-2P(t) + 2k(t)R = 0$. Also gilt

$$k(t) = \frac{1}{R}P(t).$$

(6.35)

Diese Beziehung ist kompatibel mit dem erwähnten Spezialfall $k = 0$ für $Y = y$.

Substitution von (6.35) in (6.34) liefert

$$\frac{dP(t)}{dt} = -2aP(t) - \frac{1}{R}P(t)^2 + Q.$$

(6.36)

Diese nichtlineare Differentialgleichung für den minimalen mittleren quadratischen Fehler $P(t)$ ist vom Riccati-Typ. [17]

Wir wollen vorerst die **allgemeine Riccati-Gleichung** betrachten. Sie hat die Form

$$\frac{dy}{dt} = A(t)y^2 + B(t)y + C(t).$$

Falls eine partikuläre Lösung $y_1(t)$ bekannt ist, dann führt die Substitution

$$y = y_1 + \frac{1}{u(t)}$$

in die Riccati-Gleichung auf

---

[17] Jacopo Francesco Riccati (1676–1754), ein venezianischer Edelmann, lehnte verschiedene akademische Angebote von italienischen und russischen Universitäten ab, um sich ganz privat der Mathematik zu widmen. Er studierte dabei diejenigen Differentialgleichungen, die nun seinen Namen tragen. Es war jedoch Euler, der 1760 ihre Lösungen fand.

$$\dot{y} = \dot{y}_1 - \frac{\dot{u}}{u^2} = A\left(y_1 + \frac{1}{u}\right)^2 + B\left(y_1 + \frac{1}{u}\right) + C \Longrightarrow -\frac{\dot{u}}{u^2} = 2Ay_1\frac{1}{u} + A\frac{1}{u^2} + B\frac{1}{u}.$$

Daraus folgt die folgende lineare Differentialgleichung für die Funktion $u = u(t)$:

$$\dot{u} = -[2y_1A(t) + B(t)]u - A(t).$$

Die allgemeine Lösung u liefert dann die allgemeine Lösung y.

Zurück zu unserem Problem (6.36) mit den konstanten Koeffizienten

$$A = -\frac{1}{R}, \quad B = -2a, \quad C = Q.$$

Damit gewinnen wir die konstante positive Lösung

$$P_1 = -aR + R\sqrt{a^2 + \frac{Q}{R}} = (\lambda - a)R \quad \text{with} \quad \lambda = \sqrt{a^2 + \frac{Q}{R}}.$$

Wir folgen der beschriebenen Lösungsprozedur:

$$P(t) = P_1 + \frac{1}{u(t)},$$

die Gleichung

$$\dot{u} = \left(\frac{2P_1}{R} + 2a\right)u + \frac{1}{R} = 2\lambda u + \frac{1}{R}$$

besitzt die konstante partikuläre Lösung $u_p(t) = -\frac{1}{2\lambda R}$.

Die allgemeine Lösung für u ist also
$$u(t) = -\frac{1}{2\lambda R} + De^{2\lambda t}.$$

Schließlich lautet mit der partikulären Lösung $P_1 = (\lambda - a)R$ die allgemeine Lösung von (6.36)

$$P(t) = (\lambda - a)R + \frac{1}{-\frac{1}{2\lambda R} + De^{2\lambda t}}. \tag{6.37}$$

Daraus folgt für $D \neq 0$
$$P_\infty = \lim_{t \to \infty} P(t) = (\lambda - a)R.$$

Die Integrationskonstante D kann aus der Anfangsbedingung $P(0) = P_0$ bestimmt werden. Mit der resultierenden Funktion (6.37) ist nun (6.31) unter Verwendung von (6.35) zu lösen:

$$\frac{\mathrm{d}Y(t)}{\mathrm{d}t} = -aY(t) + \frac{1}{R}P(t)[m(t) - Y(t)]. \tag{6.38}$$

Die Lösung mit dem Anfangswert $Y(0)$ = Mittelwert von $y(0)$ liefert die gesuchte optimale Schätzung $Y(t)$ von $y(t)$. Mit den numerisch gegebenen Messungen $m(t)$ wird die Differentialgleichung (6.38) numerisch gelöst.

Das Kalman-Filter wird breit eingesetzt in der Statistik, im Ingenieur- und im Finanzwesen.

Zusammenfassung des Kalman-Filteralgorithmus:

System:

$$\frac{dy(t)}{dt} = -ay(t) + w(t). \tag{6.39}$$

Messungen:

$$m(t) = y(t) + n(t). \tag{6.40}$$

Kalman-Filter:

$$\frac{dP(t)}{dt} = -2aP(t) - \frac{1}{R}P(t)^2 + Q \tag{6.41}$$

$$\frac{dY(t)}{dt} = -aY(t) + \frac{1}{R}P(t)[m(t) - Y(t)]. \tag{6.42}$$

Um die optimale Schätzung $Y(t)$ von $y(t)$ zu bekommen, muss zuerst (6.41) und danach (6.42) gelöst werden.

Hier ist das **Blockdiagramm des Systems mit dem Kalman-Filter:**

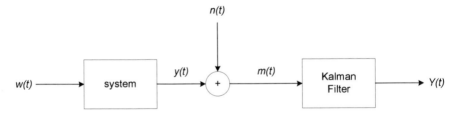

Bemerkungen:

- Die zeitdiskrete Version des Filteralgorithmus wurde erstmals im Jahre 1960 durch Kalman hergeleitet.
  Der zeitkontinuierliche Filteralgorithmus mit den Gleichungen (6.41) und (6.42) wurde im Jahr 1961 durch Kalman und Bucy entwickelt.
- Die meisten Implementierungen des Kalman-Filters erfolgen digital auf Computern unter Verwendung von gemessenen Abtastwerten in der zeitdiskreten Version des Algorithmus.
- Der Kalman-Filteralgorithmus bleibt auch für Systeme mit zeitabhängigem Parameter $a(t)$ und zeitabhängigen Varianzen $Q(t)$ and $R(t)$ gültig. In solchen Fällen wird (6.41) mittels numerischen Methoden gelöst.

6.4.2 Simulation eines Beispiels

Wir benutzen die numerische Methode von Euler mit der zeitlichen Diskretisations-schrittweite $h = 10^{-3}s$, welche der Abtastfrequenz von 1 kHz entspricht.
Folgende numerische Werte wurden gewählt:

- Systemparameter $a = 1/\tau$ mit der Zeitkonstanten $\tau = 0.2s$, d.h. $a = 5s^{-1}$,
- Varianz $Q = 1$ des weißen Anregungsrauschens $w(t)$,
- Varianz $R = 10^{-4}$ des weißen Messrauschens $n(t)$.

Zuerst wird die Lösung (6.37) von (6.36) mit der Anfangsbedingung $P_0 = 0.1$ berechnet für $0 \leq t < 0.2s$:

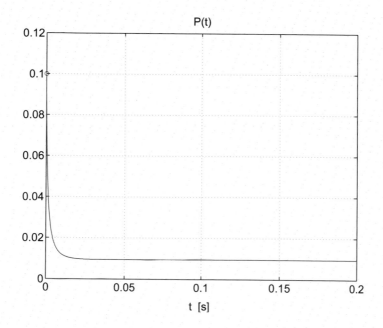

Die schnelle Konvergenz gegen $P_\infty = (\lambda - a)R = (\sqrt{5^2 + 10^4} - 5)10^{-4} \approx -0.0095$
gilt für beliebige Anfangswerte, wie auch aus (6.37) ersichtlich ist.

Die folgende Figur wurde mit MATLAB generiert:

Zuerst wurde das wahre Signal $y(t)$ als schwarze Kurve generiert durch Anwendung der Methode von Euler in der Gleichung (6.29) mit $a = 5s^{-1}$, $y(0) = y_0 = 0$.
Dabei ist $w(t)$ ein zufälliges Signal mit dem Mittelwert 0 und der konstanten Varianz $Q/h = 1000$.[18]

---

[18] Der Skalierungsfaktor $1/h$ ist bedingt durch die Diskretisierung der Zufallssignale $w(t)$ und $n(t)$.

Ein Zufallssignal $n(t)$ mit Mittelwert 0 und konstanter Messvarianz $R/h = 0.1$ wurde generiert und zu $y(t)$ addiert, um so die verrauschten Messungen $m(t)$ als blaue Kurve zu bekommen.

Man sieht, dass die Differenz $n(t)$ zwischen der blauen und der schwarzen Kurve die Standardabweichung $\sqrt{R/h} \approx 0.32$ aufweist.

Schließlich wurde die Schätzung $Y(t)$ für $y(t)$ als Lösung der Gleichung (6.38) berechnet und als rote Kurve dargestellt. Dabei wurde die Methode von Euler mit $Y(0) = \overline{y_0} = 0$ und $P_0 = 0.1$ verwendet.

Es ist ersichtlich, dass die Differenz $e(t) = Y(t) - y(t)$ zwischen der roten Kurve und der schwarzen Kurve eine ungefähre Standardabweichung von $\sqrt{P_\infty} \approx 0.0975$ aufweist.

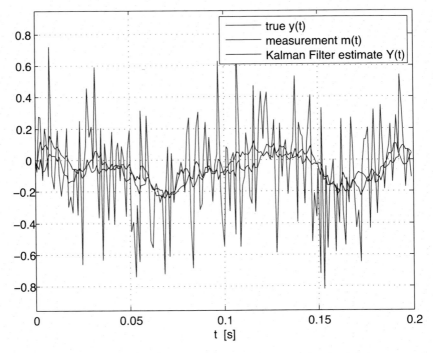

Jede der drei Kurven besteht aus 200 diskreten Werten mit Schrittweite $h = 10^{-3}$ s.

6.5 Übungen Kapitel 6

96. Klimawandel.

(a) Berechnen Sie unter Verwendung von (6.7) die Verhältnisse $\dfrac{n^{14}}{n^C}$ für die beiden gegebenen globalen Daten $\Delta^{14}C \approx 19\%$ (1987) und $\Delta^{14}C \approx 2\%$ (2017) und vergleichen Sie diese.

(b) Berechnen Sie das Kohlenstoffbudget analog zum letzten Teilabschnitt für die Grenzwerttemperatur von $1.5°$ C. Dabei soll berücksichtigt werden, dass die Nicht-CO_2 Forcings für 10 % des Temperaturanstieges von $1.5°$ C verantwortlich sind.

Wie wahrscheinlich ist es, dass die effektive Temperaturerhöhung weniger als $1.5°$ C beträgt?

(c) Berechnen Sie für verschiedene Szenarien mit realistisch gewählten zeitlich abhängigen Abstrahlungsfunktionen $g(t)$ den Temperaturverlauf von $\Delta(t)$ für verschiedene Grenztemperaturen Δ_∞.

97. SIR-Modell.

(a) Machen Sie sich klar:

   (i) Mit größer werdendem Infektionsparameter a bei festem Immunitätsparameter b nimmt die maximale Anzahl Infizierter I_{max} zu und S_∞ ab.

   (ii) Mit größer werdendem Immunitätsparameter b bei festem Infektionsparameter a nimmt die maximale Anzahl Infizierter I_{max} ab und S_∞ zu.

   (iii) Werden beide Parameter a und b um denselben Faktor vergrößert, so bleiben die Größen I_{max} und S_∞ unverändert. Die Epidemie breitet sich aber schneller aus und geht auch schneller zurück. Der glockenförmige Graph von $I(t)$ wird schmaler und tritt zeitlich früher auf. Der Scheitelpunkt der parametrisierten Kurve $I(S)$ bleibt hingegen unverändert.

(b) Es wurde gezeigt, dass die implizite Formel für s_∞ für beide Modelle gilt. Leiten Sie die Formel unter Verwendung der (S,I)-Trajektorie erneut her. Hinweis: $I_\infty = 0$.

98. Impfaktion. Bei einer Population von N Personen bricht eine Epidemie mit der Basisreproduktionszahl $R_0 = 3$ aus, das heißt, dass jede infizierte Person im Mittel drei Personen ansteckt.

Da ein Impfstoff vorhanden ist, wird nach dem Ausbruch der Krankheit geimpft. Man zeige, dass es genügt, etwa $2/3$ der Population zu impfen, damit die Anzahl der infizierten Personen abnimmt und sich deshalb die Krankheit nicht weiter ausbreitet.

99. SEIR-Modell.

(a) Bekannt seien die Gesamtpopulation N sowie S_∞. Gesucht sind $R_\infty, I_\infty, E_\infty$.

(b) Bestimmen Sie für die Basisreproduktionszahl $R_0 = 2.0$ die Größen S_∞, R_∞ und die maximale Totalzahl der Infizierten J_{max} für eine Population im Umfang N.

(c) Implementieren Sie das SEIR-Modell für die Coronavirus-Epidemie. Experimentieren Sie mit Parametern und Anfangsbedingungen und generieren Sie die Grafiken der vier Funktionen analog zum Fall Deutschland.

100. Zweite Welle. Von einer Bevölkerung der Größe N wurde aus den Daten die Anzahl verbleibender suszeptibler Personen $S_\infty = \lambda \cdot N$ bestimmt. Der Wert von R_0 sei bekannt.

Wie gezeigt, tritt genau dann eine zweite Welle auf, falls gilt $\dot{J}(0) > 0$, also wenn die Ungleichung $\lambda N > N/R_0$ und somit $\lambda \cdot R_0 > 1$ erfüllt ist.

(a) Zeigen Sie unter Verwendung der Funktion $J(S)$ mit der entsprechenden Anfangsbedingung, dass nach der zweiten Welle für den relativen maximalen Anteil der Infizierten j_{max} gilt:
$$j_{max} = \lambda - \frac{1}{R_0} \cdot (1 + \ln(\lambda R_0)).$$

(b) Zeigen Sie unter Verwendung der $(R.S)$-Trajektorie, dass nach der zweiten Welle für s_∞ die folgende implizite Gleichung gilt:
$$s_\infty = \lambda \cdot \exp[-R_0(\lambda - s_\infty)].$$

(c) Betrachten Sie von einer gewissen Bevölkerung eine erste Welle mit R_0 und eine zweite Welle mit R_0^*.

   (i) Für ein **gleichbleibendes Ansteckungsrisiko** in der zweiten Welle beträgt der Wert $R_0^* = R_0/\lambda$, weil nur noch λN Personen infiziert werden können. Berechnen Sie mit $R_0 = 1.25$ für beide Wellen j_{max} und s_∞.

   (ii) Für ein **höheres Ansteckungsrisiko** in der zweiten Welle ist $R_0^* > R_0/\lambda$. Berechnen Sie mit $R_0 = 1.25$ und $R_0^* = 2.50$ die Werte j_{max} und s_∞ für die zweite Welle. Überzeugen Sie sich davon, dass die zweite Welle wesentlich größer ist als die erste Welle.

(d) Beweisen Sie: Falls R_0 nach der Epidemie gleich bleibt oder kleiner ist, so gibt es keine zweite Welle, egal wie groß R_0 ist.

   Hinweis: Betrachten Sie die Lösung der impliziten Geichung für eine fiktive zweite Welle s_∞ als Schnittpunkt der Graphen von x und $f(x) = \exp[-R_0(1-x)]$ an der Stelle $x = \lambda$. Zeigen Sie, dass die Steigung $f'(\lambda) < 1$ sein muss, und berechnen Sie diese.

101. Riccatische Differentialgleichung. Berechnen Sie die allgemeine Lösung

(a) der logistischen Gleichung $y' = ay - by^2$, wobei $a \gg b > 0$,

(b) der Gleichung $y^2 + \frac{2}{t^2}$ unter Verwendung der speziellen Lösung $y_1 = \frac{2}{t}$.

Kapitel 7
Lösungen

7.1 Lösungen Kapitel 1

1 Exponentialfunktionen. $b^x = e^{(\ln b) \cdot x}$, etc.

2 Exponentialfunktion durch einen Punkt. Den Punkt einsetzen und so C bestimmen, Kontrollmöglichkeit: Plot.

3 Uran.

   (a) 1602 Jahre, $3,824$ Tage.
   (b) beide 0.
   (c) $\dot m = 0 \Rightarrow \dfrac{\lambda_2}{\lambda_1} = \dfrac{\exp(-\lambda_1 t)}{\exp(-\lambda_2 t)} \Rightarrow$ nach $t = 0.181$ Jahren, also etwa 66 Tagen.

4 Denkaufgabe: Läufer und Schildkröte. Die Zeit T bis zum Überholpunkt ist eine geometrische Reihe mit $q = 0.1$, welche konvergiert:

$$T = 1 + q + q^2 + q^3 + \ldots = \frac{1}{1 - 0,1} = \frac{10}{9}.$$

Nach $1\frac{1}{9}$ s und einer Distanz von $11\frac{1}{9}$ m wird die Schildkröte überholt.

5 Gaußsche Glockenkurve. Achsensymmetrischer Graph durch den Punkt $(0, 1)$.

Wendepunkte $(x_W, y_W) = \left(\pm \dfrac{1}{\sqrt{2k}}, \dfrac{1}{\sqrt{e}} \right)$. Die x-Achse ist Asymptote.

7 Logarithmen. (a) $a \approx 0.4343$,   (b) $u = e^x, v = e^y$ substituieren.

8 Wachstumsmodell für kleine Kinder. (a) 86,8 cm, 9,7 cm/Jahr,   (b) mit drei Monaten.

10 Minimale Fehlerquadratsumme. $x = \frac{1}{n} \cdot (x_1 + x_2 + \ldots + x_n)$ ist das arithmetische Mittel der Messwerte.

© Springer-Verlag GmbH Deutschland, ein Teil von Springer Nature 2020
A. Fässler, *Schnelleinstieg Differentialgleichungen*,
https://doi.org/10.1007/978-3-662-62146-2_7

11 Verblüffende Froschperspektive.
$$D(h) = \sqrt{h(2R+h)} \approx \sqrt{2R} \cdot \sqrt{h}.$$
Graph hat bei $h = 0$ eine vertikale Tangente. $h = 1$ cm ergibt 357 m,
$h = 100$ m ergibt 35,7 km und $h = 1$ mm ergibt erstaunliche 113 m!

12 Maximale Verbraucherleistung. $R = R_i$.

13 Optimale Verpackung. $1 = \pi r^2 h$ Oberfläche $O(r) = 2\pi r^2 + 2\pi r \cdot \dfrac{1}{\pi r^2}$,
$r_{\text{opt}} = \sqrt[3]{\dfrac{1}{2\pi}}$.   Durchmesser : Höhe = 1 : 1.
Mögliche Gründe: Boden und Deckel sind teurer, Abfall beim Ausstanzen von
Kreisscheiben nicht berücksichtigt.

14 Lachse schwimmen mit minimaler Energie. Energie = Zeit × Leistung:
$W(r)$ ist proportional zu $\dfrac{s}{r-v} \cdot r^\lambda$.

Ableiten und = 0 setzen ergibt schließlich $r_{\text{opt}} = \dfrac{\lambda}{\lambda - 1} \cdot v.$.

15 Elastizität einer Funktion.
   (a) Parabelbogen vom Punkt $(0,400)$ zum Scheitelpunkt $(20,0)$.
   (b) $\varepsilon_{N,p} = \dfrac{2p}{p-20}$.
   (c) $\varepsilon_{N,5} = -\dfrac{2}{3}$, $\varepsilon_{N,19} = -38$.
       Vergrößert sich der Preis um 1%, so nimmt die Nachfrage um $-0,67\%$ be-
       ziehungsweise um -38% ab. Je näher der Preis an 20 herankommt, umso
       stärker ist die prozentuale Abnahme von N gegenüber derjenigen von p.

17 Denkaufgabe: Schneepflug. Zum Zeitpunkt $t = 0$ beginne es zu schneien.
Schneehöhe $h = at$. Zum unbekannten Zeitpunkt $t = x$ starte der Schneepflug. Da
die Leistung konstant ist, so muss $v = b/t$ umgekehrt proportional zu h sein.
Weg = Integral von v:

$$\int_x^{x+1} v(t) \cdot dt = b \cdot \ln \frac{x+1}{x} = 2 \qquad \int_{x+1}^{x+2} v(t) \cdot dt = b \cdot \ln \frac{x+2}{x+1} = 1$$

Division der Gleichungen
$$\ln \frac{x+1}{x} \Big/ \ln \frac{x+2}{x+1} = 2 \implies \ln \frac{x+1}{x} = 2\ln \frac{x+2}{x+1} = \ln \left(\frac{x+2}{x+1}\right)^2 \implies \frac{x+1}{x} = \left(\frac{x+2}{x+1}\right)^2$$

ergibt als Lösung $x = (\sqrt{5} - 1)/2$ die goldene Zahl g.
Um $(8 - g)$ Uhr begann es zu schneien. Bemerkenswert: unabhängig von den Parametern a und b.

18 Denkaufgabe: Spinne Kunigunde.

(a) Mit der relativen Distanz $D(t)$, also prozentual rechnen:

Sei $\varepsilon = \dfrac{1 \text{ mm}}{1000 \text{ km}} = 10^{-9}$. Dann ist $D(1) = \varepsilon$. Die zweite Sekunde trägt nur noch die Hälfte davon bei, somit ist $D(2) = \varepsilon + \frac{\varepsilon}{2}$. Nach n Sekunden ist

$$D(n) = \varepsilon \cdot \left(1 + \frac{1}{2} + \frac{1}{3} + \ldots + \frac{1}{n} \right)$$

Klammerausdruck = harmonische Summe = H_n. Da die harmonische Reihe divergiert, kommt Kunigunde ans Ziel!

(b) Für die Ankunftszeit T muss gelten: $100\% = 1 \approx \varepsilon \cdot H_T$.
Wegen (1.10) gilt für riesige T etwa $H_T \approx \ln T$. Somit lautet die Gleichung:
$\ln T \approx 10^9 \Rightarrow T \approx \exp(10^9)$ s.
Das ist eine unvorstellbar große Zahl mit mehr als 10^8 Dezimalstellen!

Astronomen schätzen die Größenordnung der Anzahl Atome im gesamten Universum auf etwa 10^{85}, also auf eine Zahl mit „nur" 86 Dezimalstellen. Sie ist lächerlich klein im Vergleich zu T. So alt wird nicht einmal Kunigunde.

Bemerkung: Die harmonische Reihe divergiert extrem langsam.

20 Keplersche Fassregel.

Das Integral auf der linken Seite ergibt $\quad \dfrac{ah^4}{4} + \dfrac{bh^3}{3} + \dfrac{ch^2}{2} + dh$.

Zu zeigen: die rechte Seite liefert dasselbe Resultat.

21 Kontrolle Integral.

Das Resultat beschreibt exponentiell gedämpfte Schwingungen.

22 Geometrie für Bahngeleise, Straßen und Sprungschanzen.

(a) $y = 0$ gefolgt von $y = ax^3$ ergibt die 2. Ableitung $y'' = 0$ gefolgt von $y'' = 6ax$. Die Funktion y'' ist gebrochen linear mit 1 Knick, also stetig.

(b) (i) $K(\ell) = \dfrac{\sqrt{\pi}}{A} \ell$.

(iii) $v = A\sqrt{\pi} = $ konst.
Betrachte $x(s), y(s)$. Es gilt $L(\ell) = A \cdot \sqrt{\pi} \cdot \int_0^\ell \sqrt{\dot{x}^2 + \dot{y}^2} \cdot \mathrm{d}s = A \cdot \sqrt{\pi} \cdot \ell$.
Also ist $L(\ell) \cdot R(\ell) = A^2 = $ konst.

(iv) $0.7 \cdot 9.81 = v^2/r$ ergibt $r = 112$m.

23 Stückweise lineare Funktionen.

(a) $G(x) = \begin{cases} \frac{1}{2}x^2 - \frac{1}{2} & \text{falls } x \leq 1 \\ x - 1 & \text{falls } 1 < x < 2 \\ (x-3)^2 + 2 & \text{falls } x \geq 2 \end{cases}$

Parabelbogen mit Scheitelpunkt $(0, -1/2)$, gefolgt von einer Gerade mit Steigung 1 und einem Parabelbogen mit Scheitelpunkt $(3, 2)$.
Bei $x = 1$ glatt, bei $x = 2$ Knick mit Steigungen 1 und 2.

(b) $f'(x) = \begin{cases} 1 & \text{falls } x < 1 \\ -1 & \text{falls } x > 1 \end{cases}$ unstetig bei $x = 1$.

24 Denkaufgabe: Schnellzug zum Thema Stetigkeit. Sei $s(t)$ die Weglänge, welche der Zug im Zeitintervall $[t,\, t+1]$ zurücklegt. Die Funktion ist stetig und definiert für $0 \le t \le 1$. Weiter gilt: $s(0) + s(1) = 200$.

Wegen des Zwischenwertsatzes für Funktionen (eine stetige Funktion $f(x)$ auf einem abgeschlossenen Intervall $a \le x \le b$ nimmt jeden Wert zwischen $f(a)$ und $f(b)$ mindestens einmal an) existiert ein t_0 mit $s(t_0) = 100$.

Im Zeitintervall $[t_0,\, t_0 + 1]$ durchfährt der Zug genau 100 km.

25 Fähnchenkonstruktion der Ellipse und Hyperbelparametrisierung.
(a) Die Koordinaten von P durch a, b, t ausdrücken ergibt die Parameterdarstellung der Ellipse.
(b) Verwenden: $\cosh^2 t - \sinh^2 t = 1$.

26 Lissajous-Figur. Sie beschreibt eine Acht (8). Schnittwinkel $= 2 \arctan \frac{1}{2}$.

$$\dot{\vec{r}}\left(\tfrac{\pi}{2}\right) = \begin{pmatrix} -2 \\ 0 \end{pmatrix} \text{ ist horizontal.}$$

27 Steuerung eines Fräsers.

$$\vec{r_P} = \begin{pmatrix} t \\ at^2 \end{pmatrix}, \quad \vec{f} \perp \dot{\vec{r_P}} = \begin{pmatrix} 1 \\ 2at \end{pmatrix}, \quad \vec{f} = \frac{r}{\sqrt{1 + 4a^2 t^2}} \begin{pmatrix} -2at \\ 1 \end{pmatrix},$$

$$\vec{r_F}(t) = \vec{r_P}(t) + \vec{f}(t) = \begin{pmatrix} t - \dfrac{2aRt}{\sqrt{1+4a^2 t^2}} \\ at^2 + \dfrac{R}{\sqrt{1+4a^2 t^2}} \end{pmatrix}.$$

Parallelkurve ist keine Parabel.

28 Nochmals Selbstähnlichkeit der logarithmischen Spriale. Für erleichtertes Rechnen beachten, dass die Längen der Vektoren beim Skalarprodukt für Winkel φ unwesentlich sind. Es resultiert $\cos \varphi = \dfrac{a}{\sqrt{1 + a^2}}$.

29 Fahrrad.

(a) (i) $\begin{pmatrix} x(t) \\ y(t) \end{pmatrix} = \begin{pmatrix} t - r\sin t \\ 1 - r\cos t \end{pmatrix}$ (ii) $\vec{v} = \begin{pmatrix} 1 \pm r \\ 0 \end{pmatrix}$

(b) (i) $\vec{r_p}(t) = \begin{pmatrix} t - \frac{1}{2}\sin(\omega t) \\ \frac{1}{2} - \frac{1}{2}\cos(\omega t) \end{pmatrix}$ mit Periodenlänge $\frac{2\pi}{\omega}$

    (ii) $\vec{v_p} = \begin{pmatrix} 1 \pm \frac{\omega}{2} \\ 0 \end{pmatrix}, \quad \begin{cases} \omega > 2 : \text{Schleife} \\ \omega < 2 : \text{Serpentine} \end{cases}$

    (iii) $\frac{1}{2}\begin{pmatrix} t - \sin t \\ 1 - \cos t \end{pmatrix}$ und $\frac{1}{2}\begin{pmatrix} 2t - \sin(2t) \\ 1 - \cos(2t) \end{pmatrix}$ beschreiben dieselbe Zykloide.

     Die Affinität $x \mapsto \frac{1}{2}x,\ y \mapsto y$ führt zu $\dfrac{1}{2}\begin{pmatrix} t - \frac{1}{2}\sin(2t) \\ 1 - \cos(2t) \end{pmatrix} = \vec{r_p}(t)$
     mit $\omega = 2$.

30 Epizykloide. Das Resultat ist möglicherweise überraschend:

$$\vec{r}(t) = \begin{pmatrix} 4\cos t + \cos(4t) \\ 4\sin t + \sin(4t) \end{pmatrix}$$

31 Denkaufgabe: Das Regen-Problem.

(a) Der Regen von vorn prasselt mit der Relativgeschwindigkeit $v+r$ auf die Fläche. Die Regenmenge pro Sekunde auf die Fläche ist proportional zu $v+r$. Laufzeit $t = s/v$. Somit ist die Gesamtregenmenge proportional zu

$$\frac{s}{v} \cdot (v+r) = s \cdot \left(1 + \frac{r}{v}\right).$$

Lösung: So schnell wie möglich gegen den Regen anrennen!

Der Regen von hinten schlägt mit der Relativgeschwindigkeit $r-v$ auf die Fläche.

Analog ist die Gesamtregenmenge proportional zu

$$\frac{s}{v} \cdot (r-v) = s \cdot \left(\frac{r}{v} - 1\right).$$

Lösung: $v = r$ mit Regenmenge ≈ 0!

(b) Es zählt nur die Orthogonalprojektion der Geschwindigkeit des Regens senkrecht zur Fläche.

An den vorhergehenden Lösungen ändert nur, dass r durch die Komponente senkrecht zur Fläche ersetzt werden muss.

(c) Wenn der Geschwindigkeitsvektor $\vec{r}$ schief auf ein Flächenelement auftritt, so ist die Regenmenge pro Sekunde gleich groß wie jene auf das ebene projizierte Flächenstück senkrecht zur Bewegungsrichtung $\vec{v}$ mit der Geschwindigkeitskomponente von $\vec{r}$ in Bewegungsrichtung. Letztere ist aber für alle Flächenelemente gleich. Die Summe aller projizierten Flächenelemente ist gleich der ebenen Projektionsfläche.

Kommt der Regen allerdings hauptsächlich von oben, so spielt die Projektion des Körpers von oben eine wesentliche Rolle und auch die Tatsache, dass die Beine beim Laufen bewegt werden.

32 Springbrunnen.

(a) Vgl. Wurfparabel: $\begin{pmatrix} x(t) \\ y(t) \end{pmatrix} = \begin{pmatrix} \cos\alpha \cdot v_0 \cdot t \\ \sin\alpha \cdot v_0 \cdot t - \frac{g}{2} \cdot t^2 \end{pmatrix}$

(b) $y = -\dfrac{g}{2v_0^2 \cos^2\alpha} \cdot x^2 + \tan\alpha \cdot x$

(c) $\dot{y} = 0 \Rightarrow t_m = \dfrac{v_0 \sin\alpha}{g} \implies \begin{pmatrix} x_m \\ y_m \end{pmatrix} = \dfrac{v_0^2}{2g} \begin{pmatrix} \sin(2\alpha) \\ \sin^2\alpha \end{pmatrix}$

(d) Falls überhaupt Ellipse, dann mit den Halbachsen

$$a = x_m(45°) = \frac{v_0^2}{2g}, \quad b = y_m(45°) = \frac{a}{2} \quad \text{und Mittelpunkt } (0,b).$$

Somit für alle α zu zeigen: $\dfrac{x_m(\alpha)^2}{a^2} + \dfrac{[y_m(\alpha) - b]^2}{b^2} = 1.$

Mit $s = \sin\alpha$ und $c = \cos\alpha$ gilt

$$\frac{[a\sin(2\alpha)]^2}{a^2} + \frac{[a\sin^2\alpha - \frac{a}{2}]^2}{a^2/4} = 4s^2c^2 + 4(s^4 - s^2 + \frac{1}{4}) = 4s^2(c^2 - 1) + 4s^4 + 1 = 1.$$

(e) Quadratisch, also bei Verdoppelung von v_0 werden die Längenmaße vervierfacht.

(f) $v_0 = 4.43$ m/s $= 16$ km/h.

7.2 Lösungen Kapitel 2

34 Grafische Lösungen mit Isoklinen.

(a) Die Isoklinen sind die Geraden durch den Ursprung. Die Grafik der Lösungen besteht aus den gleichseitigen Hyperbeln links, rechts, oben und unten gegenüber dem Ursprung inklusive den Asymptoten $y = \pm x$. Da separabel, können die Lösungen auch analytisch bestimmt werden mit $y^2 - x^2 = C$.

(b) Die Isoklinen sind Geraden durch den Ursprung mit Steigung $m^* = \frac{1+m}{1-m}$, wobei m Steigung der Lösungen ist. Die Graphik der spiralförmigen Lösungen wurde mit dem Mathematica- Befehl StreamPlot[1,(y-x)/(y+x),x,-1,1,y,-1,1] generiert.

35 Inhomogene Differentialgleichungen.

(a) $y(x) = Ce^{x^2} - \dfrac{1}{2}$.   (b) Für $x > 0$: $y(x) = \dfrac{C}{x} - 4$.

(c) Für $x > 0$: $y(x) = \dfrac{1}{x}(k - \cos x)$.

36 Unstetiges Anfangswertproblem.

$$y(t) = \begin{cases} e^t \text{ falls } 0 \leq t \leq 1 \\ e \text{ falls } t > 1 \end{cases}$$

37 Eindeutigkeit.
Überall existiert eine eindeutige Lösung, da alle Voraussetzungen des Existenz-und Eindeutigkeitssatzes erfüllt sind.

38 Singularitäten.
$C = ab - a^3/3$. Die ebenfalls eindeutige Lösung $y = x^2/3$ durch den Ursprung ist im Einklang mit dem Existenz- und Eindeutigkeitssatz, der ja nur hinreichende Kriterien angibt.
Die Lösung durch den Ursprung zeigt, dass die Voraussetzungen des Satzes nicht notwendig sind.

39 Verzweigung von Lösungen.
(b) $B(2, -1)$
(c) Partielle Ableitung nach y ergibt die Wurzel im Nenner, welche im Punkt B den Wert 0 aufweist: Singularität.

40 Unendlich viele Lösungen.
$y(x) = m \cdot x$, Ursprung ist Singularität der Differentialgleichung.

41 Lösungen verifizieren. Selbstkontrolle durch Einsetzen.

42 Nichtlineares Anfangswertproblem.
$$y(x) = \frac{2}{2 - e^{-x^2/2}}.$$

43 Stabilität.
(b) $y = 0$: instabil, $y = 1$: stabil.
(c) $y(x) = \dfrac{2}{2 - e^{-x}}.$

44 Anfangswertproblem ohne Hilfsmittel. Selbstkontrolle durch Einsetzen in die Differentialgleichung.

46 Nicht auflösbar. Der integrierte Ausdruck $\dfrac{y^2}{2} - \cos y = x + C$ ist nicht geschlossen elementar nach y auflösbar.

47 Geometrisches Problem. $y(x) = C \cdot x^2$.

48 Gleichgewichtspunkte.
(a) $y_p = -b/m$ ist stabil, falls $m < 0$ und instabil, falls $m > 0$.
(b) Einer der beiden ist semistabil.

7.3 Lösungen Kapitel 3

49 Kaffee. $t = \dfrac{\ln(75/17)}{\ln(75/66)} \approx 11.6 \text{ Min.}$

50 Radium. Allg: $e^{-kT_{1|2}} = 1/2 \Longrightarrow k \cdot T_{1/2} = \ln 2$. Nach $t = 247$ Jahren.

51 Verzinsung.

(a) $\exp\left(n \cdot \frac{P}{100}\right)$ Euro,

(b) $\left(1 + \frac{P}{100}\right)^n$ Euro,

(c) $(e^{0,3} - 1,3^{10}) \cdot 10^6 = (1,34986 - 1,34392) \cdot 10^6 = 5942$ Euro,

(d) Die kontinuierliche Verzinsung vermindert das Kapital um 3394 Euro stärker als die jährliche Verzinsung.

52 Höhenformel für Dichte.

(a) Druck und Dichte sind proportional.

(b) Je etwa der 10'000-te Teil gegenüber den Werten auf Meereshöhe.

53 Tschernobyl und das damalige Gemüse. $0,55\%$. Nach zwei Monaten hieß es wohl zu Recht, dass der Verzehr von Gemüse unbedenklich sei.

54 Wachstum einer Zelle.

$O \sim V^{2/3}, r \sim V^{1/3}$, $r(t)$ ist linear.

Siehe auch Abschnitt 3.6 Verdunstung eines Regentropfens.

55 Mischproblem. (a) 6 kg,

(c): 245.6 min und 383.8 min (über zwei Stunden länger!)

56 Kegelförmiger Tank.

(a) $t_E = \dfrac{\pi R^2 H}{3L}$.

(b) $h(t) = \sqrt[3]{\dfrac{3LH^2}{\pi R^2}} \cdot \sqrt[3]{t}$, $v(t) = \dfrac{1}{3}\sqrt[3]{\dfrac{3LH^2}{\pi R^2}} \cdot t^{-2/3}$.

(c) $h(t_E) = H, v(0) = \infty$.   Einsteins Relativitätstheorie lässt grüßen!

(d) Volumen $V(h) = L \cdot t = \dfrac{\pi}{3}\left(\dfrac{R}{H}h\right)^2 h \Longrightarrow t(h) = \dfrac{\pi}{3L}\dfrac{R^2}{H^2}h^3$

$w(h) = v(t(h)) = \dfrac{LH^2}{\pi R^2} \cdot \dfrac{1}{h^2} \Longrightarrow \dfrac{w(H)}{w(H/2)} = \dfrac{1}{4}$.

Die Dimensionen sind kompatibel: $[w(H)] = \dfrac{\text{m}^5/\text{s}}{\text{m}^4} = \dfrac{\text{m}}{\text{s}}$.

In der Tat ergibt das Rechnen mit Exponenten $v(t_E) = \dfrac{L}{\pi R^2} = w(H)$.

(e) $t_E = 523,6$ s, $v(t_E) = v(H) = 0,637$ mm/s, $v(t_E/2) = 1,01$ mm,
$h(t_E/2) = 0,793$ m.

57 Raucherproblem. (a) $\dot{V} = 0.12 - \dfrac{3}{50,000}V$ (b) nach 5 min.

58 Motorboot. (b) 20 m/s,   (c) T = 115 s, Weglänge = 1403 m.

59 Gravitationstrichter.

$$r(h) = R \cdot \left(\frac{v_0}{v(h)}\right)^{7/5} \text{ mit } v(h) = \sqrt{v_0^2 + \frac{10}{7}gh}.$$

Die untere Öffnung hat Radius $r(0,4 \text{ m}) \approx 5,33$ cm und ist etwas größer als im Falle der rotierenden Münze mit $5,07$ cm.

60 Auslaufender Container. $T = 500^2\sqrt{\frac{2}{g}}$ Sekunden. Rechnen Sie den numerischen Wert selbst aus. Eine lange Dauer!

61 Fall in Flüssigkeit.

  (b) $v(t) = \dfrac{g}{k}(1 - e^{-kt}), \qquad y(t) = \dfrac{g}{k} \cdot t - \dfrac{g}{k^2}(1 - e^{-kt}).$

  (c) $m = 2,18$ g.
      In Glycerin ist $k = 389$ s^{-1} $\Rightarrow$ v$_\infty$ = 2,52 cm/s.
      In Olivenöl das $(15,0/1,07)$-fache = 35,3 cm/s.

  (d) Das $(7,8/19,3)$-fache der Goldkugel.

62 Hängebrücke.

$V(x+\Delta x) - V(x) = \rho g \cdot \Delta x, \quad Hf'' = \rho g.$ Zweimalige gewöhnliche Integration ergibt quadratische Funktion, also eine Parabel.

63 Vorgegebene Elastizitätsfunktion. $f(x) = k \cdot x^a.$

64 Funktion = Elastizitätsfunktion.

Separable Differentialgleichung für f mit den Lösungen $f(x) = \dfrac{1}{k - \ln x}$.
Eine Grafik für $k = 1$:

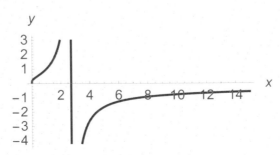

65 Baumwachstum nach Chapman-Richards.

$$(b) \qquad \dot{u} = \frac{b}{6a} - \frac{c}{6a} \cdot u \quad \Rightarrow \quad h(t) = \left[\frac{b}{c} - (\frac{b}{c} - \sqrt{h_0}) \exp\left(-\frac{c}{6a} \cdot t\right) \right]^2$$

Bemerkung: $\frac{b}{c} > \sqrt{h_0}$

(c) $(b/c)^2$.

(d) Tagesperioden und insbesondere saisonale Perioden sind Ursache dafür, für die konstanten Parameter Mittelwerte zu nehmen. Andernfalls sind zeitlich veränderliche Parameter einzuführen mit entsprechenden numerischen Lösungen.

66 Logistisches Wachstumsmodell.

(a) Für alle Lösungen mit $p_0 > 0$ ist $\lim\limits_{t \to \infty} = \frac{a}{b}$.

   (i) Ist $0 < p_0 < \frac{a}{b}$ so ergibt sich eine S-förmige Kurve, welche punktsymmetrisch bezüglich dem Punkt mit Funktionswert $p = \frac{a}{2b}$ ist.

   (ii) Ist $p_0 > \frac{a}{b}$, so fällt die Kurve streng monoton asymptotisch gegen $\frac{a}{b}$ ab.

   (iii) Ist $p_0 = \frac{a}{b}$, so ist die Lösung konstant.

(b) $D > 0$, $\quad -\frac{b}{a} < D < 0$, $\quad D = 0$.

67 Chemische Reaktion.

$$y(t) = p \cdot q \cdot \frac{1 - e^{k(p-q)t}}{q - pe^{k(p-q)t}}.$$

68 Tumorwachstum.

(a) $T = \frac{\ln 2}{\alpha}$.

(b) $V_\infty = e^{r/s} \cdot V_0$ mit der Differentialgleichung $V'(t) = re^{-st} \cdot V(t)$.

69 Luftreibung. (b) $x(t) = \frac{m}{k} \ln \frac{m + k \cdot v_0 \cdot t}{m}$,   (c) $v(\infty) = 0$, $x(\infty) = \infty (!)$.

70 Orthogonaltrajektorien.

Ellipsenschar mit dem Halbachsen-Verhältnis $\sqrt{3} : 1$.

7.4 Lösungen Kapitel 4

72 Mechanischer Schwinger. $A = \sqrt{y_0^2 + \left(\dfrac{v_0}{\omega}\right)^2}$

73 Spielzeug-Oszillator.

$m\ddot{y} = -Dy, \quad \omega = \frac{2\pi}{T} = 6.90 \text{ s}^{-1}, \quad D = m\omega^2 = 3.81 \text{ N/m} = 0.0381 \text{ N/cm}.$

Eine schwache Feder, welche sich beim Anhängen einer Masse von ca. 4 g um etwa 1 cm verlängert.

74 Kindertraum.

Körpergewicht $= G = mg$, wobei $g \approx 9.81 \text{ m/s}^2$, R = Erdradius.

Betrag der Anziehungskraft ist linear in r: $|K(r)| = G \cdot \dfrac{r}{R}$.

Bewegungsgleichung: $\ddot{r} = -\dfrac{g}{R} \cdot r$. Hier ist $-R \leq r \leq R$. Somit

$\omega = \sqrt{\dfrac{g}{R}} \approx 0.00124 \text{ s}^{-1}, \quad T = \dfrac{2\pi}{\omega} \approx 1.4 \text{ h}, \quad v_{max} = R \cdot \omega \approx 7.91 \text{ km/s}.$

76 Federbruch.

$D = 981 \text{ N/m}, \quad \omega_0 \approx 9.90 \text{ s}^{-1}, \quad T \approx 0.635 \text{ s}$ (approximativ, da $\omega \approx \omega_0$).

Aus $e^{-\rho T} \approx 0.97$ folgt $\rho \approx 0.0480$ und damit ist die Resonanzamplitude

$A_{res} \approx \dfrac{1/10}{2 \cdot 0.0480 \cdot 9.90} = 0.105 \text{ m}.$

Die Feder würde bei Ausüben der Resonanzfrequenz zerstört. Man sieht die verheerende Wirkung schon bei der bescheidenen Kraftamplitude von 1 N.

77 Festival hyperbolischer Funktionen.

(a) $\ddot{h} = \dfrac{g}{\ell} \cdot h, \quad h(t) = h_0 \cosh\left(\sqrt{\dfrac{g}{\ell}} t\right), \quad v(t) = \sqrt{\dfrac{g}{\ell}} h_0 \sinh\left(\sqrt{\dfrac{g}{\ell}} t\right)$

(b) $t_{ende} = \sqrt{\dfrac{\ell}{g}} \text{arcosh}\left(\dfrac{\ell}{h_0}\right)$

(c) Für $h_0 = 0.5$ m : $T = 0.69$ s, $\quad$ v(T) $= 3.63$ m/s.

Für $h_0 = 0.05$ m : $T = 1.60$ s, $\quad$ v(T) $= 3.84$ m/s.

78 Magnetfeld eines geraden Leiters, Biot-Savart-Gesetz.

$d\ell = \dfrac{r}{\sin\varphi} \cdot d\varphi, \quad r = \dfrac{a}{\sin\varphi}, \quad 0 \leq \varphi \leq \pi, \quad H(a) = \dfrac{i}{2\pi} \cdot \dfrac{1}{a}.$

79 RC-Schaltkreis. $q(t) = CU(1 - e^{-t/RC})$, $\quad i(t) = \dfrac{U}{R} e^{-t/RC}$.

80 Räuber-Beute-Modell.

(a) $P(\dfrac{c}{d}, \dfrac{a}{b})$.

(b) $\left. \begin{aligned} \dot{x} &\approx -\dfrac{bc}{d} \cdot y \\ \dot{y} &\approx \dfrac{ad}{b} \cdot x \end{aligned} \right\}$

(c) $y' = -\lambda \dfrac{x}{y}$ mit $\lambda = \dfrac{a\,d^2}{c\,b^2} \implies \lambda x^2 + y^2 = C. > 0$

Ellipsen mit Halbachsen $\sqrt{C}, \sqrt{\lambda C}$. Somit Verhältnis $\dfrac{1}{\sqrt{\lambda}} = \dfrac{b}{d} \cdot \sqrt{\dfrac{c}{a}}$.

81 Coriolis-Kraft in der südlichen Hemisphäre.

$$\vec{w}(t) = v_0 \begin{pmatrix} -\sin(f \cdot t) \\ \cos(f \cdot t) \end{pmatrix} \implies \vec{r}(t) = \begin{pmatrix} x(t) \\ y(t) \end{pmatrix} = \dfrac{v_0}{f} \begin{pmatrix} \cos(f \cdot t) - 1 \\ \sin(f \cdot t) \end{pmatrix}.$$

Kreis für nördliche Hemisphäre gespiegelt an y-Achse.
Drehung im Gegenuhrzeigersinn.

82 Anfangswertproblem modellieren.
$\ddot{y} + 245y = 5\cos(3t)$, $\quad y(0) = 0{,}05$, $\quad \dot{y}(0) = 0$. $\quad$ Dimensionen: m, kg, s.

83 Schwache Dämpfung. (a) $1 > 0{,}0625^2$, $\quad$ (b) $\Omega_{\text{res}} = 0{,}996/s$, $\quad A_{\text{res}} = 24{,}0$.

85 Perfekte Resonanz.

(b) Eigenfrequenz des Systems $\omega_0 = \omega$, da keine Dämpfung.
(c) Der Zähler beschreibt eine Differenz fast gleicher Frequenzvorgänge und zeigt damit das Phänomen der Schwebung. Die Größe y schwankt zwischen $\pm \dfrac{A}{\omega^2 - \Omega^2}$. Es liegt eine perfekte Resonanz vor für $\omega \approx \Omega$.

86 Schwebung. $f(t) = 2\sin(18t) \cdot \sin t$.

87 LCR-Schaltkreis. (b) $i(t) = 50 e^{-4t} \sin(3t)$,

(c) $i_{st}(t) = \dfrac{75}{52} \cdot \sqrt{13} \sin(3t + \varphi)$ mit $\varphi = \arctan(\dfrac{2}{3})$.

88 Planetenbahnen. Beide Kräfte gleichsetzen.

7.5 Lösungen Kapitel 5

89 Euler- und Heunverfahren. Euler: 1,10,   Heun: 1,10244,   exakt: 1,102.5

90 Diskretisation. (a) $1 + h$,   (b) $1 + h + \frac{h^2}{2}$,   (c) $1 + h + \frac{h^2}{2} + \frac{h^3}{3!} + \frac{h^4}{4!}$.

92 Raketenstart mit Luftreibung. Vergleichen Sie mit dem Raketenstart ohne Luftreibung, Gleichung (3.4).

93 Meteoritenbahnen. Zu den Daten:

- Eintrittshöhe $h_0 = 80$ km zum Zeitpunkt $t = 0$.
- Relativgeschwindigkeit v_0 gegenüber der Atmosphäre beim Eintritt: 12 km/s $\leq v_0 \leq 72$ km/s.
- Das Gewicht G umfasst verschiedene Größenordnungen: 1 N, 10 N, 100 N bis 500 kN (Hoba-Meteorit).

Kartesisches Koordinatensystem (x, h) mit h = Höhe, x = horizontale Weite. Ziel: Meteoritenorbit in Abhängigkeit der Zeit t sowie den Geschwindigkeitsverlauf berechnen und grafisch darstellen. Verwenden Sie Überlegungen von Abschnitt 4.4. Die Bewegungsgleichung mit Gewicht $\vec{G}$, Widerstandskraft $\vec{W}$ und Beschleunigung $\vec{a}$ lautet: $m \cdot \vec{a} = \vec{W} + \vec{G}$ mit dem Betrag der Widerstandskraft

$$W(h) = \frac{1}{2} c_W \cdot A \cdot \rho(h) \cdot v(h)^2,$$

wobei A der Anströmquerschnitt und $v(h)$ der Betrag der Geschwindigkeit ist. Division der Bewegungsgleichung durch m ergibt mit $c(h) = \dfrac{c_W \cdot A \cdot \rho(h)}{2m}$ in Anlehnung an (4.1):

$$\left. \begin{aligned} \ddot{x} &= \quad -c(h) \cdot \sqrt{\dot{x}^2 + \dot{h}^2} \cdot \dot{x} \\ \ddot{h} &= -g - c(h) \cdot \sqrt{\dot{x}^2 + \dot{h}^2} \cdot \dot{h} \end{aligned} \right\}$$

Mit dem Einführen der Geschwindigkeitskomponenten $u = \dot{x}, w = \dot{h}$ ergibt sich das Differentialgleichungssystem 1. Ordnung für die vier Funktionen x, h, u, w

$$\left. \begin{aligned} \dot{u} &= \quad -c(h) \cdot \sqrt{u^2 + w^2} \cdot u \\ \dot{w} &= -g - c(h) \cdot \sqrt{u^2 + w^2} \cdot w \\ \dot{x} &= \quad u \\ \dot{h} &= \quad w \end{aligned} \right\}$$

Anfangsbedingungen: $x(0) = 0$, $h(0) = h_0$, $u(0) = \cos\alpha \cdot v_0$, $w(0) = -\sin\alpha \cdot w_0$. Mögliche Verfeinerung: Die konstante Masse m durch $m(h)$ modellieren.

94 Flugbahnen von Tennisbällen.
(c) Es handelt sich, wie oft bei geschnittenen Bällen, um räumliche Bahnen.

95 Verfeinertes Räuber-Beute-Modell.
(b) Die Lösungen sind nicht mehr periodisch. Sie konvergieren für $t \to \infty$ zum stabilen Fixpunkt $\left(\dfrac{c}{d}, \dfrac{a - kc/d}{b} \right)$.

7.6 Lösungen Kapitel 6

96 Klimawandel.

(a) Im Jahre 2017 waren es 85.7 % von demjenigen im Jahre 1987.

(b) $c_2 = c_0 \cdot \exp\left(\dfrac{2 \cdot 1.35}{5.35}\right) = 463.8$, $M_{em} = 671.3$ Gt,   Zeitdauer 13.1 a.

Dabei beträgt die Wahrscheinlichkeit, dass die effektive Temperaturerhöhung dann unter 1.5 °C sein wird, lediglich 50 %.

Bemerkung: Eine Erhöhung der Wahrscheinlichkeit auf etwa 66 % würde die Zeitspanne nahezu halbieren!

99 SEIR-Modell.

(a) $R_\infty = N - S_\infty$, $I_\infty = E_\infty = 0$,

(b) $S_\infty \approx 0.2\,N$, $R_\infty \approx 0.8\,N$, $J_{max} = 0.153\,N$

100 Zweite Welle.

(c) (i) gleich großes Ansteckungsrisiko:

erste Welle: $j_{max} = 2.15$ % und $\lambda = s_\infty = 0.630$,
zweite Welle: $j_{max} = 0.630 \cdot 2.15\% = 1.36\%$ und $s_\infty = 0.390$.

(c) (ii) größeres Ansteckungsrisiko:

$$j_{max} = 0.63 - \frac{1}{2.5}(1 + \ln(2.5 \cdot 0.63)) = 4.82\%.$$

Diese zweite Welle ist also $4.82/1.36 \approx 3.6$mal stärker (höher) als bei (i)!
$s_\infty = 0.234$ als Lösung der Gleichung $s_\infty = 0.63 \exp[2.5(s_\infty - 0.63)]$.

(d) Die Graphen schneiden sich bei $x = \lambda$ und $x = 1$. Da der Graph der Exponentialfunktion $f(x)$ konvex ist, muss $f'(\lambda) < 1$ sein. Zeigen Sie noch, dass gilt $f'(\lambda) = \lambda \cdot R_0$.

101 Ricattische Differentialgleichung.

(a) $y_1 = 0$, $y = \dfrac{1}{\dfrac{b}{a} + De^{-at}}$.

Bemerkung: Die Funktion $y_1 = \dfrac{a}{b}$ führt zur gleichen Lösungsmenge.

(b) $y = \dfrac{2}{t} + \dfrac{1}{kx^4 - \frac{1}{3}x} = \dfrac{2Cx^3 + 1}{x(Cx^3 - 1)}$.

Literatur

1. an der Heiden M, Buchholz U: Modellierung von Beispielszenarien der SARS-CoV-2-Epidemie 2020 in Deutschland. — DOI 10.25646/6571.2, Robert Koch Institut.
2. Blanchard, P., Devaney, R. L., Hall, G. R.: Differential Equations. Brooks/Cole Publishing Comp., Pacific Grove, California (1998)
3. Bogoljubov, N. N., Mitropolskij, J. A.: Asymptotische Methoden in der Theorie der nichtlinearen Schwingungen. Akademieverlag Berlin (1965)
4. Boyce, W. E., DiPrima, R. C.: Gewöhnliche Differentialgleichungen – Einführung, Aufgaben, Lösungen. Spektrum Akademischer Verlag, Heidelberg, Übersetzung aus dem Amerikanischen (2000)
5. Braun, M.: Differentialgleichungen und ihre Anwendungen. Springer, Heidelberg, New York (1994)
6. Climate Change 2013: The Physical Science Basis. Fifth Assessment Report of the Intergovernmental Panel on Climate Change (IPCC).
https://www.ipcc.ch/report/ar5/wg1/
7. Damon, P. E. et al: Radiocarbon Dating of the Shroud of Turin. Nature 337, Nr. 6208, p.611-615 (February 1989)
8. Engel, A.: Wahrscheinlichkeitsrechnung und Statistik, Band 2, p. 201-203, Klett, Stuttgart (1992)
9. Fässler, A.: Variationsrechnung mit Einführung in die Methode der finiten Elemente. Publikation Nr. 4 der Ingenieurschule Biel, nun Berner Fachhochschule, Hochschule für Technik und Informatik (1995)
10. Fässler, A.: Mittelungsmethode nach Bogoljubov-Mitropolski. Diplomarbeit am Institut für Angewandte Mathematik ETH Zürich (1973)
11. Fässler, A., Stiefel, E.: Group Theoretical Methods and Their Applications. Birkhäuser, Boston (1992)
12. Fässler, O.: C14-Altersbestimmung. Maturarbeit. Betreuung durch Irka Hajdas, Institute for Particle Physics ETH und Martin Lehner, Gymnasium Biel–Seeland (2010)
13. Garrigos, R.: De la Physique avec Mathematica. De Boek, Bruxelles (2009)
14. Goosse, H., Barriat, P.Y., Lefebvre, W., Loutre, M.F., Zunz, V.: Introduction to Climate Dynamics and Climate Modelling (2008–2010). Online textbook available at http://www.climate.be/textbook. Physique avec Mathematica. De Boek, Bruxelles (2009)
15. Golubitsky, M., Stewart, I.: Fearful Symmetry: Is God a Geometer. Penguin Books, London (1992)
16. Graf, C., Ausbreitung von Epidemien, Maturarbeit an der Kantonsschule Büelrain, Winterthur (2017).
17. Hajdas, I.: Application of Radiocarbon Dating Method. Radiocarbon 51, p.79–90 (2009)
18. Heuser, H.: Gewöhnliche Differentialgleichungen, Einführung in Lehre und Gebrauch. Teubner, Stuttgart (1989)

© Springer-Verlag GmbH Deutschland, ein Teil von Springer Nature 2020
A. Fässler, *Schnelleinstieg Differentialgleichungen*,
https://doi.org/10.1007/978-3-662-62146-2

19. Jazwinski, A. H.: Stochastic Processes and Filtering Theory. Academic Press (1970)
20. Klvaňa, F.: Trajectory of a Spinning Tennis Ball. In: Gander, W. and Hřebiček, J, ed., Solving Problems in Scientific Computing using Maple and Matlab, 4th edition, p.27–35, Springer (2004)
21. Leppäranta, M.: A Review of Analytical Models of Sea-Ice Growth. In the Online-Journal: Atmosphere-Ocean. Taylor & Francis, London (1993), Link to the article: http://dx.doi.org/10.1080/07055900.1993.9649465
22. Levin, I., T. Naegler, B. Kromer, M. Diehl, R. J. Francey, A. J. Gomez-Pelaez, L. P. Steele, D. Wagenbach, R. Weller, and D. E. Worthy (2010), Observations and modelling of the global distribution and long-term trend of atmospheric 14CO2,Tellus, Ser. B Chem. Phys. Meteorol., 62(1), 26–46, doi:10.1111/j.1600-0889.2009.00446.x.
23. Maeder, R.: Programming in Mathematica. Addison-Wesley, Publishing Company (1990)
24. Martin, J. E.: Mid-Latitude Atmospheric Dynamics. In: Subsection 2.2.2. Wiley, New Jersey (2009)
25. Manabe, Syukuro, Broccoli, A.: Beyond Global Warming, Princeton University Press (2019)
26. Maurer, P.: A Rose is a Rose. American Mathematical Monthly, August/September (1987)
27. Metzler, W.: Dynamische Systeme in der Ökologie. Teubner, Stuttgart (1987)
28. Millington, J.: Curve Stitching. Tarquin Publications, Norfolk England (2001)
29. Murray, J. D.: Mathematical Biology: I. An Introduction, Third Edition, Springer Berlin, Heidelberg, New York (2002)
30. Paetsch, M.: Meteorit Neuschwanstein gibt Rätsel auf. Spielgel Online (8. Mai 2003)
31. Polya, G.: Schule des Denkens. 4.Auflage, Verlag Francke, Tübingen und Basel (1995)
32. Schneider, P.: Einführung in die Extragalaktische Astronomie und Kosmologie. Springer, Berlin, Heidelberg, New York (2006)
33. Singh, S.: Fermats letzter Satz, die abenteuerliche Geschichte eines mathematischen Rätsels. Deutscher Taschenbuchverlag dtv, München (2000)
34. Tietze, J.: Einführung in die angewandte Wirtschaftsmathematik. 11. Auflage, Vieweg, Wiesbaden (2003)
35. Wagon, S.: Mathematica in Action: Problem-Solving Through Visualization and Computation. 3rd ed., pp. 578 +xi, Springer, New York (2010)
36. Wussing, H.: 6000 Jahre Mathematik. Springer (2008)

Internet:

37. Belk, J.: Illustration of the Integral test in calculus. https://commons.wikimedia.org/w/index.php?curid=9786989. Public domain.
38. Stellungsnahme der Deutschen Gesellschaft für Epidemiologie (DGepi) zur Verbreitung des neuen Coronavirus (SARS-CoV-2) https://www.dgepi.de/assets/Stellungnahmen/Stellungnahme2020Corona   DGEpi-21032020.pdf
39. Gasser, H.-H., FIS-Sprungschanzen Baunorm 2018. https://assets.fis-ski.com/image/upload/v1542377878/fis-prod/assets/Bau-Norm 2018-2.pdf.
40. Weisstein, E.W., Maurer Rose. From MathWorld-A Wolfram Web Resource. http://mathworld.Wolfram.com/MaurerRose.html.
41. WolframAlpha, Computational Knowledge Machine, seit Jahren freier Zugang zur Eingabe von Mathematica-Befehlen. Viele Zugriffe, der letzte am 16. Juni 2020.
42. https://de.https://de.wikipedia.org/wiki/Brüsselator.
43. Levin, I.: http://www.iup.uni-heidelberg.de/institut/forschung/groups/kk/en/14CO2
44. Grafik zum mittleren Temperaturverlauf der Erdoberfläche unter https://de.wikipedia.org/wiki/Globale Erwärmung
45. Im Internet eingeben mit: Grafik co2 konzentration erdatmosphäre
46. Grafiken von Keeling-Kurve unter https://www.carbonbrief.org/analysis-what-impact-will-the-coronavirus-pandemic-have-on-atmospheric-co2

Index

© Springer-Verlag GmbH Deutschland, ein Teil von Springer Nature 2020
A. Fässler, *Schnelleinstieg Differentialgleichungen*,
https://doi.org/10.1007/978-3-662-62146-2

springer.com

Willkommen zu den Springer Alerts

Unser Neuerscheinungs-Service für Sie:
aktuell | kostenlos | passgenau | flexibel

Mit dem Springer Alert-Service informieren wir Sie individuell und kostenlos über aktuelle Entwicklungen in Ihren Fachgebieten.

Jetzt anmelden!

Abonnieren Sie unseren Service und erhalten Sie per E-Mail frühzeitig Meldungen zu neuen Zeitschrifteninhalten, bevorstehenden Buchveröffentlichungen und speziellen Angeboten.

Sie können Ihr Springer Alerts-Profil individuell an Ihre Bedürfnisse anpassen. Wählen Sie aus über 500 Fachgebieten Ihre Interessensgebiete aus.

Bleiben Sie informiert mit den Springer Alerts.

Mehr Infos unter: springer.com/alert

Part of **SPRINGER NATURE**

A82259 | Image: © Molnia / Getty Images / iStock

Printed in the United States
By Bookmasters